U0118640

人類時代：我們所塑造的世界

THE HUMAN AGE: THE WORLD SHAPED BY US

黛安・艾克曼—著

莊安祺—譯

目錄

推薦序

折下金枝，掌握地球？

吳明益
國立東華大學華文系教授

和全世界所有的古老文明一樣，古巴比倫也有屬於它的創世史詩——〈埃努瑪・埃利什〉（Enuma Elish）。它以阿卡德語刻在七塊泥板上，描寫了混沌的自然女妖迪亞馬特（Tiamat），與秩序之神馬爾杜克（Marduk）戰鬥的過程。

馬爾杜克在抓住迪亞馬特後，從她的嘴巴灌進空氣，撐大肚皮，然後一箭射穿心臟，接著把她的身體像掰蚌殼一樣拆成兩半。迪亞馬特的上半部於是變成了天，下半部則變成了海。而馬爾杜克則在這之間的空中建造出秩序之城伊斯哈拉（Esharra）。巴比倫人相信，擁有筆直街道、紀念碑及城牆的城市，就是複製了空中之城的神聖秩序。

我有時會想，秩序「抓住」混沌，這不就像是逐步以理性、知識統治，視野生動物為敵的人類時代的隱喻？但秩序真的「殺」了混沌嗎？

關於人類時代影響了整個地球生態的論述，近年臺灣翻譯了不少傑出的專業環境史著作。包括暢銷許久的戴蒙（Jared Diamond）的《槍炮、病菌與鋼鐵》與《大崩壞》；麥可尼爾（J. R. McNeil）的《太陽底下的新鮮事》、休斯（J. Donald Hughes）的《地球與人》，以及哈拉瑞（Yuval Noah Harari）的《人類大歷史》。乍聞黛安．艾克曼寫了《人類時代》（*The Human Age*），我不禁想，這個狂野、天才、頭髮宛如火燄，總讓我們出乎意料之外的作家，會怎麼處理這個在結構上如此「大論述」的題材？畢竟，過去艾克曼擅長的是，藉由某個細微的主題，去照亮一個深邃的洞穴。

艾克曼過去出版過數本詩集，但臺灣讀者認識她是因為暢銷評價也很高的一系列非虛構作品——包括《感官之旅》（1990）、《鯨背月色》（1991）、《愛之旅》（1994）、《園長夫人》（2007）……，從科學報導、文化史、保育論述、心靈探索到歷史逸聞，她都以極大的熱情投入，這使得她在美國文壇獨樹一幟。特別是她為了寫作，幾乎走遍了整個星球的極地與蠻荒，這種實踐力是罕見的。而在引用科學研究來支持論述之餘，也不避諱自身充滿超驗論（transcendentalism）本質的立場，使得她的文章既有吞吐大荒的氣勢，也有著手成春的自然，以及獨特抒情觀點。

艾克曼從一隻紅毛猩猩在玩保育團體為其設計的猿用軟體（Apps for Apes）的近鏡頭開始，平板電腦是一個絕對的「非自然產物」，而它裡頭的軟體則是做為生物之一的人腦所編織出來的。當一個野性的腦袋、我們的近親，遭遇今日人類（另一種猿）生活環境的科技產物時，艾克曼拉出了一個充滿時間向度的提問——究竟是什麼力量，讓人類在這麼短的時間裡創造了一個全新的世界？導致我們似乎和紅毛猩猩活在同一個世界，又像是不同的世界？

麥可尼爾在《太陽底下的新鮮事》裡提到，整個二十世紀人類造成了環境在廣度與強度上發生了極大的變化。這其中有三個原因：那就是資源的被加速、全面性地使用（特別是石化能源）、人口高速成長，以及國家和企業在意識型態上奉行軍事力量以及大量生產。這使得人類史無前例地改變了地球。這恰恰好是艾克曼這本書，聚焦於一個全新的詞彙所指涉的時代——「人類世」（Anthropocene）的原因。

「人類世」這個詞由美國水生生態學者尤金·史多麥（Eugene Stoermer）所提出，荷蘭大氣化學家保羅·克魯岑（Paul Crutzen）則將它發揚開來。部分科學家正思考是否用這個詞，把人類社會從「全新世」裡單獨提出來。其中一派學者認為人類世不必向前延伸至農業社會時期，而應該以一九四五年七月十六日的首次原子彈測試為座標，因為之後的生態系，包括地層裡的物質、氣候、自然環境、物種，都大規模地被人類的發明物改變了。艾克曼抓緊這個概念，談人類對自然的態度，也談人類農業、工業、城市活動對自然環境的影響，最終則以機器人、人工智慧、基因工程的討論作結。

這本書不用說，必然再次展示了艾克曼迷熟悉的寫作方式。她旁徵博引，時而抒情低迴，雖然偶爾缺乏像學者著述的紮實證據與推論（因此若讀者真要對裡面的議題深入了解，仍建議再延伸閱讀我提到的那些環境史著作），卻常能侵入我們的心門，讓人不只理性反省，也泫然欲泣。我在近期的小說裡閱讀了關於戰爭如何「使用」動物的文章，讀到艾克曼所寫的關於人類使用動物於戰爭的段落時，更是心有所感。

艾克曼寫到史蒂芬．史匹柏的史詩電影《戰馬》中，有一幕讓她難忘，那是影片中的年輕士兵騎著戰馬在林間衝鋒，因砲火而震驚，這時鏡頭停了下來，讓我們從戰馬英雄喬伊的眼球弧線上「看到戰爭」。由於馬的眼睛弧度和人類不同，因此這一幕世界也呈現彎曲，人和動物和煙霧和光球和泥塊全都四散發竄，既優美又「有如軍刀一般銳利的詩行，刺進我們的心靈。」她寫索姆河（the Somme）畔的士兵藉由螢火蟲看寫作家書、觀看地圖；寫鴿子傳遞軍書、蝙蝠被綁上燃燒彈，美國軍方用海豚來清掃水雷……。這些有別於「大歷史」的溫柔敘事，總是那麼吸引我。

即便是在討論科技對人心影響的段落，艾克曼也會讓文學適時插入，比方提到《科學怪人》一書的題詞用的是米爾頓《失樂園》（*Paradise Lost*）中的詩句：「造物主啊，難道我曾要求您，用泥土把我塑造成人嗎？」藉此帶出雪萊對自身人生的厭棄。她曾懷過四個孩子，其中三個在出生不久之後就夭折了……因此那個細膩恐怖的科幻故事，是在懷孕、哺餵，和哀痛之中所創造。書中也充滿了讓老艾克曼書迷懷念的段落，比方說提到一個愛的實驗，科學家對擁有長相廝守快樂關係的女性，在腳踝上施予電擊，發現如果讓他們緊握伴侶的手，電擊的程度即使相同，疼痛程度卻大幅減輕。但在親密關係不佳的女性受測者身上，卻看不到這樣的保護效果。這不是讓我們重溫了《感官之旅》嗎？

然而跟艾克曼過去的作品相較，這部作品確實更多資訊、更多批判、更多對人類時代的「唯科學至上的反省」。她說自己「不得不接受我活不到找出答案的時候，也不由得因我們存在的困境而湧出一股強烈的哀傷。」

人類世的困境，正是人類所創造的。

我想起弗雷澤那部偉大的，探討膜拜、宗教與神話的巨作——《金枝》（*The Golden Bough*）。《金枝》的寫作契機，是因為古羅馬風俗提到，內米湖畔叢林中，有座森林女神狄安娜的神廟，神廟的祭司由逃亡的奴隸擔任。逃奴一旦擔任了祭司，就獲得「森林之王」的頭銜，並且被免除了罪責。但是他得日日夜夜守護神廟旁的一棵橡樹，因為如果另一個奴隸折下樹枝，就取得與他決鬥的權利。如果新的逃奴勝了，將取代他成為新王。

這個迷人又殘酷的風俗讓聽聞的弗雷澤提出三個疑問：1、祭司為什麼被稱為「森林之王」？2、為什麼新祭司得殺死前任祭司？3、為什麼要折下被稱為「金枝」的樹枝？

他投入了浩繁的卷帙與無盡的田野尋找答案。他認為原始社會中往往將巨樹視為神，而祭司被視為是森林女神的伴侶，是神靈化為人的一個假托對象，因而也被崇拜，這個形象後來並發展成了世俗世界的統治者帝王。由於帝王的生死關乎族群的興衰，因此人們用各種禁忌來保護帝王，但神聖的靈魂在帝王衰弱之時，得進入另一個健康的軀體才能永存。而神樹的「金枝」裡頭存在著神聖的靈魂，因此若奴隸取得它，便得到解放自己，挑戰舊王，成為新王的機會。

弗雷澤發現世界各地都有神聖樹叢的傳統，而他的解答之旅進而將人類世界的思維進程分為三個階段，分別是：巫術、宗教與科學。巫術階段的人們認為藉由巫術可以通過自然的考驗，但宗教階段則將超自然的力量歸於神祇與精靈。到了科學階段，人們才知道左右世間萬物的，並非人也並非神，而是自然律。

《金枝》龐大複雜的思維，當然無法如此簡單統整，但我在閱讀艾克曼這本新作時，卻常常出現腦海並如此詢問自己：相信人能掌握世界萬物，能宰制一切、更改氣候、地景地貌，顯然並非「科學世代」的終極發現，反而更近於宗教，甚至是巫術的階段，不是嗎？真正的科學人，必然理解萬物的自然律才是世界運作的法則，但掌權者，崇拜的卻是權力與宰制。

回到文章最前面提到的巴比倫史詩。那個秩序之神，真的「殺」了混沌嗎？我認為是沒有的。在那個神話中，混沌化成了天地大海，無所不在。我以為，這是艾克曼這本迷人之書所要展示的，是艾克曼一生至今寫作所欲展示的。

PART 1

歡迎來到人類世

chapter

1-1

猿猴用的Apps

一個萬里無雲的日子，在多倫多動物園，兒童成群結隊，在父母師長的陪伴之下，興奮地聚在展覽場地前。有些孩子掏出手機傳送簡訊，有些則和獸檻內怡然自得的野生動物拍照。他們吱吱喳喳地圍聚在一大塊圓頂棲地周圍，這塊地方設計成印尼雨林的模樣，分為上下數層，還包括樹上的窩和蜿蜒的流水。在孩子們眼前是帶著幼兒的兩隻母紅毛猩猩，牠們熟練地在扁平的粗藤蔓裡穿梭，其實這些藤蔓是消防軟管。搖臀擺尾的紅毛猩猩在猿猴世界裡最擅長鞦韆特技，牠們的雙臂及踝，天生就是空中擺盪的好手，牠們也有與其他手指相對的大拇指和大腳趾，還有可以彎曲的膝蓋和弓起的足踝。因此牠們可以扭擺身體，作出任何角度或姿態。我滿懷驚奇地看著一隻年輕的雌猩猩不費吹灰之力就在藤蔓間擺盪，接著張開雙手和雙腿，抓住兩條藤蔓，放低臀部，轉動手腕，徹底保持靜止不動，懸掛在那裡，就像卡在樹頂上的橘色風箏一樣。

儘管我們早就不再用前肢以手指關節撐地走路，但有時候還是忍不住會想要用手臂吊著樹枝擺盪，在遊戲場的單槓上一手接一手的前進。只是和紅毛猩猩一比起來，我們的關節僵硬，力氣也不足。儘管我們和牠們有九七%的基因相同，但牠們依舊是在樹上蹦跳自如的黃毛舞者，而我們則是喋喋不休的陸地生物。在曠野中，紅毛猩猩大半的時候都在高處擺盪，懸在半空中優雅地移動，牠們過著獨居生活，唯有生兒育女時例外。母猩猩每隔六至八年撫育一個子女，寵溺牠們，教導牠們在森林裡的生存之道，雖然有形形色色的水果可供食用，但卻必須判斷安全與否——而且有些很難剝皮或砸開，因為果殼可能很厚，或者像中世紀的武器那樣生滿尖刺。

一隻紅毛猩猩媽媽出其不意地朝地面俯衝，彷彿溜下隱形的滑梯。牠拾起一根棍子，伸入樹幹中掏挖，捉到了一些可食的東西，輕輕地取出來吃下去。原本嘈雜的學生看到這一幕，不由自主地安靜下來，呆呆地望著她技巧高超地使用工具，尤其她一口口地吞下食物，就像用刀子吃豆子一樣輕鬆。

在林中空地後方，遠離人群之處，我看到一隻長毛的七歲小男生正專心一致地看著iPad，並且用一隻手指觸碰螢幕，只聽到小聲的獅吼，接著是紅鶴嘎嘎的鳴叫。他用棕色的杏仁大眼瞥視我，頭頂上則是一頭細薄的紅褐色毛髮。

我那一頭如鬃毛似的黑髮在熱氣蒸騰之中捲曲蓬亂，即使這逗樂了他，他也並沒有笑。他和我四目相顧，但他的心思馬上又回到更有趣的iPad上，先用雙手抓著它，接著雙手和赤裸的雙腳一起上陣。我得承認，這雙腳意外地乾淨，他的手則是我所見過七歲孩子最大的手。我整個手掌都能塞進他的手心。

不過這一切對七歲的蘇門達臘猩猩來說，並沒有什麼了不起。牠叫布迪，印尼話的意思是「智者」。牠長得很快，已經開始顯出青春期的跡象：如桃子絨毛般的鬍鬚，和日後會長成雄偉雙下巴的波狀凸起，有朝一日當牠長成兩百磅重的成年猩猩之後，只要像唱歌劇那般「長鳴」，不論是張口顫聲高唱或淺音低吟，雙下巴就會跟著膨脹震動。不過成年猩猩眼耳之間兩片巨大的頰肉，在牠臉上倒還沒有出現，這頰肉日後會發揮擴音器的效果，把牠的長鳴透過濃密的樹頂傳播到半哩之遙。

他的同伴麥特．貝瑞吉（Matt Berridge）四十來歲，又高又瘦，一頭黑髮，他手上拿著 iPad 靠在柵欄邊，讓布迪可以玩弄它，卻不致把它整個搶去解體。身為多倫多動物園紅毛猩猩管理員的麥特總共有兩個小猴兒子，兩個都愛玩 iPad。總歸一句話，猿猴兒子就是猿猴兒子。

「猿用 Apps」（Apps for Apes）計畫是由紅毛猩猩拓廣組織（Orangutan Outreach）所贊助，這個國際計畫一方面要協助數量日益減少的野生紅毛猩猩，一方面也希望充實紅毛猩猩的心靈活動，提供更能刺激心智的棲地，改進全球被畜養紅毛猩猩的生活。心智的培養十分重要，因為這些大猿的智力相當於三、四歲的人類兒童，也和孩子們同樣好奇。牠們很擅長使用工具，可以把棍子的用途發揮得淋漓盡致，比如從樹上把水果敲下來，撈食螞蟻和白蟻。牠們會用葉子作手套，在食用有刺的水果或攀爬尖利的藤蔓時保護雙手。牠們習慣在白天活動，每天日落前，都會在樹頂上折疊出新鮮的床墊。牠們也會以葉為傘遮蔽驕陽，折疊雨帽和防水的屋頂。必要時牠們也會嚼食葉片，或把它們揉成一團當作海綿，然後浸入滲滿雨水的植物。如果要跨越小溪，牠們會用樹枝測量水深。對於樹頂葉雲裡生有各種果子的樹木，牠們也瞭若指掌。

紅毛猩猩和對應的人類兒童一樣，喜歡玩 iPad，不過牠們並不會沉迷其中。牠們就是不會像我們那樣，受科技所迷惑。

「比如，我那七歲的兒子時時刻刻都在玩 iPad，可是布迪卻不會這樣，」麥特告訴我。

這孩子喜歡發光的螢幕，但卻不會一坐數小時，光是盯著它看。

「**我們**怎麼會迷上這種不自然的東西，而不理會其他的一切？」麥特問道，「有時你會希望自己的孩子專心一致，但當你看到紅毛猩猩從不會對這種東西著迷，而你又知道牠們絕頂聰明，這總教我不由得思索：**我們**一直盯著這**玩意兒**不放，究竟算不算得上聰明？甚至連我自己，都不再**考驗**我的記憶力了。我就光是……滴滴滴滴。」他在螢幕上作出打字的動作，「我幾乎完全依賴這些機器，這樣會不會減弱了我的腦力？」

「草莓，」一個女人的聲音隨著布迪輕拍螢幕上的草莓傳了出來，「草莓，」牠找到相對應的圖片之後，她又重複了一遍。麥特用小塊的新鮮草莓、蘋果，和梨子獎勵牠，蘇門答臘蒼翠欲滴的熱帶雨林會供應形形色色的珍奇水果，這是紅毛猩猩最愛的菜色。

另一個池水的應用程式則讓布迪著迷不已，它看來像水，也像水一樣有漣漪波紋，如果布迪觸摸它，它就會濺起漩渦，但布迪卻不會覺得潮濕，如果牠把手指頭拿到鼻子前面，也聞不出水味。由布迪的感官知覺來體會，這的確奇怪，但卻不如用Skype和人類與其他紅毛猩猩互動那般奇怪。

布迪頭一次見到紅毛猩猩拓廣組織的會長理查．齊默曼（Richard Zimmerman）由一圈光環中呼喚牠時，忍不住觸摸了螢幕，彷彿是在想：**他在和我說話**。接著困惑的牠伸出手去觸摸**麥特**的臉。在螢幕上有個人正在說話，他知道牠的**名字**，微笑著凝視牠，以友善的聲音呼喚牠。為什麼理查的臉是平的而麥特的臉卻立體？牠經常看電視，最喜歡的節目是有紅毛猩猩的自然影片。麥特有時會給牠看YouTube上成年雄性紅毛猩猩仰天長嘯的影片，總能吸引牠凝神觀賞。但螢幕從不會**對**牠說話。和人類對談，與其他紅毛猩猩社交，認識親切的陌生人，玩弄iPad，這全都是牠日常生活的常態，可是現在的這個情景卻是截然不同的另一種社交，雖然牠並不明白，卻引領牠更深入人類時代。

當今的家長都擔心子女成天盯著螢幕，對他們的腦部會產生什麼樣的不良影響；美國醫學會（American Medical Association）建議，兒童兩歲之前不要看電腦，然而也有迷戀科技的家長會為孩子買「iPad如廁訓練座」（iPotty for iPad），這是訓練用的便器，有內建的iPad支架，家長還可以在iPad應用程式商店中找到如廁訓練的應用程式和互動書籍。麥特倒不在乎布迪花在iPad上的時間長短，因為布迪並不像他的親生兒子那樣沉迷，牠只會偶爾用用iPad，何況還沒有人研究用iPad對紅毛猩猩的腦部會有什麼影響。它會不會使牠們的感官和我們的更相像？不論如何，布迪在生長過程中，歷經動物園生活、人類科技和文化，必然會對牠的腦部有各式各樣的影響，就像經驗會對兒童的腦部有影響一樣。不論是好是壞，我們人類都發揮了豐富的想像力改變世界，為我們和其他生物所用，驅除我們視為「有害」的生物，也邀請其他生物共享我們所發明的奇珍異寶（醫藥、複雜的工具、食物、特殊的隱語、數位玩具），敦促牠們和我們一起混淆**自然**和**非自然**的界線。

若你有心，不妨想像布迪手執iPad，它的應用程式和遊戲就是本書的各個篇章。只要觸摸螢幕，牠就揭開了一個又一個的章節，聆聽人類的聲音細訴過去的故事，或者凝神觀賞繽紛的臉孔和景色。在某些篇章裡，牠甚至瞥見了自己，手上拿著iPad，或許是正在遊戲的幼猿，也或許代表牠日漸減少的同類，是牠們的重要大使。兩個角色都是牠真實生活中要面對的命運。

布迪舉起一隻毛茸茸的橙色手指放在螢幕上，猶豫片刻，接著觸摸了第一章。牠的手指一按，掀起漫天風雪，只見大學生在各建築中奔跑穿梭，書本緊緊夾在大衣裡……。

1 過去七十五年來，人類砍伐太多的林木，紅毛猩猩的數量劇降了八成。國際自然保護聯盟（International Union for Conservation of Nature）把婆羅洲紅毛猩猩列為瀕危，蘇門達臘紅毛猩猩則列為極度瀕危，僅剩約十年，整個物種就會全部滅絕。蘇哈托時代（1921—2008），一億英畝的印尼雨林消失，當地的林業巨頭更加速掠奪紅木、黑檀木、柚木等高貴木材。此外還有棕櫚油，可以用來製作許多嫘縈及其他許多成分中有「棕櫚仁油」（palm kernel oil）、「palmate」，或「棕櫚酸鹽」（palmitate）等字詞的產品。如果你留心查看，就會發現有多少食物、洗髮精、牙膏、肥皂、化妝品，和其他產品使用棕櫚油。紅毛猩猩拓廣組織呼籲大家抵制所有棕櫚油相關產品，數十家跨國大企業（麥當勞、百事可樂等）已經同意參與，希望能藉此保護雨林。

chapter

1-2

狂野的心，人類世的心智[1]

一九七八年的大風雪，積雪及膝，雪帆在疾風勁催之下駛過卡尤加湖（Lake Cayuga，紐約上州十一個湖組成五指湖其中的第二大湖），把所有的街道幻化成雪橇跑道。當時我還是在紐約上州就讀的學生，儘管天候不佳，課還是照常要上，我們聆聽心靈宛如夜光錶面盤一般明亮的科學家談起「核冬天」（nuclear winter），亦即在核子戰爭後，地球氣候可能會發生的改變：太陽就像白色的棉花一樣懸在枯萎的天空上，塵雲在地球上方凝結，植物忘了怎麼維持青翠，夏天由零下二十度的氣溫下展開，接著四時的變換完全不符所有生物的期望。這情景很可能成真，因為華府和莫斯科的政壇人物就像遊戲場上的孩子一樣，虛張聲勢相互挑釁。這是我頭一次聽到師長說，如今我們已有能力拆解環繞地球的整個大氣層，教我既驚奇又憂慮。

在地質時間上，才不過片刻之前，我們還只是熱帶大草原上無語的暗影，是採集者和小型獵物的獵人。曾幾何時，我們怎麼成了地球的威脅？在講課結束，雪暴止息之時，在一望無際的白色遼原中，我們學生就像小小的發光體。

四分之一世紀之後，諾貝爾獎得主保羅．克魯岑（Paul Crutzen，他發現臭氧層的破洞，於一九九五年獲諾貝爾化學獎。他也是首先引介核冬天觀念的學者）再度步上世界舞台，主張我們人類已經成為地球變化的重要媒介，因此有必要把我們所生存的這個地質時代重新命名。世界各國的科學菁英都同意此說，倫敦地質學會（Geological Society of London，地質時間表的權威組織）也召集了德高望眾的專家小組，考量種種證據，要更新我們的世代名稱，由堅如磐石的全新世，到「Anthropocene」——人類世，頭一次承認我們主宰整個地球，天下無雙。

地質學家根據國際協議，依主宰地球的岩石、海洋，和生物等帝國，把地球環境史劃分為各個階段；就像我們用「伊利莎白時期」和其他朝代來表示人類史的階段一樣。深厚的南極冰核告訴我們古早大氣層的內容，化石遺跡透露出古代的海洋和生命形式，還有更多的資訊寫在淤泥上，記錄在石頭裡。先前的時代，比如我們認為恐龍當道的侏羅紀，延續了數百萬年，有時我們再把它們細分為更小的單位，變化不斷的世代和紀元悄悄溜進我們的視野。每一個世代都會添加絲絲縷縷到這片織錦之中，不論多麼纖細。在化石紀錄上，我們會留下多寬的條紋？

可以辨識出是人類的動物在地球上已經行走了近二十萬年，在這些以千年為單位的時代中，我們不斷適應多變的環境以求生存，勇敢面對惡劣的天氣和艱險的地形，恐懼比我們凶猛得多的動物，屈服在大自然的威力之下，它的魔力教我們不知所措，它的宏偉壯麗教我們恭順謙卑，在它的周遭，我們滿懷憂懼地安排我們的生活。經過漫長到難以完全想像，影響多到無法勝數的時間，我們卻開始反抗大自然的力量。我們運用靈巧的雙手，豐富的資源，柔韌靈活，聰明，合作。我們俘虜了火，製作了工具，砍出矛，磨出針，鑄造了語言，不論漫遊到什麼地方都隨手花用。接著我們開始以教人屏息的速度繁衍。

在西元前一千年，整個世界的人口才只有一百萬，到西元後一千年，已經成長到三億。一千五百年，增加為五億。此後我們成倍繁殖，自一八七〇年以來，世界人口已經成長了四倍。根據BBC網站的資料，一九四八年十月七日我出生那天，我是第二十四億九千零三十九萬八千四百一十六個存活在世界上的人，也是有史以來第七百五十五億二千八百五十二萬七千四百三十二個人。中古時代世上人口還能以百萬為計算單位，如今世上卻有七十億人口。生物學家威爾森（E.O. Wilson）說，「二十世紀人類人口成長的模式比較像細菌，而不像靈長類。」依據他的說法，如今的人類生物質（biomass）比地球上曾有過的任何大規模物種都大百倍，共有三十二億人蝸居在都市裡，都市計畫專家預測到二〇五〇年，舉世百億人口將會有近三分之二都聚居在城市。

到這十年的年尾，地球史將會重寫，教科書會因過時而出錯，老師必須揭露大膽、刺激，而且可能教人心驚的新現實。我們在地球上短暫逗留的期間，因為教人振奮的科技發展、化石燃料的使用、農業和日益增多的人口，使人類成為地球上唯一主宰變化的力量。在地球四十五億年的歷史中，只憑單一一種物種就能改變整個自然界，幾乎是史無前例。

唯一曾經發生過類似情況的一次是在數十億年前，當時金肩鸚鵡和海鬣蜥這類的生物還沒出現，大氣還充滿毒性，人類如果作時光旅行，非得戴上防毒面罩不可。只有柔軟吸水的單細胞藍綠藻群體平鋪在淺灘上，攝食水和陽光，持續不斷地向大氣輸出一波波的氧氣——這是它們的胃腸脹氣。逐漸地，空氣和海洋充滿了氧氣，天空淨化了，大地歡迎有肺的生物。這種生物的排泄物卻是那種生物的補品，這個想法雖教人尷尬，卻是實情。近五十億年來，生命滴答滴答地運轉，因為藍綠藻重塑地球，使得無數大膽的實驗得以實現，包括形形色色的葉片和舌頭、各種各樣的家譜和部族，由捕蠅草到人類。接著，由平凡到不可思議的這種起源，在最近兩三百年之間，人類竟然變成了旋乾轉坤的第二個物種，由大地至穹蒼都因之而脫胎換骨。

人類一向都是活力充沛、焦躁不安、忙忙碌碌的動物。過去這一萬一千七百年以來，雖然不過是自上一次冰河時期末冰河撤退之後一眨眼的工夫而已，我們卻已經發明了珍貴的農業、書寫，和科學。我們行遍天涯海角，跟隨長河的支脈、跨越雪鄉、攀登教人頭暈目眩的隙縫和峽谷，跋涉到遙遠的島嶼和兩極、躍入汪洋深海，受到燈火般明亮的魚類和火眼金睛的水母魅惑。在群星的禮拜之下，我們在漫無邊際的黑暗之中升起火苗，掛上燈籠。我們建構了宛如綠野仙蹤故事裡的城市，由我們故鄉的星球航向外太空，在月球上揮桿打高爾夫。我們夢想出工業和醫藥的魔法。儘管我們並沒有搬移各洲大陸，但卻以城市、農業，和氣候的變遷抹除並重繪了它們的輪廓。我們阻斷了河流，讓它們改道，填入厚重的新土。我們砍平了森林，削去又重舖了大地。我們征服了七五%的地表——保留一些小地方作為「曠野」，改變了龐大的面積，作為我們的產業和家園，並且藉著農耕，統一了世上三分之一沒有冰雪覆蓋的土地。我們砍掉了山巔，挖鑿坑道和石場採礦。就好像外星生物帶著巨錘和雷射鑿子，重新雕塑各大洲，以適應他們的需要。我們把風景化為另一種形式的建築，把這個星球當成我們的沙盒。

說到地球的生物，我們尤其忙碌。我們和我們所豢養的家畜如今已經佔據了地球所有哺乳生物的九成；在西元一千年，我們和我們的動物卻僅佔百分之二。至於野生物種，我們也把動植物重新分配到舉世各個不同的地方，激發它們演化出新的習慣，改造它們的身體，或者讓它們滅絕，而它們也都各自走向這三種結果。在這個過程中，我們決定了哪些物種終將與我們共享這個星球。

甚至連雲層上都展現了我們的所作所為。有些是環遊世界的旅客搭機留下的凝結尾經風吹拂留下的軌跡，有些則是工廠釋出的砂塵，溢漏出來，汙染了空氣。我們為烏鴉套上腳環，讓樹木雜交，在懸崖峭壁上建了棚架，在河邊築了堤壩，如果可以，我們連太陽也想管上一管，我們已經運用了它的光線作為我們奇想的動力，這是連古早神話中的諸神都會嫉妒的本領。

如今我們也像諸神一樣，無所不在處處存身。我們已經殖民到這星球的每一吋土地，在四處留下指印，由海洋的沉積物，到大氣層最外緣的外逸層，也就是分子逸入太空、太空垃圾，和衛星軌道的地方。幾乎所有我們視為現代生活的奇妙事物，都只不過在過去兩世紀之內，甚至過去幾十年間出現，就像在土石流前方急速滾動的巨石一樣，人類的冒險以驚人的步調加速奔馳。

每一天我們都更有把握，由外太空駛向人體和大腦內在的殿堂。我們不再是大草原上削製工具的那種猿類，不再像牠們那般背負著寶貴的餘火，把文字編結成串，宛如它們是稀罕的貝殼。由那樣的角度很難想像我們心靈的幻想曲，它是來勢洶洶，一瀉千里，抑或如潺潺流水，涓涓滴滴？我們以迅雷不及掩耳的速度改變這個星球，造成難以磨滅的結果，使得我們起源的這個自然世界——由原子至單細胞至哺乳動物至智人至主宰一切的萬物之靈——早已非我們祖先所識的同一泉源。如今，我們非但適應我們所居的自然世界，而且還創造了人造的環境，把自然界**嵌入**其中。

我們與大自然[2]的關係已經改變……雖然是脫胎換骨，難以挽回，但絕非只朝壞的方面改變。如今我們怎麼與大地、海洋、動物和我們自己的身體建立關係，已經因生產製造、醫療保健，和科技工業五花八門的進步，而受到各種出乎意料的方式影響，大自然緊閉的奧祕門扉也震動開啟——人類基因組、幹細胞、如地球一般的其他星球——讓我們大開眼界。一路走來，我們和大自然的關係正在演變，迅速而逐步漸進，有時微妙到我們對其音震毫無所覺的地步——不論在實質，或是象徵上。隨著我們重新定義對周遭和我們體內世界的基本知覺，我們對於身而為人的看法以及對「大自然」的基本觀念，也自然而然地重新修訂。在每一個層面，由野生動物到以我們的軀體為家的微生物，由我們不斷演化的家園和城市，到虛擬動物園和網路攝影機，人類和大自然的獨特連結已經走向了新的方向。

我之所以寫這本書，是因為我對某些問題大惑不解，比如：為什麼世界彷彿在我們的腳下奔跑？為什麼新英格蘭許多城市的加拿大雁今年首度並不南飛，為什麼歐洲有這麼多白鸛不再移棲？這個世界因破紀錄的熱浪、乾旱和洪水而受到蹂躪——我們能否彌補我們對天氣的所作所為？當今的數位兒童未來會成為什麼樣的地球主人翁？如果我們可以藉著電腦遨遊世界，毋需花費金錢，也不耗體力，旅行會有什麼樣的意義？醫藥既能造成人體如此眾多的改變——包括碳纖維義肢、仿生手指、矽視網膜、戴在眼睛上的電腦螢幕，一眨眼就可以傳簡訊、可以舉起千鈞之重的仿生套裝，和可以改善注意力、記憶，或情緒等優質大腦的奇幻之境——少年男女還會不會再提出「我是誰？」或「我是什麼？」之類的問題？未來五十年內，城市、野生動物，和我們自身的生命機理會有什麼樣的變化？

在不經意之中，我們已經在地球上創造了混沌，危害了自身的福祉。然而即使控制氣候的變化是當務之急，設計更安全的方式來餵養、補充，和管理我們的文明刻不容緩，我卻依舊無比樂觀。我們的新時代雖然糾結著種種罪愆，卻也纏繞了諸多發明。我們的壽命已經比以往延長了三倍、降低了幼兒死亡率，而且大部分人的生活品質都獲得改善，由健康到日常生活的舒適——達到了教人瞠目結舌的地步。我們犯的錯罄竹難書，但我們的才華也不勝枚舉。

要是我們能夠回到過去，比如鐵器時代，恐怕沒有人能不帶點必需品：火柴、抗生素、眼鏡、圓規、刀子、鞋子、維生素、紙筆、牙刷、魚鉤、金屬鍋、附太陽能電池的手電筒，和其他種種可以讓人生更安全的發明。我們的行囊絕對不輕。

1「人類世」一詞是由數位學者和機構提出，包括：美國水生生態學者尤金・史多麥（Eugene Stoermer，密西根大學榮譽教授）在一場會議中用了這個詞，目前在德國美因茲（Mainz）馬克斯普朗克研究所（Max Planck Institute）大氣化學部門工作的保羅・克魯岑；聖地牙哥加大斯克利普斯研究所（Scripps Institution），和南韓的漢城國立大學也都使用這個詞。

2 生物學家威爾森（E.O. Wilson）在《造物》（*The Creation*）一書中把大自然定義為包括「地球上所有不需要我們而可以獨立生存的一切」。

chapter

1-3

黑色彈珠

隨著我們的太空船進入新太陽系的輪盤賭盤，希望就再度開始構造它脆弱的結晶。旅程中，雖然失望一路尾隨，不過我們原本是不安於現狀的遊牧民族，而這個太陽也和我們自己已屆中年的恆星相像。它就像我們的恆星一樣，支配一小群環繞著非典型軌道的紛亂行星，其中有些展開季節起落的盛會，有些則冷酷、單調而偏僻。它們是一群奇特的手足，帶著許多跟在後方的依附者，但我們也曾遭遇更奇特的夜間同伴，而它們的魅力就在於其多樣的變化。數十個衛星簇擁著一個泡沫翻騰的巨星；另一個飄浮在白色的繭裡。我們在硬梆梆堅如磐石的世界之中穿梭，在拖著一串鋸齒狀衛星的軟式飛船邊擺盪，閃避小行星四散的碎石，繞過酸雲和幽光的溫室。

我們放慢速度滑行，讚嘆各種各樣的斑紋色彩，背脊鋒利一片荒蕪的巨大峽谷，噴出冰石的火山、高達五十哩的泉水，碳氫化合物凝聚的湖泊，猩紅色的傷痕和鞭笞的遺跡，冰凍甲烷淌流的海洋，岩漿流，硫雨，以及其他許多錯綜複雜的氣候和地質。然而四處都看不到生物的痕跡，沒有能呼吸的生命形體。我們是如此孤獨的物種，或許這個太陽系將是我們找到其他生物的港口，他們如我們一般，充滿不知名的激情或狂熱，滿心好奇，不斷追尋。生命會削整他們，讓他們適合他們的世界，不論以何種方式。

再調查一個星球，我們就要前往下一處停靠的港口。

在一個上有雲凝下有水聚的小行星上，處處亮片閃閃，我們以極速朝它駛去，任它的拉力吸引我們，在夜幕籠罩之時，同步合拍地繞行它的軌道，因為金黃和銀白光線的刺繡織錦而瞠目結舌——由一簇簇一條條，到恣意揮灑的圓圈和方格。**精工雕琢**的光體並非天然的曙光或閃電，而是經過**構思設計**，而且太多、太整齊、太難得，因此不容忽視。

二〇〇三年，派駐在太空站的唐·派提特（Don Pettit）只要一看到地球都市的夜景，就覺得自己的心悸動不已。他想道，**要是人人都能看到地球的這個模樣，必然會驚嘆我們已經走了多遠，也會了解我們共同享有的是什麼**。天生手巧的他用太空站裡找到的零件，以純樸清新的手法拍攝這看似靜止不動，實際上卻旋轉不停的星球。等他回到家，把這些照片排列整理，製成地球都市夜間軌道之旅的蒙太奇影片，貼上YouTube。他的旁白說明了每一個閃閃發光的蜘蛛網，我們隨著他朝它駛去，彷彿我們也由太空站的窗戶探頭向外望一樣：「瑞士蘇黎士；義大利米蘭；西班牙馬德里……」「夜間的都市呈現文化、地理，和科技的三角關係，」他語帶敬畏，「歐洲的城市展現了向外輻射的道路網……由倫敦往南經英國海岸到布里斯托；埃及的開羅則映著由南向北、輪廓暗沉的尼羅河，一旁的吉薩金字塔在夜裡大放光明……台拉維夫在左，耶路撒冷在右……」

中東的城市泛著金、綠，和黃色光芒，顯得特別耀眼。派提特指出印度的特徵——村莊的燈火點綴鄉間的，彷彿透過輕紗般柔和地閃爍。接著我們飛到馬尼拉上方，幾何圖案的燈光勾勒出水畔海濱。香港龍形的燈火在我們身下振翼，接著是南韓的東南端。在由朝鮮海峽湧出的黑暗之中，只見一列耀眼的白色光粒，那是綻放高亮度氙燈作為誘餌的漁船。

「東京、布里斯班、舊金山灣、休士頓都包括其中，」派提特說。

我們並不是刻意要把城市塑造得由太空看來如此之美。這樣的夜景是人類在這星球上的電力指紋，在城市血管中流動的鉻黃能量。在無止盡的太空穹蒼，宏偉壯麗的繁星劇場之下，我們在地面上創造了我們自己的星座，並且以我們的成就、企業、神話，和領袖為它們命名。哥本哈根（「商人之港」）、阿姆斯特丹（「阿姆斯特爾河上的水壩」）、渥太華（「商人」）、波哥大（「栽種了農作物的田野」）、柯多努（Cotonou，西非國家貝南的首都「死亡之河口」）、坎培拉（「會合之地」）、佛萊森堡（Fleissenberg，「勤勞之堡」）、瓦加杜古（Ouagadougou，非洲布吉納法索首都，「人們獲得榮譽與敬重之地」）、雅典（希臘智慧女神雅典娜之城）。我們張燈結綵展開我們的生命，任何太空旅客都不會誤解燈光所訴說的故事：某種英勇的生物打造了朝氣蓬勃的城市，縱橫錯落在這個星球上，他們喜愛沿著海岸，傍著流水定居，並且以燦爛光明的道路連結它們，因此即使不用繪出各大洲輪廓的地圖，你依舊能夠看出蜿蜒的河流。

這景觀傳達及時的沉默訊息，陌生又美妙。我們以行動為這個星球紋了身，作品處處可見。二〇一二年十二月七日，美國航太總署（NASA）拍下「黑色彈珠」照片，精準地捕捉了在夜空中熊熊燃燒的地球景象，這幅新自拍照片和四十年前名聞遐邇的「藍色彈珠」並駕齊驅，同樣也要以雷霆萬鈞之姿喚醒並啟發我們。

一九七二年十二月七日，人類最後一次登月任務阿波羅十七號的工作人員拍下了「藍色彈珠」的鏡頭，整個地球飄浮在宛如黑天鵝絨的太空中，在恰似漩渦的白雲下，非洲和歐洲耀眼醒目，但主要的色彩是藍色。這是多次阿波羅任務中，最能拓展我們思維的重要照片，顯示在浩瀚無垠的太空中，這個星球多麼渺小，它提供的棲息地多麼唇齒相依卻又渾然天成。儘管戰亂頻仍相互對立，但由太空向下眺望，地球既沒有國界，也沒有軍事區，或可見的藩籬。我們可以看到在亞馬遜河上方迴旋的風暴系統對半個地球之外中國的稻穀生產造成什麼樣的影響。就在兩天之前，在相片上方迴旋的印度洋颶風，才剛以狂風暴雨蹂躪了印度。由於時近冬至，因此可以看見宛如白色燈籠的南極熠熠發光。整個星球的大氣——我們所呼吸的空氣，飛越的天空，甚至臭氧層，都清晰可見，是最薄的外殼。

這張照片公布的時機正是環保意識越來越高漲之時，因此它成了全球覺醒的象徵，是人類史上流傳最廣的相片。它賜予我們一幀圖像，飄浮在我們心眼的潟湖之中，協助身為既是已知也是未知複雜生物的我們，接納這太過廣大因而難以專注的物體。如今我們可以一眼看到整個地球，就像我們注視心愛的人一樣。我們可以把這幅圖貼進我們智人的家族相簿。在這裡，每一位朋友，每一個鍾愛和相識的人，我們曾走過的每一條路，全都放在一個地方。難怪許多大學宿舍裡都掛著這幀相片，它是我們最終極的團體照，讓我們了解我們在全球的親戚關係和在宇宙中的地址。它宣告了我們共同的命運。

航太總署公布的城市燈火新圖像，則是以跳動的烽火作為裝飾的各大洲全景照，它再一次震撼並改變了我們的視野。我們的星球是我們太陽系中唯一在夜裡閃閃發光的行星。地球已經四十五億歲，有無限長的歲月，這星球一直黑暗無光，一直到兩百年再多一點之前，我們才以電線連接了世界，開啟了燈火，彷彿用閃閃發光的墨水在這星球上簽名。然而再過四十年，我們潦草的字跡和如今的字跡不會再相同。太多人都覺得都市生活充滿吸引力，因此我們的城市不再只是向前蔓延——而是倍數成長。每年都有數以百萬的人收拾行囊，放下工作和鄰居，加入全球近三分之二的人，遷移到城市去。未來會出現由燈幕連結，更寬更廣的格子框架，展現我們古怪的口味和習慣。由莫斯科往海參崴再向下墜入中國的小丑線條是西伯利亞鐵路，尼羅河則是穿過深邃黑暗的金色條紋，最後注入阿斯旺水壩（Aswan Dam，在埃及東南阿斯旺的尼羅河上）和地中海之中。連結各亮點的格架是美國的州內公路系統，整個南極洲在夜裡依舊無法看見。蒙古、非洲、阿拉伯、澳洲，和美國的遼闊沙漠，放眼望去也幾乎同樣暗沉。非洲和南美的簇簇叢林，喜馬拉雅山巨大弧線，和加拿大與俄羅斯北國鬱鬱的森林亦然，不過購物中心和海港的燈火卻彷彿油炸電子般熊熊燃燒。整個地球上最燦爛的不是耶路撒冷或吉薩金字塔，儘管它們也閃閃發光，但世俗的霓虹燈廟宇卻更燦爛奪目——拉斯維加斯的賭城大道。

美洲西部較新的定居地比較四四方方，街道朝南北和東西伸展，一路到城市邊緣才徐徐墜入黑暗，而在如東京這樣的大都市，最古老地區彎曲蜿蜒的線條則因水銀蒸氣的街燈而閃爍著螳螂綠，而環繞其外較新的街道則因現代的鈉氣燈，而散發橘色光芒。閃閃發光的城市告訴萬物（包括我們在內），地球的住民是思想者、建造者，也愛重新安排一切，他們喜歡聚居在蜂窩一般的住處，而且為了種種原因——夜間視力不佳、原始的恐懼心理、純粹的虛榮、想要嚇走掠食者，或者為了集體的裝飾，我們用燈光製的花環來打扮這些地方。

chapter

1-4 手工製作的風景

現在讓我們拉近一點，放大鏡頭。

當你飛在地球上方三千呎的高空，尋覓人類的跡象之際，地球就和你原先所認識的地球不同了，你很容易就會失去方向。日常生活中所有教人安心的結構都消失了，野草莓果醬的細膩豐腴、一瓶如雞冠挺硬漂亮的黃色鳶尾、廚房門邊野蔥的氣味，這些細微之處都消失不見。然而如果要觀察我們在地面上的軌跡，這裡卻是重要的景點——鉅細靡遺，清晰可見，就如烏鴉留在雪地上的三叉Y字腳印，或是白尾鹿戳印的劈裂心形足跡一樣。

儘管英文的風景landscape一字依舊使用十六世紀的荷蘭字（lantscap），表示我們生活中的自然景象，但這景物和我們祖先所見的卻有天壤之別。由機窗向外一望，可以清楚看出我們怎麼逐漸重新界定那質樸的觀念。它不再僅限於阿爾卑斯山的峭壁、甘美甜蜜的海岸，或是一望無際的野花田那般人跡罕至的曠野。我們製造新的景點，在其中自在悠遊，結果往往把它們和大自然的棲息地混淆在一起。亞利桑納無邊無際的向日葵或普羅旺斯花枝招展的薰衣草田編織出奪目的自然錦繡，然而這兩者都是由人手所縫製。

由空中，你可以看到懶洋洋橫臥的山巒，一如沉睡的鱷魚，道路沿山環繞，或在山間以之字形交錯，也或者俐落地橫穿其中。有些路彎曲以避開危險，有些則蜿蜒方能抵達，但許多道路都筆直一線，而且縱橫呈直角相錯。在森林覆蓋大地之處，則削出一道褐色的頭皮，一旁則栽有形如火柴人的電塔。

我們不但以亮片妝點夜幕，也編織白晝。夏日，我們的農作物生長茂盛，形成更迭變換的長條色帶，或是以綠絲絨和棕色燈心絨縫製出百衲圖案。篝延的深色圓圈是巨大的灑水系統，正在開採我們由地層深處開啟的水源，用來灌溉大片的玉米、小麥、苜蓿，或黃豆。較淡色的圓圈則是已收成作物的朦朧暗影，還在大地上逗留。間隔均勻的成排粉紅或白色叢生植物，則是蘋果和櫻桃果園。在房屋和農場之間，小塊的林地尚未開墾：要不是這塊地太潮濕、太堅硬，或者太陡斜，難以建築，就是當地人把它保留起來，作為保護地或公園之用。不論如何，它宣告了我們的存在，一如溝渠運河和修剪平整的高爾夫球場一樣。

在後退的冰河拋下冰礫岩石之處，形形色色大大小小的石頭沿路散布，灌木籬牆圍繞著農作四周。農民得先掘出大小石塊，把這些碎石堆在田邊，才能耕作。灌木和大樹在石頭的隙縫中求生存，疾風也把雪花吹進碎石之間，直到春暖花開，積雪融化，留下波紋狀的棕色田野，然而框住它們的樹木籬牆頂端卻依舊白雪皚皚。

在群山深色岩脈分布之地，礦工已經砍伐了森林，用爆裂物炸碎了山峰，挖出碎石，拋進山谷，開始開鑿。採石場的區塊和碎片明顯可見，開採銅礦的階梯寶塔也高聳在碧綠的水池上方。

海市蜃樓在焦糖布丁色澤的莫哈韋沙漠（Mojave Desert，位於加州東南）中泅游，成千上萬的鏡影朝地平線閃爍，每一面鏡子都是巨大的太陽能板。在舉世其他的沙漠以及包括南極的各大洲，星羅棋布的陽光發電架閃閃發光。煉油廠迤邐數哩，擠滿了抽油泵，就像金屬材質的啄木鳥和蝗蟲攻擊硬梆梆的沙漠地表。

我們的尖頭船隻布滿港口和湖岸，拖船則沿著河流的藍色肌腱，一路和商用駁船爭辯不休。新伐的木材看來就像軟木塞製的木筏一樣，載浮載沉漂向鋸木廠。在吸引成群結隊候鳥的濕地上，也可見到蔓越莓沼澤[1]的深紅渦紋，和氾濫其間的黃色採收機，它們攪動蔓越莓，讓它們由藤蔓上鬆落，並且以伸縮自如的長臂把浮在水面的果子趕集到一起。紅色的大寫字母T則是海水蒸發池的耶穌受難聖痕，在這裡，海水中的鹽份凝聚，形成堅硬的結晶，在過程中改變了水藻和其他微生物，化為鮮艷明亮的迷幻渦紋。我們看到我們建的水壩，築了堤坊的河流，還有如漫長拉鍊的鐵軌，以及偶爾穿插其中的扇形火車庫。我們看見市立游泳池的蔚藍，和我們所居櫛次鱗比城市的網格，最高的建築位於城中心，較矮的建築則伸出長指向外延伸。核電廠的冷卻管以塑像般空洞的眼睛向上凝望，鋼鐵廠、工廠，和發電所上方的大煙囪則冒出低垂的假雲。

這些只不過是人類存在的一些跡象而已，而當然，我們的廢物也歷歷在目。所有的城市外緣都是廢料場和回收中心，堆滿了一塊塊壓扁的金屬和卷曲的黑色舊輪胎，撿食垃圾的海鷗在上方盤旋。

我們創造了形形色色的新風景，而且唯恐有人不知，還以「景」為字尾，創出種種形容它們的詞彙，我曾見過：市景、城景、路景、戰爭景象、草地景觀、獄中景觀、商場景觀、音景（soundscape）、虛景（cyberscape）、水景、窗景，和乾景（xeriscape，用生長緩慢的抗旱植物來創造景觀），及其他。還有，我們可別忘了所有的「工業園區」亦各有其景。

雖然我們手造的風景往往會融入環境之中，只不過是供高潮迭起人生故事上演的舞台背景，但它們卻可能相當精彩壯觀。在日本，看膩了火山和庭園的觀光客，以及有「工廠萌」（kojo moe，迷戀工廠）之癖的都市遊客蜂擁參加一票難求的工廠旅遊，這種旅遊是搭乘巴士或船參觀工業景觀和公共工程，尤以夜間遊覽最膾炙人口，在月亮和人們熟稔的星座之下，觀賞噴出濃煙和閃著如明星般燦爛光芒的大化學工廠，已經成為浪漫的約會節目，廣受年輕男女歡迎。

「工廠竟然變成這麼美麗的地方，大部分的人都驚訝不置，」川崎市觀光局官員小川正勝說，「我們希望觀光客能有各種感官的體驗，包括工廠的氣味在內。」

「來到東京，別去原宿，」大山顯在《工廠萌》一書中說，「去川崎。」這個滿是鐵鏽、水汙染和空氣汙染的工業樞紐正是工業景觀最活潑鮮明之處。有些日本國會議員還提議把工廠指定為世界遺產，好吸引更多的觀光客。

過去二十五年來，加拿大攝影師愛德華·伯丁斯基（Edward Burtynsky）一直在記錄世界各地的「人造風景」。他最精彩的相片中，許多都是在中國工廠裡拍攝的，這些工廠箒延數條街，工人幾乎成天都頂著人工燈光，消磨在機器、產品和彼此之間。他們周遭環境的大小和規模，在人的眼睛和心靈上形成風景，而在如新加坡等地的辦公大樓亦然，每一層樓都分割為數十個如蜂窩般的斗室，自成天地。

我在多倫多市區一條繁忙的街上找到伯丁斯基的閣樓工作室，幾間小辦公室裡擺著大張的木桌，一排高高的窗戶則是當日天氣的肖像畫廊。迎接我的是一位高瘦男子，一頭白髮，留著整齊的上髭與山羊鬍。我們撤入他擺滿書籍的辦公室，他穿著藍色的長袖襯衫，胸前小小的土狼標誌抬頭對著他的臉號叫。他輕聲細語，全身有一股幾乎如大地般的安詳沉著，但他的眼睛卻如獵豹般靈活。

「人家都稱你為『潛意識的運動人士』……」

伯丁斯基笑了，這綽號果真合適。

「身為加拿大人的特權就在於這是個地廣人稀的國度，我大可以置身曠野，體驗萬千年來不曾變化的空間，一連數天見不到一個人影。對於攝影如何觀看人類對風景所造成的改變，這種經驗有其必要。我的作品的確成了一種悲歌，而我也希望它能成為詩意的敘述，說明風景和工業供應線的改觀變形。我們不可能創造我們的城市、擁有我們的汽車、搭乘我們的噴射機，而不留下荒原。每一個創造的行動必然會造成相對的破壞，就拿摩天大樓為例——在大自然留下相對應的虛空：採石場、礦坑。」

採石場是顛倒過來的建築，我想像挖空的幾何圖形、立體派的長凳、凹凸不平的鉛垂。你不可能打造大理石或花崗岩的摩天大樓，而不在大自然裡創造相對的虛空。我從沒有以這種方式來看待我們的建築，永遠籠罩在相對應的空缺陰影之中。

「然而這些『破壞行為』卻美得驚人，」我說。

「我們人類由一直立開始，就由大地攫取需要的事物，我們看到那些荒地，免不了會說：『那豈不是很糟嗎』……但我們也可用不同的觀點來看它們，儘管我們以為這些地方死去消亡了，但它們並沒有死，生命依舊繼續下去，我們應該重新和這些地方建立連結，它們非常真實，而且屬於我們的一部分。」

我的心靈在他的兩幀照片之間悸動：一幀是西班牙西北部鎢礦露天礦場的階梯式擋土牆，另一幀則是燈泡燈絲、電子用品、火箭發動機噴嘴、X光管，和我們文明的其他微粒物質所堆砌的金字塔。它們和二十世紀上半的風景照片截然不同，當時的攝影家如艾略特·波特（Eliot Porter）、安瑟爾·亞當斯（Ansel Adams），和愛德華·韋斯登

（Edward Weston）以敬畏和尊重的手法歌誦未經侵犯的自然荒野，視之為崇高的體現。伯丁斯基的相片則捕捉了人類對工業的著迷，以及遭受蹂躪的熾熱榮耀。多少世紀以來，人類唯有在大自然中，會感受到比我們更大的力量，但如今我們的城市、建築，和科技也可以扮演同樣的角色。

伯丁斯基指出，甚至連「自然」的稱呼，都有了重大的改變，原本自然存在我們周遭和體內，接著我們一一為它們命名，一如聖經上記載亞當為動物命名一樣，藉此讓自己與它們分離。一旦我們為它們取了名字，就似乎可以對它們為所欲為，然而我們和它們的距離永遠不如我們所以為的那般遙遠，而且如果說我們在人類世學到了什麼，那就是我們並沒有和自然真正分離。我們建造的環境是風景裡的重要環節，也是大自然的一種表現。它是否可以永續發展，抉擇在我們手上。

在小紅毛猩猩生命的此時此刻，布迪暫時放下了他的 iPad，接著麥特揚起手臂，食指向下旋轉，彷彿在攪動看不見的茶水。布迪立刻轉過身來，以背貼在柵欄上，讓麥特幫牠搔癢。麥特順從牠的意思，布迪歡喜地抬高肩膀，接著換肩膀、手臂，再換背部，要他再搔。

「幾個月前牠才長出恆牙，」麥特說，「牠的乳牙今年初掉了……那些像芝蘭口香糖的大顆牙齒全掉光了，」麥特拿了一些小塊新鮮水果放進布迪嘴裡。

「牠很小心不咬你的手指頭。」

「牠還很小時會咬……嘿，放手，」麥特說，他輕輕地把布迪的手指頭由牠正打算扒開的 iPad 套子拿開，「不過那時牠的牙齒比較小。只要我一尖叫，牠就會放開，好像在測試一樣。牠現在長大了，就算牠無意傷害我，依舊可能會讓我受傷。」

紅毛猩猩的體重可能和人類差不多，但牠們卻比人強壯七倍，而且可能不明白遊戲時的一拉或一拍，對人會造成多大的傷害。不過牠們很有同理心，能夠體會其他不論什麼種類動物的痛苦，並且因為造成這樣的疼痛而感到難過。

「要是牠懂得如何和人相處，就能過更好的生活——比如將來牠年紀大了之後，就能表現出身體部位的不適，讓人照顧。我們不能保證牠會永遠待在這個動物園，因此該說，**這是布迪懂得的語言，你要和牠溝通，就得要會這種語言。**」

布迪的媽媽普蓓漫步過來看我們在做什麼。依紅毛猩猩的標準，三十六歲的牠已是老年，牠是這個動物園中最老的紅毛猩猩，一身成熟的灰色皮膚（如布迪這般年幼的猩猩皮色較淡），圓滾滾的肚子，口鼻部份則都是皺紋。牠的臉和布迪的一樣，看來和人類很像。在朦朧的演化幻景之中，紅毛猩猩以熟悉的臉龐和表情面對我們的凝視，難怪牠們的名字印尼話的意思是「橘色的森林人類」。

布迪攀上牠母親上方的柵欄，倒立朝母親的頭部擺盪，接著頭下腳上滑過牠的肩膀，半轉身橫滾過母親的背部。但牠母親並不以意，生養了五個小傢伙，牠早已習慣這樣傻氣的舉動，何況牠生性平和，也把這個特色遺傳給布迪，讓牠也有較安靜的個性。並不是所有的紅毛猩猩都會吵鬧，雄猩猩可能會長號，讓雌猩猩知道牠們身強體壯，也警告其他雄猩猩不要來搗蛋，但雌猩猩和幼兒則總在一起，只需要發出細微的叫聲和咕噥。此外，牠們也是視覺訊息的藝術大師，彼此之間大部分的訊息都來自符號的解析，身體語言和手勢提供了共有的字彙。因此麥特和牠們之間的溝通也總是包括手勢和話語，這個技巧在家有幼兒的人類父母之間也越來越受歡迎——在孩子還沒學會說話之前，教他們基本的手語。

「把你的肚子給我看，」麥特把注意力轉向猩猩媽媽，並且默默地用雙手作手勢要牠過來。

「讓我看你的肚子，普蓓，」他指著牠毛茸茸的橘色腹部說，口氣溫柔而尊重。普蓓把牠的大肚子貼近麥特，讓他輕輕地按摩。他給牠一些水果，牠用一手拿了一塊，優雅地放進嘴裡，一次一塊。

「你要去哪裡，老兄？」麥特看著跑向角落的布迪說。

牠抓著起皺的藍色防水帆布，把自己包成蝙蝠俠一樣，又回去玩 iPad，讓它發出大猩猩和犀牛的叫聲聲，接著牠又伸手去拿籠子外有按鈕的控制棒。麥特把遙控器放得靠近牠一點，讓牠按鈕開啟牆上分隔旁側籠檻的門。牠把帆布拉到頭上，又把一個大球踢到門外，再衝去追球，把它拿回來，接著又按鈕把門關上。開，關，開，關，就像因開關抽屜和門而興奮莫名的孩子一樣。

麥特認為應該盡量給紅毛猩猩選擇，和各種各樣的心理和感官刺激（如果牠們希望，也該給牠們隱私）。

「我們幾乎為牠們做了所有的選擇，但有智慧的動物應該有機會為自己做更多選擇，」麥特說，「由決定牠們當天想吃的食物，到牠們想做的活動。」

「牠們可沒想要當自己這倒楣物種的大使。」我說出了我的想法，擔心未來的地質學家會發現的究竟是我們讓紅毛猩猩在我們的世代滅絕，還是在千鈞一髮之際挽救了牠們。

「牠們是不想。」他的表情陰鬱下來。

「我想野生猩猩的情況恐怕很糟。」

「我上回聽說的是，」他沉痛地說，「牠們的數量又分裂了，以目前蘇門答臘紅毛猩猩的數量來說，長期下來沒有任何一群可以永續生存，除非我們建立野生動物保護廊道，並且保護這些地區。野生動物廊道有許多益處——可以調節暴雨的水量，防止土壤侵蝕，產生氧氣，並且為紅毛猩猩提供生存的場地。一般的地主都不想讓紅毛猩猩接近他們的棕櫚園，如果保護廊道能發揮效用，就能減少動物和人類之間的衝突。」

因此多倫多動物園推動「紅毛猩猩覺醒」（Orangutan Awareness）計畫，除了教育、接觸之外，也為全球的紅毛猩猩募款。另外也推出了招牌的紅毛猩猩Apps（目前已經有十二個動物園參加），提醒人們：我們和其他的大猿有多少相似之處。只要我們看到紅毛猩猩在玩 iPad，就會自然而然想到**牠可能是我的兒子、我的兄弟，我自己**。

在多倫多動物園，布迪觸摸牠 iPad 上的遊戲，螢幕上出現了許多生物，生氣蓬勃，在划水、冒泡，旋轉，這個史前水下世界布迪永遠看不見，我們也看不見，因為我們只能看到靜止不動的史前生物，它們是毫無生命的枯骨，是如我們一般高潮迭起先前世代的遺跡。

1 譯注：蔓越莓樹叢生長在沼澤中，而不是種在水田裡。

chapter

1-5

石頭的方言

我的脖子上掛著三葉蟲墜飾，黑色的蟲身上有銀色斜線突出的肋骨，就像木虱一樣，教我疑惑牠會不會把自己養得圓圓胖胖，也像木虱一樣會翻筋斗。我更好奇的是，在那麼久之前，牠的複眼看到的是什麼樣的景象。我的三葉蟲只有一吋（二點五四公分）長，但我曾在鄰居的私人收藏裡看到近兩呎（六十公分）長的三葉蟲，它的肋骨清晰可見，就像可以敲奏的木琴。它們是神祕的生命樂器。

在上新世脊椎動物欣欣向榮之前數千年，草食四足獸四處漫遊的年代，銀樺的葉片在枝頭閃爍，宛如渺小的鮭魚，水鳥鸊鷉才剛跳起瘋狂的求偶舞之際，億億萬萬的三葉蟲在海床上潛行，涉過凝聚著細菌爛泥的土岸。在演化的武器競賽中，牠們長出了裝甲板、節足、殼質的硬下顎——任何可以避免絕種的保證。牠們死後，埋藏在混濁的沼澤地裡。如今專門翻揀骨骸的人類看中了牠們白堊質的殘骸，牠們如鯡魚骨般精緻細膩甲殼。為求了解牠們的習性，我們有時會間接提到牠們的堂兄弟如螃蟹、蜘蛛，和馬陸，稱之為「共同主題的適應輻射」（adaptive radiation，指由同一祖先族群演化而來的各種後裔，針對不同棲所各自調整的現象），彷彿這就能解釋牠們體內薄如蟬翼的器官，以及為牠們帶來機會的種種危機。

三葉蟲是化石保存最成功的**水生**動物，三億多年來牠們不斷地精益求精，向上提升，直到形形色色約兩萬品種在深深淺淺的海中悠游。那時地球必然到處都是三葉蟲，其中有些躡手躡腳，是海洋中掠食者和食腐動物，有些則斯文地以浮游生物為食，有些則和食硫菌搭檔，有些冒出了觸角和利刺。牠們用史上最古老的眼睛掃視牠們的領土，如蟲眼一般的窺視器，這許多透鏡並非有機組織，而是礦物質，由六面的鈣結晶稜柱體構成。這種截然不同的眼睛看不到清楚的影像，但卻能感受非常寬廣的視野和動作。兩億六千萬年前，三葉蟲大規模滅絕，牠們古老的世系讓給複眼昆蟲的世界，但在三葉蟲全盛時期，牠們在水中世界逡巡，死後包括水晶眼睛等一切的鈣質遺骸落到水底，一層一層的沉積物就像神龕一般把它們深深埋藏，小塊珊瑚和其他鈣質生物黏合壓縮牠們的骨骼，接著光陰以它沉重的體積堆積在上，擠出多餘的水份，留下妝點著骨骸的石灰石。如今我們用生石灰岩鋪路，或者把它磨碎做漆和牙膏——意味著我們用古老的三葉蟲、珊瑚，和其他化石刷牙。

那也正是人類將來化為化石的必經之路。我們的數量雖不如三葉蟲那麼眾多，但卻是歷來最成功的陸上生物。無妨，用古老姻親，或者前姻親[1]的殘骸來刷牙，我不知道自己該有什麼樣的感受。

我沿著卡尤加湖畔公路行駛，穿梭在冰河時期形成的岩石之中，行經鬼斧神工的侵蝕地形。侵蝕作用是偉大的風景雕刻家。地質的紀元層層堆積，就像北非柏柏爾人織的地毯（Berber rugs）一樣，三葉蟲和其他化石見證生命的演化；一道道的溪流和瀑布冒著煙雲霧氣，墜入千呎下方灰藍色的深湖。我所行經的鐵灰和黑色的寬帶頁岩源自含氧量低的土。從前這個地區曾是熱帶淺海，海水蒸發之後，留下的泥土不只充滿了硬化為石灰石的海洋動物骨骼，而且還有鹽層沉積，有些還是舉世最深的鹽層。兩億五千萬年前，大陸互相撞擊，壓迫這些岩石，造成斷裂，土地隆起，海平面升起又下降。然而放眼起伏的山坡，卻很容易就會忘記：你所看到的不是山巔，而是很久以前的海底。

兩億四千萬年前恐龍出現之時，海水撤退，留下乾燥的陸地，讓踐踏而過的恐龍印下足跡。才不過兩百萬年前，冰河時代來臨，覆蓋了大片的冰層，一再地向前衝刺又向後撤退，在過程中挖鑿出深邃的五指湖（Finger Lakes），而溪流則切割出紐約上州的峽谷。有時候那個時期的大型化石會出現，就如幾年前當地的一名農夫莫名其妙在田裡找出的乳齒象（體型笨重的大象親戚，長有特別長的獠牙）化石。

曾經出現在這個星球上的大部分生物都已經消失，不留痕跡，牠們的遺骸經過風霜雨露的洗禮，再被冰河慢動作的崩塌推倒鏟平。不過如康乃爾大學芭芭拉．喬登（Barbara Jordan）等的地質學家依舊可以由岩層中讀出故事，那是地球的石頭方言，包括了敘述翻天覆地事件的V形圖案，或許記錄了如珊迪或海燕颱風的摧殘。

我和喬登一見如故，她的辦公室就在曲折下墜的峽谷旁，那是個這湖區的特色，這裡處處化石，是喜愛探究地質者的勝地。她藍色的菱格襪——那縱橫交錯的設計，呼應了我們在岩石上偶見的角度，出自陣陣擠壓，源自久遠以前天崩地裂的災難，我們只能揣測它發生在千百萬年前。

喬登鑽研的是沉積物，這地球的浮渣存留的時間久到足以化為山巔，變為台地。她教了大半輩子的書，我覺得這很漫長，但以她探究過去的觀點，卻只是轉瞬之間。

「在舉世求快之時，以這麼緩慢的時間單位來思考，會不會覺得格格不入？」我問道。

她笑著搖頭道：「不會，我倒因為人們不以這種方式思考而吃驚。他們怎麼看不出它來？」

這個「它」是我們在堅如磐石的歷史骨幹上所佔的位置。我雙手捧起放在喬登窗旁桌上的一塊岩石，凝視它凹凸不平的化石表面，羊角形的菊石彷彿就要頂撞而出。

「這裡對化石是個好地方，」我說，「你認為我們的骨頭在千萬年之後，也會以這樣的方式出現在化石紀錄上嗎？」

「除非我們陷在沉積物裡才會！」她開玩笑說，接著臉色一晈說道：「或許住在如紐奧良、東京，或荷蘭或島嶼國家的人會，海平面升高時，那些地區會下沉，消失在泥淖之中。」

一談起恐龍或三葉蟲時代，我們就會想到化石，但人類時代則否，未來的地質學家要沉思研究的未必是我們的骨骸，而是截然不同的證據。標記人類世起始的，不是我們的骨骸，而是我們的殘渣。這個由「金釘子」[2]（golden spike，科學家打進岩層中標識國際一致同意的地質時期起點）所勾勒出的起始點，大部分的金釘子都位於歐洲經過密集研究的暴露岩石帶，美國有七個金釘子，全球各地則還有數十個金釘子。

讓我們再一次假設我們是太空人，人類已經離開地球，前往其他世界拓荒，讓地球得以休養生息數百萬年之後，我們再訪地球。如今，在蒼蒼鬱鬱的地表上，已經看不見多少人類的遺跡，暴露的岩石和冰核勾勒出我們故事的大綱，一位未來的地質學家——姑且稱之為奧莉薇，正在尋覓「時間岩石」，也就是可顯現出我們所創新時代磁性、化學、氣候，或古生物跡象的岩層。

奧莉薇在曾是巴塔哥尼亞高原的地方搭起溫暖的帳篷，由此赴世界各地探查，並且挖掘、測量、測驗如陶器碎片之類的線索。她在海岸附近的沉積岩鑽研城市的化石遺跡：曾被稱作邁阿密或加爾各答的低地迷宮。她由核廢料傾倒場驗出輻射的脈動，發現農業花粉突然取代了一層森林花粉，另一個農業帶則被城市取代，混凝土和金屬的焊接物處處可見。她偵察海洋，發現在我們的時代，人們用沉重的大型魚網以底拖的方式犁過海床，鏟起沿途所有的海洋生物。奧莉薇不禁心生嫉妒，她想道：**他們是頭一個會用工具和人造衛星測量地質在他們此生如何變化的世代，那必然是教人興奮的世代。**

不論她走到哪裡，都會發現大量遠離原生地的化石，凝結成塊，其規模在地球的地質史上獨樹一幟。早在我們開始搬移各種生物之前，每當各洲大陸以緩慢的動作互相碰撞，各物種就會入侵新的地域。但在人類主宰地質的期間，我們加快了這個過程，並且迅速超越地球的板塊運動，成為重新安排物種分布的主人。

奧莉薇在離她車頂篷不遠的一塊岩石樣本中辨識出玫瑰和金雀花粉，不由得微笑起來。這裡是巴塔哥尼亞，曾是疾風強襲的曠野邊疆，犰狳四處漫遊，海灘的圓石則宛如碧玉。**巴塔哥尼亞的玫瑰**，她思忖道，**那些古人類熱愛玫瑰，而金雀花——他們知不知道它會落地生根，綿延數哩？**或許它們是由墾民移植而來。她知道金雀花必然會抽出長長的金黃花柄，如野火燎原一般，點燃數百畝的大地，並且改變土壤的化學成分。

如果能挖到小塊的人骨，她就中了特獎，這些骨頭的DNA顯示出我們人類怎麼會像跳蛛那樣，跳過一塊又一塊的大陸，雖然有些世系佔優勢地位，但大部分都是互相融合、同化，遠離他們故鄉的海岸，參與全世界的熔流，把我們所有人都連結在一起。

她必然和同僚爭論過，究竟什麼時候才算人類世確實的開始——農業？工業？核彈？——大家一致同意的是，我們的世界大約在西元一八〇〇年脫胎換骨，那是工業革命之際，由於化石燃料的大量運用，造成二氧化碳量大增。我們總會忘記，當初發明蒸汽引擎，是為了煤礦抽水之用，後來才改作推動船隻、汽車，和火車之用。而這也是開墾地面的速度加快之時，生態系統則由曠野為主，改變為以人類為主。農、礦成為機械化的巨人，把更多的肥料灑進河流和海洋，更多的汙染噴入空氣之中。新的紡織廠和工廠制度把勞工由鄉下吸進急速發展的現代城市。那就是我們最先開始把地球大規模改造為適應我們的時候——改變氣候，改變海洋，改變動植物的演化。

在這個過程中，我們到處留下鮮明的特徵。我們在地質紀錄上已留下重大的影響，因為一九六〇年代的原子彈試爆，岩石散發出輻射的元素。奧莉薇研究岩層之間的化石花粉，就會顯示在我們這一世，幾世紀以來在大草原和森林裡欣欣向榮的物種，突然讓給了一望無際的單一作物——玉米、小麥、黃豆，和大批的牛、豬，和雞。

由於塑膠需要很久才能分解，因此它們也會出現在化石紀錄之中，不是壓扁的草地座椅和PVC管，而是微小的塑膠裂口紋理，和變性塑膠一樣分布廣泛。至於準晶體（quasicrystal，結構排列整齊但卻不重複的晶體）、透明鋁，和其他新發明的物質形式，也都會出現在化石當中。

光是這樣已經教人目眩神迷，我們在創造的總和之中，添加了新的元素。大自然廣袤的世界，儘管有各種化學品和藥物、動植物、岩石、結晶，和金屬，在我們看來卻依然不足。

我們也鑄造全新的物態，肉眼從未見過的金屬——可以像光劍一樣切出薄片的光子集束，稱作極性分子（polar molecules）的超冷量子氣體、毛茸茸的帶電體、由鑀（einsteinium，一種人工合成元素）到鎶（copernicium）到ununoctium（Uuo，無正式中文名稱，亦稱Eka氡或118號元素）的合成輻射元素及其他種種人工物體。遺跡未必要大，甚至也不需肉眼得見，就能展現我們如神般的力量。重組大自然的零零碎碎來創造抗生素或原子彈是一回事，但要構思奇特的物質，把它們像新種香料一般，加入燉煨的宇宙菜色裡，則是另一回事。想到會有像奧莉薇一樣的未來地質學家苦苦思索這些像太妃糖的綿軟物質，想要揣摩是什麼樣的化學實驗發燒友醞釀出這些東西，教我不禁莞薾。

這些元素終將成為不容置疑的證據，證明我們的存在。我們在化石紀錄上，留下了地球五十億年歷史中從未見過的的軌跡。你今天在化石紀錄中添加了什麼？六罐裝飲料或瓶裝水的塑膠？糖果紙、塑膠袋，或果汁罐的垃圾？開了你的車？果真如此，你已經改變了點點滴滴的天氣，而那也終將添加在石頭的圖案上，成為我們干擾由深海到外太空諸多事物的遺跡。

---

1 這裡是玩文字遊戲，in-laws 和 out-laws。Outlaw 原本是指亡命之徒，但《城市俚語辭典》（*urban dictionary*）也有新解說，一旦你離了婚，in-laws 就變成 out-laws 了。

2 譯注：「金釘子」原本是指美國東西部鐵軌相連時，打下金釘象徵橫貫鐵路打開美國東西部交流。

chapter

1-6

折騰天氣

我們改變了整片寬鬆的大氣層，這多麼了不起。如今濃度已攀上歷史高峰的二氧化碳，比兩百年前高了三分之一。讓農作物圓圓潤潤的合成肥料製造出來的氮，比所有的植物和微生物自然生成的都多。如果像奧莉薇那樣的地質學家分析由北極湖泊採來的沉積岩心，就會看出我們怎麼改變了海洋和空氣的化學組成，讓它們變質變性。

在生機蓬勃的地球上，我們只不過是其中一種菁英物種，卻已經有能力折騰這個星球的天氣，汙染所有的海洋，顯示出我們影響力的速度和規模。在陸地上，人類作為地質媒介的力量堪與侵蝕作用或火山爆發相比擬；在海洋裡，我們造成的衝擊也和小行星相當。未來的化石紀錄上可以看到我們害死的珊瑚礁。回顧起來，上回珊瑚礁死亡是發生在六千五百萬年前，一個貨真價實的小行星抹盡了恐龍和其他許多生物之際。

一旦看到了珊瑚礁的死亡，你就忘不了它如月球表面的景象。我一向喜愛水肺潛水，享受在水中細胞受到胳肢的感受。我曾在牙買加外海游經五花八門色彩繽紛的魚類，因為看得如癡如醉，不由得一手撫胸，雙眼淌淚。我的嚮導由他魚缸般的面罩詢問我是否無恙，我沒辦法向他作手勢表達我並沒有受傷也不恐懼，而是欣喜若狂，泫然欲泣。該怎麼背著水肺傳達神奇美妙的感受？

你有麻煩了？他作手勢問。

不不，我強調手勢回答。**我沒事……只是心情激動**——我攤開手掌放在心坎上，接著在水裡做出翻攪的動作——**還有我的眼睛……**我用手指頭在一隻眼睛旁邊做出下雨的樣子。

要不要上去？他比出手勢，打結的眉毛畫出問號。

不！我作出僵硬的手勢。**我沒事，等一下。**我思索了一會兒，接著做出法國廚師在廣告中所做的動作，**這道菜十全十美**的世界語手勢，用手指圈成錢包狀，等它一接觸到我的嘴，就做出錢包爆炸的模樣，接著我再大手一揮。

即使他嘴裡塞著呼吸調節器，眼睛在面罩之後扭曲變形，他依舊作出誇張的笑容，在呼吸管咬嘴邊張開大口，讓我看到他在微笑。他點點頭，誇大地表示**讚**！接著一手做出OK的手勢，用他的羅盤確定方位，還浮上水面觀測船的位置，再帶我到更深之處。

游了十分鐘之後，我們突然來到一個水下峽谷的迷宮，那裡長滿了巨大的海綿和如扇的珊瑚，如馬戲班色彩的魚兒成群結隊在其中穿梭。珊瑚頭上冒出的是胖墩墩的紫色海筆（sea pens），插著羽毛似的筆管，矗立在沙子形成的墨池裡，渺小的管蟲（tube worms）——造形就像耶誕樹、雞毛撢、五月柱的彩帶，和陽傘。海中生物的關係有時就像俄國小說裡的一樣；一隻蠕蟲進了壯麗珊瑚的食物貯藏室偷竊，結果非但沒有被趕出去，甚至還乾脆待了下來。我把手掌移到一支紅白條紋的陽傘上，霎那之間牠就把傘收攏起來，拖進珊瑚裡面去了，這是潛水人喜歡和管蟲玩的遊戲。天靈靈地靈靈，管蟲就消失不見。

就在我們眼前的珊瑚丘，一叢暗色的角珊瑚由峽谷壁上伸了出來，宛如水母的頭髮在水流中舞動。我笑了起來，**這角珊瑚的頭髮就像我的一樣**，我忖道，接著我記起來了：**人體主要就是鹹水，我們帶著體內的海洋走動**。這個簡單的事實教人瞠目結舌——身為女人，我就是個小小的海洋，在它子宮神祕莫測的熱帶，被標為魚子的卵形物漂浮在哺育我們所有人的海洋之中。我掀起面罩，用鹹水洗臉，再把面罩戴回去，用鼻子呼氣，讓它更清楚。從此以後我就著了迷，經常回到海裡，重新體驗那隱形鎖鍊的可見連結。

我運氣不錯，在二十年後回到同一地點，看到的是一片荒蕪的珊瑚礁，一堆白骨，就像月球表面。

要看氣候的變遷[1]，其實不必遠赴加勒比海——在我位於紐約州的後院，就已經看出它的跡象，或許只要你花點時間看個仔細，也可以由你家後院看出端倪。仔細觀察這一部份很要緊，在大部分人眼裡，一切都很正常，因為秋去冬來，四時依我們熟悉的方式轉換，儘管這個季節來得比平常更多風雨，那個季節去得比平常更乾燥。對大多數人而言，這些變化太細膩微妙，忙著過日子的我們根本難以注意。

不過到處都是線索，而且不只在我自己的後院。全球暖化播弄花園裡的溫度調節計，教美國植樹節基金會（U.S. National Arbor Day Foundation）不得不重繪美國植物抗寒地區地圖——這個地圖告訴種花人該在何時種植什麼。三十年來（自這份地圖開始繪製以來），綺色佳（Ithaca）一直被歸在第五區，意思是有霜凍，甭指望薰衣草紫玫瑰能越冬。如今紐約州大部分的地區卻被劃歸較暖和的種植區（第六區），原本這一區位於更南方。「何時」該種「何物」已經變了，而且改變的方式出人意表。

街上種的一排葉牡丹（一向都是一年生植物）已經開始越冬，並且頭一次長出濃密的高莖黃花。沒有人指點盛夏怒放的三色堇該在初冬時罷手，它們繼續盛開，經歷陣陣降雪，冰霜，和融雪……總是帶著沉思的表情。我的那些日本麗金龜到哪兒去了？那些背上彩繪，總是在玫瑰上堆成肉林，邊吃邊交配的快樂主義者？我已經三年沒看到牠們了，但壁蝨和其他昆蟲的數量卻大增。幾十年前我搬到紐約上州來之時，根本沒有壁蝨滿草地爬的情況，牠們吃不消寒冷的氣候。壁蝨通常在白足鼠身上吸血，但去夏酷熱的時間太長，影響了橡實結果，而橡實是白足鼠的主食，也許因為白足鼠減少，壁蝨無法依附在可當食堂——育嬰房——遊蕩的好去處和疾病帶原者的萬能宿主身上，因此這種討人厭的寄生蟲就一躍上了人身。至少看來是如此；只要有膽走過草地的人，免不了都會帶回成排的壁蝨。

想像哪一天你下班回家，卻發現寶貝愛犬突然變成了狼。你知道狗是由狼演化而來，經過我們養馴，配種……可是你絕不會想到竟有狼在家裡啃你的沙發腳。我的花園就發生了這種事，我心愛的一叢加拿大黃玫瑰早已經適應了寒冷的氣候，多年來都按時綻放。它和許多栽在花園中的玫瑰一樣，是由已經馴化的玫瑰和野生玫瑰嫁接而來。然而去年夏天，玫瑰突然顯露出它隱藏的本性，由它桀傲不馴的心中發出了如長笛一般的枝條，生出繁茂但花形極小的白玫瑰，教我大吃一驚。這狂放的玫瑰枝條和循規蹈矩的黃色茶玫瑰枝條一樣，是由同一樹幹冒出來的，就像生了一對雙胞胎，其中一個是尼安德塔人，另一個則是智人。

天曉得今年夏天它會有什麼樣的表現。野玫瑰較強健，更能適應不穩定的氣溫。氣候的改變是否會對其中之一有利？是不是所有已經馴化的玫瑰都會恢復野性？花園裡永遠充滿驚奇。去年夏天，我的花園成了震耳欲聾的兩棲動物狂歡會，這是有史以來頭一遭，上百隻呱呱叫的青蛙（尤其是鼓耳牛蛙，其鳴聲真該屬於打鼾的公牛；還有較小隻好像在彈斑鳩琴的綠蛙）如泣如訴地唱起相思曲，淹沒了人們的話語。今年我只能預料會發生不可預料的情況。

加拿大的科學家警告未來自家後院的溜冰場和冰封水塘會越來越少，有些地區甚至根本會消失，因為冬天不再如此嚴寒。安大略省滑鐵盧（Waterloo）市羅瑞爾（Wilfrid Laurier）大學的地理學者已經架設網站，要追蹤氣候變暖對成千上萬加拿大冰封遊戲場的影響。

「我們希望全北美和世界各地熱愛戶外溜冰場的人告訴我們冰場的狀況，」他們在RinkWatch.com網站[2]上呼籲：「我們希望你在我們的地圖上標識出你的冰場位置，並且在每一個冬天把可以溜冰的每一天記錄下來。我們會收集所有戶外溜冰場的資訊，用它來追蹤我們氣候的變化。」

許多加拿大的傳奇冰球選手都在這種小溜冰場學會滑冰，加拿大人很寶貝這樣的場地。人們或許會否認臭氧層出現了看不見的破洞，但當後院的冰球季延遲之時，大家就會注意了。

並不是人人都越來越暖和。阿拉斯加吉姆河（Jim River）原是灰熊的故鄉，也是健行者的天堂，沒想到近年來創下華氏零下八十度（約攝氏零下六十二度）的低溫紀錄，居民說連呼吸空氣都疼，他們可以感到空氣摩擦鼻子裡的每一個細胞。暴露在外的皮膚和眼睛刺痛不已，吐出的唾液還沒落到地面就已經結凍，人還會生凍瘡。在戶外待一小段時間，再回到室內時，眼鏡就被霧氣籠罩，凍在臉上。

由科羅拉多到卑詩省，由於這二十年異常溫暖的天氣，使得雲杉和松樹皮上的蠹蟲咬爛了四百萬英畝的樹木。暖和的天氣對蠹蟲固然絕妙，但對因乾旱而脆弱的樹木卻是壞消息。野火燒遍它們枯乾的殘骸，大片的植被冒出火苗，比如新墨西哥十七萬英畝的平頂山遭到規模空前的野火燒焦，或是山巒庇蔭的科羅拉多遭到破紀錄的野火而付之一炬。

這些燎原野火不只對伐木工人和愛樹人不利，而且對依賴氧氣的任何人都有害，因為森林是地球的肺，它們吸入二氧化碳，呼出氧氣。我們吸入它們可燃的廢物，好點燃我們細胞的火苗，而它們則吸入我們的廢物。熊、人類，和樹木就像呼與吸一樣，天衣無縫地聯結在一起，這一切灰燼就如下雪一般靜靜地躺倒，徐徐地安頓下來，留下它的蹤跡，我們的蹤跡隨著火的餘燼織入地質紀錄裡，或許纖細，卻如維蘇威火山的餘燼一般，難以磨滅抹除。

凍傷和森林野火或許是氣候變化的極端，但二〇一二和二〇一三年全美各地都發生前所未有的熱浪。在美國核心地帶一個又一個的城市裡，伴著教會聚餐、蟬鳴，和少年男女坐在城中央油漆剝落白色音樂台的謐靜夜色之下，炙人的高溫燒烤農作物，打破了兩萬九千三百項高溫紀錄。秋旱使得全美八成的農地枯萎。戴著寬邊帽，說話愛拖長音的德州佬碰上了自一八九五年破乾旱紀錄以來最乾燥的年頭，比塵暴中心（Dust Bowl）的牛皮土壤更乾燥，各農場紛紛用水灌溉，教公家的水供應窮於應付。光是孤星州就有五十億美元的損失，不只是因農作，土壤焦乾，像起老繭的腳後跟一樣龜裂，主水管扭曲（僅僅沃斯堡Fort Worth一地，就有四十條主水管斷裂），橋梁和道路的人行道都變了形。

放眼全球，過去這一年都發生了破紀錄的降雪、乾旱、雨水、洪澇、熱浪、颶風、野火、龍捲風，甚至蝗災。這一切災難的規模空前，雖然都是我們預料會發生的天災，但卻沒料到它們會同時發生在各地，而且到達這樣極端的地步。整體來看，氣象系統失衡難免教人困惑、詫異，作父母的憂心忡忡，擔心子女的未來。每隔六年左右，聯合國氣候變遷專門委員會（United Nations Panel on Climate Change）就會發布報告。二〇一三年九月，來自三十九國兩百零九位委員會主要作者和六百位投稿者爬梳了九千兩百份科學出版品，得出了下列這些意義重大的結論：全球暖化「不容置疑」，海平面升高，浮冰紛紛融化。要是我們繼續秉持這樣的步調，就會「在氣候的各個層面造成更進一步的暖化和改變」。不過他們又說，如果我們馬上開始行動，可以減緩這個過程。

這故事會有什麼樣的結尾，將會由沉默永恆的岩石在色彩斑斕的寬帶裡訴說，它們會回想起大地滿是聰慧猿類的時代，他們折磨天氣，讓它變成並非他們原意的事物。

是的，我們折騰的結果是讓地球發了微燒，必須趕緊在溫度飆升之前使它止息。但全球暖化並不是處處和所有的物種都會受害，除非地球上的生物、地形、地質、水域和氣候平均分布在整個星球上，才會有這樣的結果，但其實不然。地球是由許多不同的棲息地拼湊混合而成，氣候的變化會以神祕莫測的方式降臨：讓熱的地區涼爽，涼的地區增溫，乾的地方淹水，溫和的地帶則乾旱。由於氣候變遷，歐洲的生長季節一直在延長，溫熱帶的農作可以在更北方欣欣向榮，教農民喜出望外（儘管在中歐和南歐，農作卻因酷熱和乾旱而受害）。在格陵蘭，農民有生以來首次見到沃土，因此熱切地栽種。

由於冬日的氣候較以往溫和，暖氣需求降低，可以節省能源。北地的交通旅行和居住也因氣候較暖和而容易得多。放大眼光來看，就在不久以前，我們也才有過一段溫和的時間，在九五〇至一二五〇年間中世紀溫暖時期（Medieval Warm Period），維京人就發現海中無冰很適合出行，因此他們在現在的紐芬蘭建立了殖民地。

較溫暖的世界並不是對人人都不利，而且它一定會啟發新科技，創造驚喜，而不只是悲劇而已。改變是處處都在議論的話題，如果說人有哪種不會改變的事實，那就是我們厭惡大自然的改變，可能是因為我們覺得自己無法控制它之故。我們可以藉著科技和點地的改變而茁壯成長，但我們希望大自然是永恆而可以推斷的，即使在天搖地動時，也要像雪花玻璃球裡的世界一樣。我們渴望持續，但卻活在變化莫測的世界裡。我們熱愛生命，但卻是會死亡的生物，這些都是無可化解的矛盾。

我們或許不會注意到我們留在化石紀錄中的一切，但由加拿大溶化的溜冰場或薩摩亞白化的珊瑚礁，到澳洲枯乾的溪流和夏慕尼後退的冰河，人們已經注意到天氣的變化。我們開始親眼看見我們播弄天氣怎麼由上到下影響了地球。在我自己位於紐約州的後院，新的常態最近冠上了珊迪的名字。

1 關於極端天氣和氣候變遷，排山倒海的證據還在繼續堆積。氣候學家在哥本哈根探究潮汐與颶風自一九二三年以來的歷史，結果發現海洋溫度升高和颶風的數量和強度息息相關。海洋溫度升高，就會造成潮水更高，引發更猛烈的氣旋。這九十年來，由於氣候暖化，因此更多的颶風侵襲我們的海岸線，吹起更強烈的風暴。航太總署戈達德太空研究所（Goddard Institute for Space Studies）的詹姆斯．韓森（James Hansen）統計，自一九五一至八〇年間，地球只有一％的地區受到極端氣候影響（暴熱、大雨、乾旱），但在一九八〇至二〇一一年間，這個數字跳增為一〇％。他表示，如果按照這樣的速度，未來十年，極端氣候就會殃及全球一七％的地區。由於我們有必要親眼看到氣候變遷的情況，感受到它會對我們個人有什麼樣的影響，因此350.org 這個活躍的環保網站主辦了「全球行動的一天」，當天世界各地的人都強調氣候變遷在他們所在當地的證據。由黎明的馬紹爾群島（Marshall Islands）可以看到珊瑚礁明顯減少；在塞內加爾的首都達卡，人們標出暴風雨驚濤拍岸的範圍；在澳洲，居民辦了一場「乾涸溪流賽舟會」來彰顯苦旱的災情；在法國夏慕尼，登山者標出阿爾卑斯山冰河融化的地點。「連連看」是這個活動的主題，如果你想要參與環保行動盡一分心力，請上350.org。

2 這個網站自二〇一二年一月八日創立，全美洲有六百餘名滑冰者向網站匯報。

chapter

1-7

大發雷霆的蓋亞

布迪碰觸的天氣app開啟了牠的野生親戚曾多次親眼見識的駭人景象：暴雨傾盆，狂風怒號，樹木連根拔起——那些都是紅毛猩猩熟記在心、瞭若指掌的樹木，是牠們食物和交通的依據，就如我們的房屋、街道，和商店一樣。近年來由於氣候變遷，像這樣的颶風已經發展出前所未見、難以想像的猙獰面貌。

珊迪是由反常的冬日風暴和熱帶颶風結合的產物，吸取了非洲西岸的大氣，呼嘯越過加勒比海，攻向美國東部沿海，接著轉向朝左，當頭一拳，擊碎了房屋，由港口捲起船隻，朝著家家戶戶的前門和車庫擲來，只見桅竿和帆索四散飛舞。

就在萬聖節前一天發生的這種情景教人毛骨悚然，彷彿夏卡爾的畫突然之間有了生命，在時速九十哩（一六六公里）的旋風中，只見颼颼作響的樹木、動物，和物體。倒楣的人在戶外被風沿著街道向下吹，彷彿有怪獸和電線搏鬥，壓下地面，挖起馬路，把鄰居街坊都變成沙盒。碼頭和木板步道被這超級風暴捲起拋入海中，像紙板一樣化成碎片。

這塊美國人口最稠密的地區很容易受到颶風和東北風暴的侵襲，破紀錄的潮水往往是以幾分之幾吋來衡量，可是珊迪卻粉碎了紀錄的紀錄——它的潮水是以呎為單位。在皇后區的濱海社區，先是潮水以三呎高的差距破了當地紀錄，接著二十呎高的巨浪又把整個觀測站沖入海裡。在另一個城市，暴風雨打碎了火爐和瓦斯管線，火花引發大火，由一戶傳到另一戶，禍不單行的居民眼看著他們的一樓淹了水，屋頂卻著了火。焚燒的屋宇就像是超現實的七月四日煙火。皇后區面海的社區微風點（Breezy Point）首當其衝，烈燄吞噬了一百一十棟房屋，消防隊員卻得經由氾濫成河的街道，千辛萬苦抵達災區。

在下曼哈頓，砲台公園（Battery Park）因十四呎深的大浪而淹沒，三個地方機場悉數關閉，取消了兩萬個航班；美國國鐵也暫停整個東北走廊（Northeast Corridor）的車班服務。四千三百萬加侖的水衝下了布魯克林－砲台公園隧道（Brooklyn-Battery Tunnel），洶湧的海水湧入隧道和地鐵，淹沒了下曼哈頓，大小車輛組成的小船隊漂浮在水中，就像色彩繽紛的甲蟲。

我一直不習慣用甜美的名字——黛比、薇樂莉、海倫娜，來稱呼蹂躪大地摧殘家園、掀起驚濤駭浪的颶風騷亂。「珊迪」這名字聽來就像是個天真無邪的陽光衝浪女孩，不知道為什麼我們要用這樣的方法來馴服翻天覆地的暴力。這教我們想到二次大戰時的飛行員在戰機上漆女友的名字，飛行員詩人蘭德爾．賈雷爾（Randall Jarrell）一針見血地點出其間的矛盾，他寫道：「在以女孩為名的轟炸機上，我們燒毀了／我們在學校裡讀過的城市。」

在珊迪的狂亂尚未結束之前，美國就已經有五十人喪生，加勒比海也有六十九人罹難，房屋倒塌，成千上萬人受害，數以百萬計的人沒有食物、停水停電。它還在西維吉尼亞和南北卡羅萊納降下三呎的雨雪，田納西也創下史上最多的雪量。有時蓋亞彷彿勃然大怒，決定自廢武功，把整個天工傑作打成原子，再把我們的藍色彈珠拋回當初鑄造我們成形的超新星口中。

我惦記珊迪，是因為它包圍了我所住的州，但二〇一二年在澳洲、巴西和盧安達都出現了大規模的洪水，智利發生了五十次大規模的野火，非洲薩赫勒（Sahel）發生嚴重的乾旱，歐洲則發生破紀錄的寒冷和雨雪，中國的颱風則摧毀了六萬戶房屋。想起二〇一一年日本東北的地震和海嘯，依舊教我頭暈目眩。誰能忘記二〇一〇年卡崔娜颶風對路易斯安納的凌虐摧殘，而史上最大的颱風海燕則教這一切相形見絀，它在二〇一三年橫掃菲律賓，共有逾五萬人罹難。

原本紐約和新澤西感覺相對安全，直到珊迪重塑了它們的輪廓外形，鑿出小口和水灣，創造的沼澤和沙洲，在實際和比喻上都改變了地圖。變化的氣候重擊兒時的回憶，教人難以消受。我一次又一次地看著房屋倒塌的新聞畫面，腦海中不斷地浮現當年我們家在大西洋城度過短短夏日假期的燈塔。那時步道四周還沒有賭場，沒有時髦的餐廳，但它卻帶給孩子們多麼美味、熱烈而多沙的節慶。寬廣的海灘以炙熱的沙堆出深深的沙丘，幾吋之下就是舒適合宜的濕度——用來做沙雕的絕佳稠度。

木板步道兩旁有無止無盡的魅力，包括賣特產鹹水太妃糖[1]的小販、配上鮮奶油和草莓的比利時鬆餅、有吉卜賽算命機的投幣遊樂設施和保齡球遊戲機、在五分和十分錢商店（5 & 10）前吹卡祖笛（kazoo）的男人、巨大的花生先生、潦潦數筆就能畫出肖像的素描畫家，以及像螃蟹一樣成排的三輪籐椅。由於木板歪斜彎曲，因此駛在其上就像發出嘎吱嘎吱聲響的遊樂設施。我們坐在推車裡向前行，看著婦女穿高跟鞋陷入木板中的縫隙，不由得哈哈大笑。這裡還有鋼鐵碼頭（Steel Pier）遊樂園，各種遊樂設施和名聞遐邇的馬匹跳水比賽。

街坊鄰居所依賴的這一切，家庭、物品、街道，和碼頭——全都毀於一旦。

颶風季總教我們心生卑微，提醒我們：不管我們多麼努力，做出什麼樣的預報，自然依舊難以預測。即使藉歷史模擬預報（hindcast）之助，預報員以先前颶風季的數據為輔來預測未來，我們依舊不知道大西洋究竟會醞釀出什麼樣的風暴大餐，尤其現在我們又投入了奇特的調味料。即使用一切的高科技氣象儀器，我們依舊難以預測下一個颱風或颶風的地點，就像我們難以卜算加勒比地區即將舉行的板球賽決賽分數一樣。

對於住在沿海地區的居民來說，海洋一直是慷慨大方卻又喜怒無常的鄰居，但至少他們大略知道該期待它有什麼樣的脾氣。如今專家卻感到煩惱不安，地下氣象台（Weather Underground）的創辦人氣象專家傑夫．馬斯特斯（Jeff Masters）就說：「天氣反常的情況是會發生，但接連兩年發生兩次？我認為一定有問題，我們已經跨進新的氣候型態，而新的常態就是使許多人喪生的極端氣候事件。」

優匹克族愛斯基摩人（Yup'ik Eskimos）已經花了十多年的時間，要搬到較高的地方去。在阿拉斯加西北岸，離白令海峽僅僅四百哩（六百四十公里）處的小村落紐托克（Newtok），居民已經可以嗅到災難的鹹味，它披著液態的灰袍，拉扯著他們的雙腳。莎賓娜．華納（Sabrina Warner）一直都在做同一個夢魘：她一睜眼，只見布滿浮冰的海撲面而來，把床由她身下沖走，讓她的家崩潰倒塌。她和年輕的兒子泅水求生，緊緊抓著屋頂，眼看著村莊隨波而去。但沒有安全的地方可以棲身，一個接一個屋頂由她的指間滑下，直到再也看不到港口，只剩學校的屋頂，那是村裡最大的建築物，像一隻驚疑不定的魚鷹在栽進軟泥中的長樑上築巢一樣。而它最後也被大海藍黑色的嘴吞噬。

這夢魘有它的原因。反射陽光的冰一溶化，地球的北地就以更快的速度暖化，自一九七五年以來，冬天的氣溫已經升高了華氏三十度（是世界平均的兩倍），包圍村莊三面的寧格立克河（Ninglick River）河床和沼澤日益寬廣，在蜿蜒入海之前先撕裂村子的五臟。整個村子和鄰近的許多原住民社區彷彿白色的流沙一樣，隨時都會沉入正在溶化的凍土，加入北極熊和獨角鯨的行列，化為愛斯基摩豐富多彩的傳說。如果美國陸軍工兵隊的預測沒錯，那麼到二〇一七年，西北海岸無數的原住民村莊和離岸沙洲島，都會面臨同樣的困境。身為美國第一批氣候變遷的難民，優匹克人已經向州和聯邦政府求助，可是依據國際法，唯有逃避暴力、戰爭或迫害的人，才能獲得難民資格。而聯邦賑災法規也只撥款修復現有的基礎建設，而不是針對徐緩發生的災難遷移人口。我們的人類救援法規趕不上人類世的環境現實，安克拉治的律師蘿賓・布洛南（Robin Bronen）是紐托克的常客，她不眠不休地努力，希望能改變這個情況。

「這絕對是人權問題，」她主張，「對我們的氣候危機，這一族（優匹克族）人所作所為的影響最少，卻得承受氣候變遷這麼嚴重的後果。不論在道義和法律上，我們都有責任要回應，並提供需要的經費，讓這些社區不受到威脅。」

等紐托克的居民真的遷到僅僅九哩之遙尼爾森（Nelson）島上的新城鎮莫塔維克（Mertarvik）之後，大部分的村民依舊會以他們熟悉的方式在冰岸捕魚維生，但他們也將是不同紀元的典範。

南太平洋另一個長滿棕櫚的島國吐瓦魯（Tuvalu），也開始把人民撤往紐西蘭。吉里巴斯（Kiribati）這個在澳洲和夏威夷之間橫跨三百五十萬公里，由三十二個環礁所組成的島國，其總統也在和斐濟洽商，要買下五千英畝土地，好讓十萬兩千名人民能夠遷徙。吉里巴斯土生土長的艾歐尼．泰提奧塔（Ioane Teitiota）向紐西蘭奧克蘭申請難民身份。他主張，吉里巴斯的環礁全都不超過海平面兩公尺以上，因此他的性命因全球暖化，而受到海平面上升的威脅。聆案法官認為這種說法很新鮮，但說服力不夠。

1 譯注：一八八三年大西洋城因暴風雨淹水，一家糖果店的太妃糖都泡了大西洋海水，沒想到反而熱賣。

chapter

1-8

群策群力，由赤道到寒冰

這樣的說法很快就不會再這麼新奇，但幸好人類天性就愛好新奇的事物，使我們會作出創新的回應——不只是老派的機械反應，比如以化石燃料為動力的工業時代鋼製防洪閘門，而是更有希望的治本方法，和利用太陽能。

多年來，有些國家一直在和潮水搏鬥，比如馬斯蘭特擋潮閘（Maeslantkering）這個舉世數一數二的移動建築，就建立了由水閘、水庫、堤壩、大堤，和擋潮閘組成的網路，保護荷蘭免受呼嘯的北海侵襲。德州的蓋維斯頓島（Galveston）正在設計美國最長的防波堤，暱稱為「艾克堤防」（Ike Dike，主要是出自因二〇〇八年艾克颶風所造成的損害而生的提案），保護這個城市免受洪水侵襲。在威尼斯，耗資五十五億美元的「摩西計畫」（MOSE Project）——七十八個鋼製的活動水下閘門，將會把威尼斯的潟湖和亞得里亞海隔絕，庇護這個城市，排除洪水。

在倫敦，裝了門的聖戰士已經各就各位，就像一排巨大的武士矗立在及頸的水中，甲冑閃閃發光，武器藏在身後的泰晤士河防洪閘（Thames Barrier）在倫敦市中心下游的伍立奇（Woolrich）附近跨河而過。在每一個鋼盔之後，都是集思廣益的憧憬，都是槓桿和水力學的設計。這些固定的裝置包在未來風格的摺疊鋼板裡，顯得比水還輕，但其實每一扇門都重達約三千三百噸。

就像其他許多河流一樣，泰晤士河已經不再如以往那麼寬闊，我們以商店和房屋包裹河流的兩岸，探入河水，彷彿渴望自己滲入水流之中，但這個過程卻縮窄了水道，危及我們的生命和財產。倫敦曾鬧過大水災——一九五三年的洪水造成三百零七人喪生。如今世界海平面一直上升，這個城市以一世紀一呎（三十公分）的速度下沉，它需要的不是聖殿騎士，而是溫度騎士的拯救。

在氣候溫和的歲月，水門大開，你可以在五層樓高的盔狀建築之間航行，欣賞它們的光澤之美，疑惑倫敦之子約翰·彌爾頓（John Milton）會怎麼描寫它在一六〇〇年代的景色。他在提到自己失明的十四行詩中寫到：「侍立左右的，也還是為他服務，」雖然他指的是自己事奉上帝，但閘門騎士團也侍立左右，提醒倫敦市民氣候變遷的現實，警告他們如果不採取行動，在他們的後院、街頭巷尾和碼頭上，會演變成什麼樣的結果。在此同時，閃閃發光的衛兵站在門邊，只要探看他們的臉龐，黑暗就撲面而來。在他們的金屬損壞鬆動之前，還會有若干年的時光，然後會有更新更有力的遊俠來取代它們。等待是一門脆弱的藝術，不論我們抱著多麼如鋼似鐵的決心。用造成問題的作法——燃燒化石燃料，來打造保護裝置，對付造成氣候變化的後遺症，雖然諷刺，卻也適當，我們希望這些科技的救主能保護我們不會傷害自己，最好把太陽也裝上韁轡。

運用太陽能最教人鼓舞的故事發生在孟加拉西北部，這是舉世最大的氾濫平原所在地。即使眼前並未下雨，其濕度也將近百分之百，空氣感覺起來厚如橡皮。季風季節已經要結束了，儘管天空依舊不時會大雨傾盆，但穿著五顏六色罩衫和長褲的孩子們卻匆匆來到河岸，要登上用太陽能為動力的船上學校。年紀較長的村民則在等待醫療船或水上圖書館或水上農業推廣中心。這都是因為一個人別出心裁的巧思和慷慨的精神，才能在每一次洪水氾濫之時，就讓希望漂浮在水上。

在此地土生土長的建築師穆罕默德·雷茲萬（Mohammed Rezwan）是憂心氣候變遷的環保人士，他看到自己的家園洪澇日益嚴重，自然十分痛心。他也注意到只要氣溫上升，喜馬拉雅山的雪融化得更多，孟加拉平原就會氾濫得更嚴重。每年都有三分之一的孟加拉土地遭洪水淹沒，就像巨大的橡皮擦擦掉了手繪的家庭生活圖畫。

雷茲萬不希望他苦心設計的建築物到頭來只會遭水淹沒，也不想看到整個社區被水沖走，因此在二〇〇八年，他成立了Shidhulai Swanirvar Sangstha（意即「自立」）。這個非營利組織擁有一百艘船的船隊，船隻吃水很淺，可以漂過低地，作為圖書館、學校、診療所，和三層高的水上花園之用。他說服當地的造船商在這些傳統的竹製船隻上安裝太陽能面板、電腦、視訊會議系統和網際網路路。船隊也有義診醫師、太陽能防風燈，和腳踏式抽水機。每一艘船上都有太陽能電池供應手機和電腦的電力，居民可以在船上為燈充電，然後帶回家使用——只要他們的孩子繼續來上學。到目前為止，這個計畫已經有九萬戶參加，二〇一五年還會再有八萬一千五百戶加入。

由於居民在洪水季節進退不得，無法覓食，因此雷茲萬發明了一種他稱為「太陽能水耕」的技術，他解釋說：「這個系統包括了由布袋蓮所構成的浮床（用來栽種蔬菜），由魚網和竹篾所製的攜帶型圓網籠（用來養魚），還有由太陽能燈提供動力的鴨舍。它還有再生資源系統——鴨糞可作為魚食，布袋蓮床可當成有機肥出售，而鴨舍的太陽能燈則可維持鴨蛋的生產。」

如此這般，即使在洪澇季節，笑嘻嘻的孩童依舊能上學，他們的家庭依舊能生產食物並取得乾淨的水。就算天災人禍讓人民流離失所，這小型的船隊依舊能創造教育、醫療、食物、照明和通訊的避難所。

雖然雷茲萬不能赤手空拳對抗氣候的變化，但他聰明的這招能協助人們適應。「適應」和「防災」這樣的字眼在氣候學者的詞彙裡越來越常見，他們用這些詞來說明人類對氣候變遷的實際（和不實際）反應。

記得藍綠藻嗎？多虧了它，我們才能活在富含氧氣的生活之中。有人提出一個頗受爭議的想法，就是在南冰洋中灑布鐵質，促使這種海藻生長。藻類吸收陽光和二氧化碳，用來製造葉綠素，才能欣欣向榮，但這個過程需要鐵。當藻類由大氣中吸飽了二氧化碳時，就會下沉落在海床上死亡。科學家還不確定如果廣泛施用「鐵肥」對海中動物是否安全，因此他們最近做了小規模的測驗，把鐵粉倒入一個南極渦流中（以免它散布）。果不其然，產生了大量的矽藻，由空氣中吸收二氧化碳，過了幾週，許多矽藻都帶著珠狀的二氧碳落到海底死亡。如果大規模採用這種作業是否安全？這有相當大的未知數。「地球工程」（geoengineering）的爭議性很大，除非嘗試，否則無法知道後果，但萬一結果不佳，卻可能致命。在不知不覺之中，我們已經為這個星球做了數十年的地球工程，用二氧化碳填滿了空氣，也讓肥料浸滿了海洋——結果並不理想。

該做什麼樣的地球工程和如何適應的想法，千奇百怪包羅萬象，由「咦我怎麼沒想到」，到瘋瘋癲癲的點子都有。比如單色地球法就是把各城市和道路都漆成白色，用白色塑膠覆蓋沙漠，以基因工程改造作物，讓它們顏色更淡——這都是為了要把陽光反射回太空。更古怪的作法還包括：把數兆的小鏡子發射到太空中，為地球塑造一條長達十萬哩的遮陽傘；以及建造人工迷你火山，讓它們把二氧化硫分子噴入空氣中，阻絕陽光。甚至還有「小小的建議」，要我們運用基因工程，把未來的人類改造成極其微小，他們需要的資源就會比較少。

在地球另一端挪威的海岸上，有巨大的碳捕集與封存（Carbon Capture Storage）設備，由挪威及三大石油公司共同擁有，在碳排放尚未釋入大氣之前就先捕集，封存在地穴裡。雖然這種做法目前還太昂貴，難以推廣到各地，但這種「碳牢」的確發揮了作用，其他國家也紛紛效尤。理查．布蘭森（Richard Branson）懸賞教人眼紅的兩千五百萬美元獎金，要頒給第一種能夠經濟有效地把二氧化碳抽離空氣的技術。

細胞生物學家藍．歐恩斯坦（Len Ornstein）所作的研究指出，如果澳洲內陸和撒哈拉沙漠都植了樹，就能吸收我們每年釋入大氣中所有的二氧化碳。這顯然不是簡單的工程，但技術上是可行的。地方上的基層非政府團體已經在非洲種植了逾五千一百萬株樹，這些森林由土壤中吸收水份，透過樹葉釋回大氣，遲早能夠產生它們自己的雲雨和樹蔭，讓溫度降下來，並且為地主國提供永續成長的林木，作為紅利。

另一方面，由波士頓到佛羅里達整個美國東岸，需要廣大的防波堤，最好是沙質的，並且也需要在適當的地方設置人工堤和閘門，它們未必要像是倫敦防洪閘那樣雄偉的聖戰士，甚至可以是天然的珊瑚礁和曾遍布美國海岸的牡蠣養殖場。

在美國東岸，數以兆計的牡蠣成群結隊，構成如龍蝦鉗硬殼般的蚵田，抵擋狂風暴雨。在巨浪還來不及拍下海口之前，礁石就已經把浪頭化解。哈德遜河口的牡蠣以質佳聞名，最接近海岸的牡蠣也會過濾水質，因此其棲地很適合沼澤禾草生長，因為其根部會緊抓地面，使之不致遭到侵蝕。

我們已經摧毀了那道長遠的自然屏障。如今，在颶風發威，重創城市和海港之際，我們才逐漸明白自己喪失的不只是少量捕撈的野生貝類珍饈，而且因為城市和農場排放的有毒廢水，使蚵田大量消失，舉世皆然——自十九世紀以來，全球八五%的牡蠣礁已經絕跡。

為了保護紐約市，景觀建築師凱特．歐夫（Kate Orff）偏愛用成排的「岩石、貝殼，和毛茸茸的繩索」製造人造的珊瑚礁，打造群島吸引牡蠣，因為牡蠣田是天生的消波器。久而久之，覆滿牡蠣的防波堤就可以過濾水質，並且作為生態膠。「基礎建設和我們密不可分，也不該分，」歐夫說，「它置身我們之間，在我們左右，留在我們的城市和公共空間。」[1]

1 克萊夫．漢密爾頓（Clive Hamilton）在《地球之主：氣候工程時代的曙光》（*Earthmasters: The Dawn of the Age of Climate Engineering*）一書中指出，在美國，氣候變遷原本是兩黨一致關切的議題，但保守派人士把全球暖化和槍枝控制和墮胎權利等綁在一起，視之為自由派粗鄙的主張，不是無關政治而會影響全球的問題，而是自由派人士編造出來的立場。只要知道某人信不信全球暖化，你就可以猜中他們在政治方面的態度。就如一名共和黨的氣象學者所說的，這個問題成了「古怪的保守主義石蕊試驗」。他們以政治因素來否定這個問題背後的科學證據，一點也沒有意義。一個教人齒冷的例子就是二〇〇八年八大工業國高峰會時，小布希總統拒絕了改善氣候變化努力的目標之後，在離開會場時，回身向他的同僚擺出一個挑釁的揮拳姿勢，並且輕鬆地說：「舉世最大的汙染源跟您道再會了。」

chapter

1-9

藍色革命

「海水養殖，」我嘴上唸著，腦海裡則浮現垂直海洋花園的景象，同時套進一件沉重的鮮橙色浮水衣，這是為了在寒冷的水中長時逗留而設計的。

「不妨把它想成是用整個水柱來培育多種物種的3D養殖，」布蘭．史密斯（Bren Smith）說，他把穿在黑紅格子法蘭絨襯衫和牛仔褲外的浮水衣拉攏，再拉上足踝拉鍊的鍊齒，繫緊皮帶。他抱著無限的憧憬，期望美國東部沿岸的小型家庭式有機永續水產養殖場能建立詳細的網路——在海帶簾幕下的牡蠣田，一方面克服洶湧的巨浪，一方面為當地社區提供食物和能源。而現在只不過是開始。

氣候變遷對漁夫和農民影響尤烈。在寒風刺骨的這個早上，在康州石溪（Stony Creek）和我面對面坐在橡皮艇上這名三十九歲的討海人，則兼具兩者的身分。布蘭體格纖瘦，雙手和肩膀強壯有力，顯示他的營生要拋繩拉籠子。儘管他現在剃掉了臉和頭上的毛髮，卻依舊還有多年自然紅髮和長鬚的痕跡，如今他戴著橘紅的毛線帽，迎著清晨五點的肉桂紅陰影，再加上金褐色的眉毛，他一身紅，而紅色是可見光的長波。

雖然我們並不打算下水，但就像許多漁民一樣，布蘭並不游泳，而這套防水衣可保人們在近日接二連三強風暴雪侵襲時所需要的溫暖。

多年來都以討海為生的他在佩蒂港（Petty Harbour）長大，那是有五百年歷史的紐芬蘭小鎮，有十一棟塗漆的木屋，住的都是漁民。鎮上還有個因鹽份侵蝕而表層剝落的碼頭，盡是你推我擠的船隻。男孩子在岩岸上可以撿到龍蝦籠、浮板、錨、繩索、被海草纏住的貝殼、魚和鳥類的骨骸，還可以聽到許多荒誕不經的故事。因此他才十五歲就輟學出海也就不足為奇。他在緬因州的龍蝦船、麻州的鱈魚船、和阿拉斯加白令海峽的拖網、遠洋，和螃蟹漁船上工作，還曾為麥當勞捕魚加工。

「你覺得自己是漁夫還是農民？」我問道。

「現在是農民，比較像在種芝糉菜，而不是面對海上的種種危險——相信我，我見識過它們。」

由某個角度來看，3D耕種就像輪作，冬天和初春，布蘭收獲的是海帶，六月和九月則是紅藻，牡蠣、甘貝和蛤蜊終年可收成，春秋則是貽貝。至少理論上是如此。二〇一一年颶風艾琳毀了他的牡蠣田，但他很快又重新播種，知道他得再等兩年才能收穫。次年珊迪颶風再度破壞了他的牡蠣田。面對颶風，蛤蜊較有生存的機會，因為牠們至少有強健的腳，可以稍微移動，而牡蠣卻真的動彈不得，甚至連吃和交配都不動。沒有礁石，狂風巨浪就會把牠們捲起，泥沙使牡蠣窒息，牠們隨之死亡，加入化石紀錄的緩慢過程，和一九〇〇年代冰封長島海灣時，一些莽撞的匹夫想駕福特T型車橫渡，結果沉入水裡一樣。

「說來諷刺」，布蘭若有所思地說，「我可能是第一個因為氣候變遷而倒閉的綠色漁夫。」不過他依舊樂觀自信。他很幸運地在一月暴風雪方酣之際，還能收成一些貽貝，恰好趕在二月份的超級暴風雪尼莫侵襲之前。海帶則是颶風後的作物。在珊迪肆虐之後，他才栽植當年的海帶，現在是二月中，幾乎可以收成了。

布蘭解開橡皮艇的纜繩，然後跳了進來，我們就用馬達前往他的太陽能漁船，它停在離岸一哩處，一如迷你破冰船一樣寧靜。一路上，我們穿梭在由許多小島組成的頂針群島（Thimble Islands）之間，其中有些有壯麗的懸崖，由六億年的粉紅色花崗石構成。上面建有角樓高聳宛若故事書中的豪宅，木製長梯蜿蜒直通水面。

後退的冰河留下了這一片島嶼：有大塊的花崗石圓丘，也有可作踏腳石的石板，和宛若潛艇的大圓石和暗礁，有些只有在低潮時才會出現。這些群島的名字取自野頂針莓（thimbleberries），而不是指各島如頂針大小般嬌小可愛。群島包括金錢島（Money Island）、小南瓜（Little Pumpkin）、一刀兩半島（Cut-in-Two Island）、婆婆媽媽島（Mother-in-Law Island）、母雞島（Hen Island），和東駝背林島（East Stooping Bush Island）

等等——數量約在一百至三百六十五個之譜（端視潮水的高度，你對島嶼的定義，和你是否喜歡一年每天都有一個島的想法），其中約有二十三座島在溽暑時有人居住。斑海豹和鳥類繁多，每一座島上都有各自的八卦和傳說，這部分是拜知名的旅人之賜，由塔虎脫（Taft）總統到基德船長（Captain Kidd）和林林馬戲團（Ringling Brothers）中的侏儒「拇指湯姆」（Tom Thumb）。

由於鹽水和河水在河口混合，成了動物覓食和交配的棲身之所，庇蔭了一百七十種魚類、一千兩百種無脊椎動物，和一群群的候鳥。馬島（Horse Island）和外島（Outer Island）是野生動物保育地，在布蘭眼裡，這是一片肥沃的花園，夏天有一群群隨季節而來的客人到訪，冬日則有狂亂的暴風雪光臨，但在其表面之上之下，卻總孕育著生命。今天，映著冬日的弧光，寒風掠過水上的街道，冰藍色的花園閃閃發光，空氣如玻璃珠一般透明。

「這花崗岩懸崖實在美妙，」我欣賞它們如貓科動物般的美。它們的表面散布著像天鵝絨般光亮的黑雲母和一條條乳黃和灰色的石英，喧鬧的海浪在它們下方拍打。映著斑駁的陽光，它們看起來更像動物而非礦物。

「這和自由女神像所用的粉紅色花崗岩一樣，」布蘭解釋道，「還有林肯紀念堂和國會圖書館也是。在艾茵·蘭德（Ayn Rand）的《源泉》（*The Fountainhead*）中，建築師站在當地花崗岩的採石場……」

「我記得他大發資本主義的宏語。」

「沒錯！」布蘭眨著藍眼睛說，「我來這裡也是為了要抹除那種印象，還有那種極端的意識型態。」

我知道他指的那個段落，就是書中人物霍華德．羅克（Howard Roark）豪情萬丈地站在採石場上方，大自然全是他的素材，即將被少數可以統治世界的有力人士吞噬：

他想，這裡的這些石頭是給我用的；等著鑽探，等著炸藥，等著我發號施令；等著被劈開、分裂、重擊、重生；等著我的雙手為它們塑造的形狀。

「我掠奪了大海，」布蘭以良心發現的聲音說，「回顧我這輩子，我把它當成生態救贖的故事。我年輕時可以一連三十個小時不睡覺，不斷地捕魚，而且我愛這樣的生活，因為我非得要在遼闊的海面上不可。只是你知道，我們撈遍了海床，破壞了整個生態系統。我們在保護區裡非法捕魚，我個人就曾把成千上萬誤捕的死魚擲回海裡。這是最糟的商業性捕魚。」

以前鱈魚可以長大到可以吞下一個小孩，但漁夫總是捕撈體型最大的魚，鱈魚只好提前在體型較小的時候交配，以保住整個物種的生存。而逃過一劫的鱈魚把牠們的基因傳遞了下去，如今鱈魚只有餐盤那麼大，不久海裡只會剩下小魚。在使牠們縮小的過程中，我們也重塑了我們對鱈魚的想法——由可以餵飽全家的龐然大物，到無害的小魚。但即使是這些魚，也即將在這個星球有史以來最大規模的大滅絕中，和其他的海洋生物一起消失。在布蘭眼裡，整個尋覓、行獵—採集的心態，就造成這數十年來他所認定的海盜行為，只是缺乏海盜的浪漫。

「我一看清這種捕魚方式無法持久永續之後，就回到紐芬蘭。我愛海洋，也看出了我們的破壞，因此我對生態系統更加關懷。後來我到一些鮭魚養殖場工作，但還是看到同樣的商業捕魚，對環境不好，對人類也不好。不論是捕撈野生魚類或是養殖漁業，兩種都不能永續。海洋活在我的靈魂裡，我知道我得盡一份心力。但我又屬於新世代，要的是不同的事物，因此我不禁疑惑，究竟該怎麼才能成為綠色漁民？

「最後我趁著讓四十歲以下的年輕漁民回到漁場的那波運動，來到長島海灣這裡。他們開放了貝類的場地。要知道取得貝類場地很難，因為好幾世代以來，它們全都掌控在約六個家族手裡。但十年前我趁著他們開放場地之時來到此地，開始水產養殖。我想道，好，在這六十英畝的海洋地上，我能選擇哪些水產，讓牠們同時做到好幾點，以正面的方式創造永續食物？而我能不能把眼光放遠，在我們養殖之際，也確實讓海洋休養生息，讓這個世界能比我們開始時更好，同時又能養殖美好的食物？

「結果我突發發現自己用最有效率、讓環境最能持續發展的方式養殖食物——垂直養殖。而且它生長很快。海帶在五個月之間就能長到八至十二呎（二點四至三點六公尺），整個食物柱營養豐富。牡蠣、貽貝和干貝提供低脂蛋白質和各種必要的維生素：硒、鋅、鎂、鐵、維生素B群、omega 3酸等。我們分析了海中的植物——像海帶這樣各種不同的海藻——它們含有多種維生素、礦物質，和九種不同的胺基酸，以及omega 3酸。能不能確實有「海洋素食」這種東西？我認為可以。二次大戰期間，德英兩國都開發出這種防飢計畫。他們認為二戰時會有飢餓的嚴重風險，而他們也做了種種研究，讓人們吃海藻。有些現代研究認為，如果在全世界設立一個小型海藻農場的網路，合起來大約華盛頓州那麼大，就能餵飽全世界。雖然現在還不用讓人人都吃海藻，但至少有我們有這種潛能。」

「這是穆基號，」他說，我們停靠到他深藍色的漁船，船上天藍色的艙門原本必然和白色的甲板十分搭配，只是由於靴子、籠子、繩索和碼頭的摩擦，已經磨掉了一層漆，露出薄薄一層天藍色的粗邊。

我們爬上船去，起錨，然後突突地前往他那一塊海洋，如肉汁那般暗色的一片流動土地。小小的水沫跟在船尾，灰和白色的銀鷗在頭上盤旋，就像大型的掠食者那樣跟在我們身後。牠們的黃眼睛搜索著被攪到海面上來的小魚。

我們下了錨，用絞車拉起一個沉重的籠子，小心翼翼地搖擺它，放在固定的木板凳上。冷風呼呼作響，像小刀一樣刺骨。幸好我穿了沉重的工作服，只是它很笨重，我的動作就好像月球漫步一樣緩慢。

布蘭掀開蓋子，露出一個窟窿，約有三百個牡蠣，還有其他各種海洋生物，包括海星、小片的橘藻，和一圈米白色的圓形玉黍螺卵囊，看起來就像角質或珊瑚的釦子。

「看這裡，」他說，他用牙齒把卵咬開，再用刀尖取下小小的種子。「這些是蝸牛蛋，它們看起來就像迷你蝸牛。」

不可思議，的確如此。玉黍螺這種可口的海蝸牛數千年來一直都是英國、愛爾蘭、亞洲和非洲料理的菜色，牠們攀附在岩石（或牡蠣籠子）上保持穩定，以浮游植物為食。不過這些不速之客並不受歡迎，另外還有濕軟黏糊的圓海鞘，或是一節節透明的蝦蛄，以及一串串橄欖綠的海葡萄，或是破碎的殼，它們全都被放回海裡去，只除了大片鑲附在網籠上張著口的微小藤壺，牠們把自己緊緊黏結在籠上，等著和牡蠣一起沉入海裡。

我們把牡蠣倒進木桌上的淺箱，海鷗在天空穿梭。我們今天的任務是「鍛鍊」牡蠣──不是傷害牠們，而是要給牠們壓力，讓牠們形成較硬的殼。就像運動能鍛鍊肌肉一樣，牡蠣經潮水拋擲，殼就會變厚。懶散的牡蠣需要運動，就像懶散的人一樣。不經過一番奮鬥，就鍛鍊不出力量。我的腦海裡轉著這個和人對照的想法，但一陣寒風又把這念頭吹跑，我伸手拿起橡皮手套。

「像揉麵包一樣揉捏牠們，」布蘭做給我看。

我攤開手指頭拿起十幾顆牡蠣，並以雙掌根部推牠們向前滾動，再輕輕把牠們抓回來，重複這起伏波動的動作。我化身為潮水。

「我們每隔五週就來鍛鍊牠們，」他說明道，「保證牠們能長得強壯。」

「你似乎和牠們很親近。」

「牠們就像家人一樣。我栽種牠們，和牠們共處兩年，看著牠們成長，定期接觸牠們。我認得牠們每一個。」

「叫得出名字？」

他笑了，「不盡然，還不行。」

「牠們真美。」我停下動作，拿起一顆有「頂針島鹽」之稱的深海牡蠣，看著牠深凹的殼和黃金的色調、紫色的斑點、彩虹的光澤。有些像瘦骨嶙峋的手，有些則像陡峭的山巒。

布蘭用刀打開一顆拿給我，我盛情難卻。為牡蠣而洋洋自得的他等著我的反應，但我對牡蠣並不內行，只能讓我的味蕾老實說：「出乎意料的鹹，如絲緞般平滑、如連指手套那般豐滿。嘗起來有海洋的滋味。」

普魯斯特般的記憶讓我回到不列塔尼海岸聖米歇爾山（Mont St. Michel）的蔭影下，當地的人同樣也由海裡收成，那裡巨浪滔天，海水極鹹——是飼養牡蠣的絕佳環境，我記得它們嘗起來也很鹹，不過有點不同，略帶金屬味，還有一絲茶和黃銅的味道。蒙田覺得牡蠣嘗起來像紫羅蘭，不過牡蠣的風味會隨環境不同而改變，我還讀過有些會有黃瓜或西瓜的餘味。

「好，」他微笑道，「要是味道不佳，我就會覺得自己像失職的父親。」

我們把鍛鍊過的牡蠣放回籠子，再把它們降回原位，把船划到附近，檢查沿著浮標一路懸浮，蔓延百呎（三十公尺）的海帶。

「把它們拉直，」布蘭說，他看著成排的海帶經幡，在雲影遮蔽的海水裡，幾乎看不清楚。他用紅色把手的鉤子鉤住一條，把它拉出水面，我看到一長串皺邊的海草緞帶，不由得大吃一驚，大約三吋（約七點六公分）寬，一碼（約一公尺）長，有些上面還有波紋條紋。海帶就像陸上植物一樣會行光合作用，而且不只是葉子，整株海帶都會，因此它吸收的二氧化碳比陸上植物多五倍。

一葉海帶摸起來意外的乾燥平滑，陽光洋溢在它金棕色的頰上。長久以來，海帶（及其他海藻）在亞洲都是主食，也為加拿大、英國和加勒比海的料理添加了深度。自古以來，比其他食物都富含礦物質的它也用作藥，它含有人類血液中大部分的礦物質，有益甲狀腺、荷爾蒙，和大腦的健康，還號稱有抗癌、抗凝血，和抗病毒的成分。在時髦的海洋拉娜乳霜中，它還是「祕密配方」。此外，它所含的海藻酸可用來凝結由布丁、冰淇淋到牙膏等一切，甚至還可使生物材料3D印表機印所倒出的活細胞凝結。

「嘗嘗看，」他拿今天的第二道菜給我。

我嘗了一片海帶捲曲的海帶，很耐嚼，但沒什麼味道，吃起來主要是口感而非風味，但很適合用麻油拌麵，或者放在味噌湯裡，就像我在日本餐廳裡吃的一樣。布蘭販售牡蠣和海帶給當地居民，也給曼哈頓的廚師。

「我認為這種耕種法其實是『氣候耕作』，」布蘭說，「因為海帶會吸收大量的碳，而且輕而易舉就可化為生物燃料或有機肥。目前我已在和各企業、非政府組織和研究人員洽談。海帶裡有五〇%以上都是糖。能源部所作的研究顯示，以半個緬因州大小的地域來種植海帶，就可以生產足夠取代相當於全美所需石油量的生物能源。這實在教人驚訝！而且還沒有在陸地上種植生物能源的負面效果，更不用說這種負面效果糟糕透頂，會浪費很多水、肥料，和能源。但在這裡，你可以用封閉式的能源農場，不用淡水，不用肥料，也不用空氣，而能提供能源給地方社區。我在這裡種海帶作食物之用，但你也可以在布朗士河（Bronx River，在紐約）或廢水處理場種植海帶，減少汙染，或者你還可以栽種海帶作為生物燃料。

「過去十年來，我一直在朝這個方向努力，想要了解怎麼把它們融合在一起。想想看：在海洋裡栽種食物：不用肥料、不用空氣、不用土壤、不用水。完全不需要大量能源，也不會對淡水和土壤造成巨的大氣候風險。能把這一切融合在一起，實在教人興奮！我幾乎可以感受到藍色和綠色革命結合在一起的可能。而且由於這是垂直耕種，因此所佔空間很小。」

不過並不是所有的人都贊同他的辦法，尤其是老派的環保份子，他自己首先把這一點指了出來。

「當然，這也有很大的阻力，來自保守人士，因為人們把海洋想成是美麗的曠野——我很了解，因為我這輩子一直在海上生活。但我們面對著的是殘酷的新現實，」他滿懷決心地說，「如果我們忽視了我們這一代最大的環境危機，我們的海洋就會成為死的海洋。諷刺的是，氣候變遷可能迫使我們開發海洋以拯救它們，我們必須這樣做，並且把大片的海洋保留為海洋保育公園。這雖不能解決我們所面對的所有問題，但至少能有所幫助。」

在布蘭的熱忱背後，是一波對於氣候變遷和海洋酸化的廣泛關懷。他屬於一個轉化變遷的世代，感受到迫切的需要，知道他們的生活風格必須與這個星球的健康協調。不論你怎麼稱呼，說它是先驅創舉也好，生物工程也罷，由於他的投入，因而受邀參加年輕氣候領袖網路（Young Climate Leaders Network），支持一小群「創新領導人和有識之士，包括許多不屬於傳統社群的人，致力找出解決氣候問題之道。」

布蘭凝視著水面說：「毫無疑問，這意味著對海洋重新的想像，看在視海洋為未受人類汙染最後淨土的人眼裡，未免痛心疾首。」

不過真相是，海洋並非未經人手碰觸的淨土樂園。二〇〇七年，愛爾蘭唯一一家鮭魚養殖場的業主發現，他們所養的十萬隻鮭魚一夕之間，就被壓境的水母大軍吞噬。舉世海洋中，數以兆計的雨傘、降落傘，和鐘形水母因為溫度升高、富含營養的農田排放物和汙染而群集在一起，半透明的身體使牠們得以悄悄地攻擊比目魚、鮭魚，及其他漁夫所喜愛的大型魚類，開發大量棲地，吃掉或排擠當地的魚類。致力於修復和保護舉世海洋的歐洲海洋保護組織（Oceana Europa）認為，水母數量大增是因為氣候變遷，以及人類濫捕鮪魚、旗魚，和其他水母的天敵所致。東京、雪梨、邁阿密，及其他港口城市的居民也在努力對抗大量的水母。近年夏天的數據顯示，破紀錄的水母侵入了佛羅里達南部和墨西哥灣的淺灘。在喬治亞州，僅僅一個週末，泰碧島（Tybee Island）的海上救難隊就報告了兩千起嚴重的水母螫人事件。

海洋是水平儀，是食物儲存室、是遊戲場，是生機蓬勃的華廈，是提醒我們自己起源的神奇之地，是另一種身體（水的身體），也因她每月的潮汐而是女性，只是由於我們大量排放到空氣中的二氧化碳，和由田地排出的所有肥料，使她的骨骼日益脆弱，她的鹹水日益酸化。雖然這對如珊瑚、牡蠣、貽貝和蛤蜊之類的生物有嚴重的後果，使牠們的鈣質的殼軟化溶解，但溫暖對海星卻有益，牠們由遙遠的北方蜂擁而至，當然，直到牠們的貝類獵物消失為止。

「環保專家一直都問錯問題，」布蘭說，「問題不只是我們如何拯救海洋？我們如何保護海洋生物？我同意，這些都很重要，但我們還必須反過來思索，問問海洋如何拯救**我們**？它怎麼提供食物、工作、安全，和永續的生活方式？我相信答案是以共生的綠色農場保育海洋。」

最後一件事，我們檢查剩下的貽貝收成，這意味著要使盡吃奶的力氣把牠們由深海網眼襪空隙中拉出來，牠們在格子架裡生長，就像閃亮的黑釦子，還太小，不到收穫的時候，用牠們來做番紅花奶油醬嫌太年輕，因此牠們又沉下水中。我可以了解為什麼他會覺得這種日常工作像檢查育嬰房一樣。

掃視峽灣裡重疊的漣漪，看起來一點也沒有工業的景色，然而水下所生長的食物卻多得不可思議。光是布蘭的長條水域就生產兩噸的海帶，我喜歡布蘭「共生」的思考方式，我們數十億有創造力、會解決問題的人類不必成為環境的寄生蟲——我們有科技、能了解，而且有欲望成為生態永續的共生生物。

在回石溪港的路上，我們再度經過島上維多利亞式宅邸和鹽白色小屋所組成的村落，那些房子有燒盡昨日失望的石頭煙囪、雨水拍打嘎嘎作響的窗戶、可以眺望大海的門廊，和海風吹襲的樹木和花園。還有峽灣一逕深沉而耀眼的藍，隱身其間的礁石和岩架，潮水起伏，在水面下方曲折行進，暴風雨來臨之際，波浪就像獵犬一樣奔馳。

新碼頭一派整齊乾淨，穩穩地端坐著抵抗颶風，一對黑鸕鶿棲在岩塊上，擺出歡迎的姿勢。迷信說溺斃的漁夫會化身為飢餓的鸕鶿歸來，身穿黑色的雨衣，腳上長蹼，而不穿靴。

雖然寒風徐徐，但午後的暖陽高照，很快地潮水就會上漲，粉紅腿的海鷗也會掠過海岸線。幾個月之後的夏日就會有如織的遊人來吃海鮮，看木偶戲，在海洋的呢喃中沉沉入睡，並且欣賞海岸生活和淨水的狂喜，時間則綁縛在他們的手腕上。

PART 2、在石與光的房子裡

chapter

2-1

水泥叢林

看著布迪翻騰攀爬，一視同仁地玩弄球和影子和 iPad，我不禁讚嘆人類已經走過的漫長道路。啟發你的想像，看看我們是怎麼開始的——由有時待在樹上的半直立猿猴；然後成為由獵人／採集者組成的烏合之眾，四處流浪；接著是目標明確的管理人，經歷數千年的時光，以令人費解的緩慢動作，挑選出我們最喜愛的穀物；過了一段時間，又成為剛毅的農夫，開林整地，在我們頭上有了固定的屋頂，食物的供應也更加穩定；然後是村落城鎮的建造者，在已經犁溝耕種的農田旁，這些村落城鎮顯得十分渺小；接著我們成了製造者，由蒸氣引擎（非常有力的動力來源，和牛馬或水力不同，不受健康或天氣的影響，也不會因位置而有限制）這樣的發明所餵養；然後是工業的營運者、操勞的工人和巨頭大亨，他們搬到在蜂巢般城市興起的工廠附近，城市旁是一望無際的大宗作物（如玉米、小麥和稻米），以及大群的重要動物（主要是牛、羊或豬）；最後則是喧鬧大都會的建造者，環繞都會四周的是郊區，邊緣則是日益縮減的農莊和森林；接下來，彷彿受到合併的強烈欲望所吸引似的，集體逃進那些散發著希望氣息的巨大城市之中。在那裡，就像潑灑出去的水銀球一樣，水珠已經開始回聚，我們終於融入披著金屬的巨大文明球體。

在人類世的諸多震驚與讚嘆之中，這必然會名列前茅：這個星球上絕無僅有規模最大的大遷徙。就在最近一百年來，我們已經成了都市的物種。如今，一半以上的人類，三十五億人，都聚居在城市裡，科學家還預測，到二〇五〇年，我們的城市將會吸引七〇%的世界公民。這個趨勢就如月有圓缺一般不容否認，和雪崩一樣無法阻擋。

在二〇〇五和二〇一三年間，中國的都市人口就由一三%暴增為四〇%，大多數的人由非常鄉下的地點移居到機會和誘惑在街頭玎璫作響的擁擠大都市。按照這樣的步調，到二〇三〇年，中國有一半的人民都會住在都市裡，他們不再在地方上耕種，而得向其他國家進口大部分的糧食，並以工業、發明和製造的產品來支付其代價。英國已經處於這樣的情況，到一九五〇年，星羅棋布的城市接納了七九%的人口，等二〇三〇年英國都市人口佔總人口的九二%時，它就會像有些國家一樣，成為貨真價實的都市國家。九〇%的阿根廷人口已經聚居在城市中，德國則是八八%，法國是七八%，南韓則為八〇%。要想到鄉村國家，必須遠赴不丹、烏干達，或巴布亞新幾內亞，在那裡，幾乎人人都住在鄉下，只有一〇%的少數人口過著都市生活——到目前為止。

我們對城市的追逐達到了這種瘋狂的程度，因此並不覺得遷徙的觀念倉促或稀罕。在都市裡，初來乍到的新人往往最後會陷身擁擠的違章建築、棚屋，或貧民窟，因為都市把它們提供出口的貧窮集中在一起，在貧富懸殊的世界上，這並不足為奇。只是這並不會減緩人們湧來的速度，只要希望穿著耐吉跑鞋，沉浸在雲霧之中。

《綠野仙蹤》裡奧茲國一般的城市就像繁榮富裕的燈塔那般閃閃發光，高等教育、更好的藥物、更多的婦女工作機會，和不斷上進的動力。就連在環境上，都市也比人煙稀少的鄉村生活高明。道路、電線和下水道距離更接近，需要的資源就更少。公寓藉著土木建築設計來絕緣，使它們更容易保熱保冷和採光。擁擠的鄰居可以共享公共交通，而大部分的目的地都很近，步行或騎腳踏車即可達；人們很少需要汽車。結果都市人的碳足跡反而比住在鄉村的人小得多。紐約這樣的都市吹噓說，該市每一戶和每個人所用的能源量最低，因此矛盾的是，儘管這城市整體用的能源更多，但每一個人所用的卻更少。雖然看起來有違我們的本能，但都市生活可能是更有益生態的人類生活方式。開發中國家的城市用的能源亦少——不過那是因為那裡貧窮的人數較多，他們消費得較少，包括食物和水在內。

雖然服務密集，個人的碳足跡也較小，但破天荒的人數由鄉間移往都市，依舊教氣候學家擔憂，因為都市是環境旋乾轉坤的關鍵。大都市是熱點，平均比周圍地方暖和華氏十度，也排放出地球大部分的汙染，這是因為街頭巷尾都是汽車，載送食物的大貨車也跨越長距離，送貨到超市之故。夏天有時候可以看到空氣沉重地懸浮，就像數百萬人一起呼氣一樣。蒸氣由地下的風口竄出來，讓你不禁疑惑在都市下方是不是有一條巨大的汗腺。

我們時代的矛盾之一，就是我們是身在都市、心在曠野的靈長類，我們渴望、也需要曠野，但同時我們卻在破壞、重建，並且養殖所有野生的生物。由於群眾湧入水泥叢林的速度正在加快，我們需要更聰明精巧的方法，把都市生活和人類與地球的福祉合而為一。我們的挑戰就是要找出兩全其美的方法，同時還要能保育這星球的資源。

有些絕佳的點子就做到了這一點，把我們的都市由骯髒汙穢的能源消耗大王，化為充滿活力的生態系統。

都市公園當然必不可少，但除此之外，不妨想像在小巷弄裡栽種耐蔭的野花，屋頂和碼頭栽植新鮮蔬菜，滿眼綠意的牆壁，摩天大樓化為垂直的農場、屋頂上有蜂巢釀蜜，鏽跡斑斑的城市基本建設中有自然小徑穿梭。綠化都市是使它涼爽的有效方法，能夠過濾空氣，吸收二氧化碳，釋出更多的氧氣，並且在喧囂吵鬧中，提供更多的寧靜安詳。

為了達到這樣的混合結果，一派名為「和諧生態」（Reconciliation Ecology）的新環保主義就應運而生，努力要在都市和其他人類主宰之處的門階上保住生物多樣性。「和諧生態」一詞是由麥可．羅森茲韋克（Michael Rosenzweig）在《雙贏生態》（*Win-Win Ecology*）一書中所提出，這個名詞很有吸引力。它主張彌補修復，和諧共存，而非責備批判。它提出一些數據，顯示地球上並沒有足夠的曠野來保護所有的生物物種，但我們可以在都市和後院中找出更多的空間來達到這個目的。

在我家附近，鄉間道路的兩旁大半是玉米田和民宅，一路上你可以看到給藍鳥的巢箱，這是因為天然的樹洞日漸稀少，所以體貼的鳥友為鳥兒製作了這樣的窩巢。本地鄉親用鋼製籬樁取代木製籬樁，結果伯勞（中等體型的鳥類，像猛禽一樣嘴喙如鉤）迅速消失，於是鄉親又重新換上木製籬樁（伯勞喜歡棲息在上面），鳥兒果然回來了。這些或許只是小小的妥協，但如果這樣的行動夠多，就能有宏大的效果。而且不只是鄉下，有些最匪夷所思的作法已經使得文明和曠野之間的界線模糊，比如「廢水處理場」聽來一點也不像天然或風景絕佳的地點，可是有些以共生為己任的城市，卻設計出一種新的野生保育地，讓資源再生有了更活潑的意義。他們並沒有把已經處理過的水倒掉，而是讓水回歸大自然，成為生態系統的菁華，為動物提供食物和棲地。這些水經過草木進一步的淨化，讓候鳥和本土的鳥類都能找到家，讓植物和昆蟲的族群都能居住，也讓形形色色的野生動物奔走不停。

因此都市居民不必走遠，就能找到休憩之地，洗滌他們因習慣而遲鈍的感官。漫步、發呆、忙著按快門，人們成了這永恆畫面中的另一個變換場景，另一群熟悉的生物，而那數十隻正在築巢的鳥兒則對他們視而不見。

我最喜愛的這類保護地是在佛羅里達德拉海灘市（Delray Beach）郊區的瓦科達哈奇

濕地（Wakodahatchee Wetlands）。站在十呎高的高架木板步道上，我們可以看到鱷魚在蘆葦中潛行，魚兒迎戰前來劫掠的烏龜，保護牠們在泥水中的巢穴。鴨子和水鴨在水裡嬉戲，涉禽躡手躡足接近牠們的獵物。淺水和高架步道讓我們能由上方看到許多精彩好戲，包括生著鬍子的水獺捕捉生著鬍子的琵琶鼠魚，豬蛙（pig frogs）的叫聲名不虛傳。幸運的話，你可能會看到一片水就像炒鍋一樣，在太陽下嘶嘶作響——那是一隻公鱷魚正在以人耳聽不到的低音咆哮。或許你會看到巨大的史前幽靈，像衛兵一樣站在水中，而一隻瀕臨絕種的林鸛則在展示牠獨一無二宛如瘿木的禿頭和彎曲的長喙。

這木板步道蜿蜒穿過五十英畝的沼澤、濕地、池塘、蘆葦和泥沼。在水陸相接之處，生命欣欣向榮。在布滿灌木和樹木的群島上，朱鷺定時展翅，巡視並餵食窩巢裡咯咯叫的小鳥。

儘管都市慣常的喧鬧不絕於耳，依舊有一百四十種鳥在瓦科達哈奇的每一個頻道上廣播，由灰斑鳩可憐的呼喚，到和尚鸚鵡的魔音穿腦。紅鼻子的紅冠水雞發出平穩的背景音樂，大聲呼喚，咯咯作響，還發出如猴子般響亮的嘰嘰呱呱。正在求偶的粉紅琵鷺以喙作為響板，紅翅黑鸝則滔滔不絕地說出時髦流行語。

儘管周遭餐廳、辦公室、公寓、商場和公路環繞，瓦科達哈奇濕地卻依舊吸引了許多生物，包括在城市裡很罕見的野生植物。原本看似一叢水藻，或是陽光下宛如點彩派畫作的水面，原來竟是艷黃碧綠的浮萍，這種單純的水生植物在我們星球上流速緩慢的水域處處可見，不只是鳥兒的食物，為蛙和魚提供蔽蔭，也是鱷魚和小魚苗溫暖的毯子。說不定有朝一日它會為人類提供廉價的高等蛋白質（亞洲某些國家已經把它們當成蔬菜食用），或者生產低價的生物燃料，不但可以推動汽車，也能過濾空氣中的二氧化碳。

即使藉著和諧生態獲利，也並不會不光彩。比如以色列的紅海之星餐廳（Red Sea Star Restaurant）位於海港城市埃拉特（Eliat），在離岸邊兩百三十呎（六十九公尺）處，結合了餐廳和觀景台，顧客坐在以海洋為靈感的餐室，海面下十六呎（約四點八公尺）深的沙質海床上。在昏暗的海葵形燈具下，顧客透過樹脂玻璃看到形形色色的海洋生物在珊瑚花園中現身，不分晝夜。對人類同樣好奇的魚兒也來對食客送秋波。再造原本因人類的汙染和過度使用而死亡的珊瑚礁，這是建築的奇觀，也是生態的勝利。建築師先選擇海床上的一片不毛之地，舖設鐵網，再把珊瑚植上格架，它們就像慢動作的空中飛人一樣攀附其上，吸引海洋生物。

馬爾地夫希爾頓飯店的伊特哈（Ithaa）海底餐廳就把壓克力圓管浸在印度洋裡，顧客進食之際，同樣也被魚和珊瑚所環繞。儘管馬爾地夫這個只在海平面上五呎（一點五公尺）之處的島國，排放的汙染只佔舉世極小的一部分，但該國總統穆罕默德·納希德（Mohammed Nasheed）卻許下宏願，要達成舉世最雄心勃勃的氣候創舉，在十年間做到碳中和（carbon neutral），建造永續的旅館與餐廳，甚至浮在水面上的高球場。「我們要以太陽能、風力，和生質能源植物（biomass plants）取代以石油為燃料的發電站，」納希德說，「我們的排洩物將透過高溫分解的技術，化為乾淨的電力；新世代的船隻也將大幅減少海上交通的汙染。到二〇二〇年，馬爾地夫群島將徹底廢除石油燃料。」綠化經濟對馬爾地夫也有好處，它已經吸引了許多生態遊客和投資人，也是足以改善氣候前衛作法的典範。

在有些都市裡，與大自然共存體現在重新利用生了鏽的老舊公共建築，重建廢地和垃圾場，把廢鐵打造成美麗的環境，供植物、動物，和人類棲息。在美國各州，和由冰島到愛沙尼亞、澳洲到祕魯的各個國家，廢鐵道已經成為寧靜的「鐵軌小徑」，最適合騎單車、步行，或者越野滑雪。它們通常會穿過城鎮或繞行農田，吸引人類和野生動物到鬱鬱葱葱的岔路上。我曾在俄亥俄、加州、亞利桑納和紐約的美景中騎車或越野滑雪。值得一書的經驗是，一個黎明，當我在俄亥俄州甘比爾（Gambier）市外的鐵軌小徑騎單車時，遭到農家養的一群鵝追逐，我知道牠們的攻擊只是虛張聲勢，因此我慢慢地踩踏，讓牠們啄咬我的褲腿，這教一心保衛領土的牠們心滿意足，於是很快就回到農院去了。我享受牠們的喊叫陪伴，也領教了鵝的本事：牠們可真是吵鬧不休的看門狗。

另一片人氣越來越旺的綠洲，是曼哈頓西側的高線（High Line）空中花園，這一段高低起伏的長凳、窩巢、棲枝和觀景點讓紐約市架起了都市與鄉村之間的另一段橋梁。它原本只是鐵路的貨運支線，廢棄生鏽之後，成為哈德遜河上礙眼的景觀，如今卻搖身一變，成了自生野花和植栽花朵的錦繡。這並不是第一個高架花園（巴黎有綠蔭步道

Promenade Plantée，另外，還記得巴比倫的空中花園吧？）但高線卻是我所知最可愛的城市鐵道。

這段鐵道不但風景如畫，有許多美景，而且有活生生的豐富細節，讓你覺得飄飄欲仙，浮在蝴蝶、小鳥、人類和其他生物融合在一起的花園空間裡。由實際的眼光來看，它是高聳的捷徑，避開所有十字路口的空中小徑。已經有上百萬人曾在它的景觀走廊上漫步，而它也啟發了其他想打造類似空中公園的城市，芝加哥、墨西哥市、鹿特丹、聖地亞哥（Santiago）和耶路撒冷紛紛群起效尤，它們各以不同的更新計畫打造廢鐵道，各有地區性的花卉和它們自己的特性或幽默感。比如在德國的伍珀塔爾（Wuppertal）鐵軌小徑走廊就包括一段色彩鮮艷的樂高積木橋。就像廢水濕地一樣，這樣的計畫擴大了我們的再生觀念，也打造出和大自然交織在一起的都市生活風格。

翻一翻好點子的藥箱，就會發現世界各地都有這些袖珍的都市公園和野生動物走廊：沿著鸛鳥展翼遷徙之路，由羅馬尼亞、瑞士、波蘭、德國、西班牙和其他庇護國家為牠們所設的巢箱，到紐約市中心物種繁多的中央公園、倫敦的八個都市公園（其中有幾個有小鹿徜徉）、溫哥華史丹利公園的溫帶雨林、莫斯科的駝鹿島（Losiny Ostrov）國家公園、孟買的桑賈伊．甘地（Sanjay Ghandi）國家公園、由德國到法羅群島的綠屋頂和綠道、東京聖路加國際病院的屋頂花園、哥本哈根的強制屋頂花園（多倫多亦有此提案）。在綠意盎然的里約、伊斯坦堡、開普敦、斯德哥爾摩和芝加哥內外，本土物種存活的數量豐富得教人吃驚，這些地方已經成了生物多樣的熱點。此外還有新加坡鬧區百花盛開的大型「濱海灣花園」（Gardens by the Bay），二十四萬株奇花異草和圓頂溫室裡高達十六層樓的樹木妝點都市生活。花園包括一座雲霧林和空中走道，不但能收集雨水、提供太陽能發電，還可淨化空氣。這花園在二〇一二年六月二十九日開幕，頭兩天就吸引了七萬名渴望接近大自然的遊客。

儘管這些新的都市綠洲並不能拯救所有的物種或所有的生物社群，但重建我們都市的趨勢卻欣欣向榮。這不但有正面的影響，而且啟發我們，形成一股普遍的趨勢，提供協助。我們必須翻新改型，重新想像都市是對地球有幫助的堡壘，它們是我們的蜂巢和珊瑚礁。活在各自殼中卻緊緊黏附在一起的動物，並不是只有貽貝而已。

chapter

2-2

綠蔭裡的綠人

從小，派屈克·布隆（Patric Blanc）就愛看醫生，候診室裡長達六呎（一點八公尺）的水族箱裡熱帶魚琳瑯滿目，綠油油的水生植物隨著水流款擺漂浮，像手在招呼一般，美不勝收。看在巴黎郊區長大的都市男孩眼裡，這裡就可以一窺天堂。他把耳朵貼近，附在水族箱上的小盒子，只聽到流過管子的水正在冒泡，還有過濾器的嗡嗡聲。水力學和工程就像魚一樣教他好奇心大起，不久他就在家裡設計了自己的小水族箱。有一陣子，他也養了喙呈蠟紅色的梅花雀，週四和週日早上把牠們放出來，在公寓裡飛翔。

進入青春期後，他的好奇心由水族箱和鳥類轉到水生植物，到十五歲時，他的興趣又轉向舉世的「濕蔭區」（moist shaded zones），也就是熱帶森林神祕的下層植物。大學時代赴泰國和馬來西亞旅行，啟發他「植物可以由任何高度抽芽，不一定要由地面上生長」。

如今全球都市都可以看得到許多綠意盎然的牆壁，它們的設計和靈感都出自布隆的生態盛會，不但吸引鳥蝶和蜂鳥，也隨四季而變換輪替。

布隆個人最愛的一座植物牆，也是綠都市的象徵，就是壯麗的巴黎布朗利河岸博物館（Quai Branly Museum）。這座博物館於二〇〇六年開幕，很多人都稱之為植物的重大啟發。面積達一萬三千平方呎（約三六五坪）的建築正面覆蓋著多種植物交織的草坪，其中一半以上是活生生的，其他則是窗戶，創造出巨大的格子牆面，種滿了葉子茂密、長滿苔蘚的呼吸牆面，觸感柔軟，氣味豐富，不時有鳥兒在其中穿梭。

布隆以各色植物覆蓋這牆面，反應舉世藝術家的文化多樣性，他選擇北美、歐洲、南美、亞洲和非洲溫帶區的植物，拼湊成集錦。原本他也想納入大洋洲的植物，只是熱帶植物耐不了巴黎的冬天，而這半植物織錦、半隱藏瀉湖，而且完全沒有土壤的牆面卻得歷久不衰，經歷許多寒暑，填滿巴黎人的感官，並且在艱困的都市生活條件下打造四十呎（十二公尺）高、六百五十呎（一九五公尺）寬的生態系統，同時淨化空氣、消除二氧化碳。在天氣溫暖的時候，百花盛開，蝴蝶採蜜，鳥兒在濃蔭裡棲息作窩。其中的一半可以看到迷你小鹿在長滿苔蘚的小丘上吃草，館長還打算添加青蛙和樹蜥。由於水平的室內生活可能讓心智遲鈍，因此館內有些辦公室也安置了垂直的立面小花園，透過窗戶就可以看見，讓室內室外的界線更加模糊。

朝北的高聳花園怎能耐得住橫掃過塞納河的冰冷寒風？這就是身為植物學者的布隆

發揮所學和研究結果之處。植物牆耐寒，是因為他選了數百種森林下層的植物，他發現它們可以忍受陽光直射和強風的吹襲。

「一想到**礬根屬（Heuchera）**植物，」他指的是包括珊瑚鐘（coral bells）和礬根草（alumroot）的一群植物，會開纖細的小花，葉子像伸長手指的手一樣，「我總會想到它們的葉子由四月雪中毫髮無損地冒出頭來，還有加州巨大紅杉蔭下陡坡的畫面。」

布隆運用數十種精細色調與濃度的綠色植物，由蘆筍和蕨綠，到林綠和螳螂綠，質地則由無光澤到毛茸、富有彈性到光澤，全都隨著每天的時間、年齡、四季、遮住太陽的雲影、河邊湧出的霧氣、尖峰時間的交通，和薄暮餘暉而變化。由我們網膜上的視錐視桿細胞望去，它們的顏色因為重新混合而千變萬化，就如我們在森林中所見的一樣。他偏愛葉而非花，不喜歡拖曳的攀藤，對葉子的結構很敏感。他拼湊在一起的成千上萬株植物長出種種葉片，有刺的、尖頭的、星形的、有切口的、橢圓形、鐮刀狀、圓形、淚珠形、鈍頭、心形、箭頭形等等，有些向上攀爬，有些向下垂墜，有些堆在一起，開著美麗的花朵，其他的則不是冒芽，就是懸臂。他深諳它們的習性，繪出了多細胞的植株圖，看起來就像旋轉的指紋或者數字填圖（paint-by-number）指南，每一塊都是用拉丁文名稱寫上的植物種類。

「它們一開始像圖畫，」他說明道，「接著會發展出質地和深度。」

這種以科學為基礎的藝術形式是由許多繆思所啟發的融合結果。植物畫在平面紙上，因此每一個設計一開始的確就像圖畫。接著這幅作品蛻變成感官的雕塑，由可以觸摸、可以修剪的生物形狀與色彩所構成。葉、花、莖在空氣中舞動，就像慢動作的芭蕾。他可能在某種程度上設計舞步，但整體卻視天氣的變化，而形成隨興的組合。隨著蛙、鳥和昆蟲入駐，還會添加唧唧啾啾吱吱喳喳的讚美詩，有些音符可以預測，有些則是宛如爵士樂的即興變奏。

雖然植物會自然捲曲，但清楚明白的線條和俐落稜角卻能讓作品呈現感官的優雅，而非雜亂無章，表現出巍峨高聳錯綜複雜，而非一團凌亂。它並不狂野，因為植物並不是恣意生長，但卻以獨特的方式欣欣向榮。就這方面來說，它更像整齊的混沌——刻意的、控制的、精心策畫巧妙執行的混亂。

應用植物學、水力學、物理學和材料科學，是掌握這門技巧的必要材料。上千種植物都是一株株以手放進平氈布上的口袋，布緣架上硬框，將會採雨水方式，用橫過頂部的水管以陣雨澆灌施肥。儘管沒有土壤，植物卻很快就長得繁榮茂盛，覆蓋了氈布和水管。整體的效果就彷彿吞下一大口大自然，直灌你的腹腔神經叢。這是在你站起來時和你的視線一般高的花園，就像和人面對面相見一樣。它邀請你觸摸它，嗅聞它。抬起頭來，它就像四層樓高的遼闊森林底層，而非童話中的巨人。低頭細看，它創造自己的天氣泡沫，如果你站在它旁邊，抬起下巴朝向這教人目眩的植物，就會覺得蔭涼而潮濕。它處在馴養和自由意志之間極細的邊際界線，似乎既親密，卻又難以左右。

如今立面花園、綠屋頂，和都市農場在各地都形成主流，我最愛的幾個是：橫跨在墨西哥市車水馬龍大街上，鋪設了五萬株植物的高聳拱門；里斯本「甜蜜生活」（the Dolce Vita）購物中心內牆上本土植物的百花織錦；米蘭楚薩迪餐廳（Café Trussardi）的玻璃中庭，捲曲的綠色和紫色植物構成的天篷飄浮在食客和啜飲雞尾酒的閒蕩晃遊者上方，懸垂的藤蔓和花朵流露出天堂樂園的氣息；渥太華加拿大戰爭博物館上方的金色麥田；蜿蜒埋在瑞士狄肯孔（Dietikon）土地和青草下的九棟綠建築；還有布魯克林海軍造船廠兩棟建築上方的天台農場（the Grange），讓你置身有機蔬菜之中，環視哈德遜河的風光。芝加哥植物園萊斯植物保育中心（Rice Plant Conservation Center）的屋頂既是百萬遊客必訪的勝地，也是植物實驗室，至於芝加哥市政廳的屋頂也是學習場地，一邊是平常的黑色柏油，另一邊則是野花花園。（酷暑時分，栽有植物那一面的空氣量起來比黑色屋頂那一面涼華氏七十八度。）綠屋頂也成了搶手的資產，一家美國公司已經售出了一百二十萬平方呎（約三三七〇〇坪）的綠屋頂，碧草如茵、繁花似錦、吸引了鳥、蜂和蝴蝶，主要是賣給私人住家。

其他綠屋頂和立面花園公司也如雨後春筍般林立全球，綠化各式各樣的建築，由醫院、房屋和警察局，到銀行和辦公室。有些採用水耕栽培法，有些則按歐洲傳統的方法在屋頂上鋪草皮。法國濱海城市布洛涅（Boulogne）的一座雷諾汽車工廠就重獲新生，改裝為學校，波浪形的綠屋頂可以減少冷暖氣的費用。溫哥華的綠意灰牆（Green Over Gray）設計公司在加拿大打造了一些壯觀的牆面，包括愛德蒙頓機場的國際大樓，遊客可以由雄偉的綠牆呼吸到經植物淨化的氧氣，牆面的漩渦設計則是受高緯度的雲層啟發。他們在溫哥華一棟辦公大樓所製作的「叢林瀑布」高達數層，劇力萬鈞，其中亦有熱帶樹木。維修人員不時得要採摘鳳梨，以免它們落下來砸到行人。

綠牆、綠屋頂，和永續設計的建築物，以及野生動物走廊、都市公園、太陽能和風力，以及葉片會發光的樹木（取代街燈），在英、德國、台灣、美國，以及其他許多地方越來越受歡迎，但它們只不過是追求綠化的部分行動而已，真正的目標是要讓家庭和公共場所成為活生生的有機體，能夠消除汙染物、增加氧氣、減少噪音、節省能源、提振精神，讓我們的根更深入自然世界。

布隆自己位於巴黎市郊的家卻和布朗利河岸博物館和雅典娜飯店（Athenaeum Hotel）美輪美奐的優雅牆面不同，是微棲地（micro-habitats）悸動的狂歡會，一墩墩矛狀葉片、錯落的岩石、一枝枝的小花、厚厚的心形葉片、根部在流動的溪水中漂浮，葉片如箭的蔓綠絨。走進他和長期伴侶——演員帕斯卡．亨利（Pascal Henri，又名賓萊塢的帕斯卡）

共享的住所，就好像加入了一首綠色狂想曲，或者該說綠色的瘋人院，融入叢叢棕櫚葉、苔蘚丘、傘狀的蕨類、枝幹、探索的根，和長滿葉片摸索周遭一切的手足，連你也是探索的對象。在你走過之時，這些茂密的葉片用長著葉脈的手指頭，以你幾乎察覺不到的動作輕輕地愛撫你。珠串的簾幕是門，自由飛舞的紅嘴梅花雀滿室穿梭，青蛙和蜥蜴自在地在室內徜徉，轉動著眼珠子，偶爾伸出舌頭，就像派對的小禮物。在一扇頗有馬格利特（Rene Magritte）超現實畫風的窗戶前，屋裡一株枝葉茂密的灌木和屋外的雙生兄弟互相呼應，讓你的雙眼迷離，裡裡外外——誰知道它由何處始，何處終？畢竟玻璃只不過是液態的沙，而且永遠在運動，就像沙漏一樣，只是傾倒的速度很慢，讓我們的眼睛把它解讀為固體。

布隆的書房是在綠棚下的綠色思維。在這裡，他不折不扣是在水上行走，因為地面是一片平板玻璃，架在長二十三呎（六點九公尺）寬二十呎（六公尺）的水族箱上，箱裡綠意盎然，有上千隻熱帶魚。水族箱裝了五千兩百八十三加侖的水，長滿了植物，白色的長根像女妖梅杜莎的頭髮一樣波動，自然地淨化流水，為魚兒提供棲身之處。

他玻璃桌後方的那面大牆則由長絨質地的植物交織而成，叢生的苔蘚、曲折的蕨葉，和如萬花筒般的綠色植物。綠牆底部是一灣細流，為植物的根部提供養分，也讓鳥兒休憩築巢。他把一隻手浸入其中，鳥兒在頭上飛翔，棲息在杜鵑花叢裡。藻類、苔蘚和地錢處處冒芽。大書櫃裡幾乎所有的書都有綠色封套，只缺小棕蝠和椿象（bombardier beetles，放屁蟲）了。

「我每天都在室外淋浴，下雪也不例外，」他承認，「我不在意內外之別，那是人類由熱帶起源地移居到寒冷甚至冰河氣候，而在生活風格上所做的改變。更荒謬的是，熱帶都市生活竟需要空調來降低室內空氣的溫度。不論在世界上的什麼地方，不論四時季節，都得靠空調來加熱或冷卻住處。」他揚手表示荒唐。「我們需要熱度更平衡的建築物。」

儘管布隆抱著這樣嚴肅的宗旨，但他所喜愛的居處卻有一股趣味，正如其人。他的襯衫幾乎全都是以葉子為圖案的設計，他還穿綠鞋，拇指指甲長達兩吋，塗成林綠色，頭髮上染了一抹亮綠，乍看之下，我還以為他的頭上長出了一片蝴蝶花（Iris japonica）的葉片——他額上的綠髮就像這種植物的葉片一樣，越來越細。這是他的招牌植物：蝴蝶花經常懸垂在曠野中森林的邊緣，布隆在設計中就用它呼應潺潺流水。

「我們生活在人類活動勢不可擋的紀元，」他說，他手上沁涼的白酒、Vogue涼煙、電腦和電燈說明他的確欣賞大都會的生活，其實他這輩子一直都住在都市裡——同時也探索地球上最曠野之處。

「我認為我們可以讓大自然和人類更加協調。」

他並不是唯一抱著這種想法的人，重新思索我們房子的設計應該是個好的開始，因為在每一個城市躍動的心中，依舊有無從改變的古老家庭觀念。

chapter

2-3 室內植物？過時的觀念

家，對因紐特人（Inuit）人來說，元素非常簡單。他們用骨製的刀由凍硬的雪石上切下磚塊，一條短而低的地道引入前門，留住熱氣，並把刺骨的寒冷和野生動物隔絕在外。他們不需要灰泥，因為雪磚已經被包成適當的大小，而夜裡圓頂則硬化為閃亮的冰堡。屋裡人體的溫暖把冰塊融化到正好不留縫隙。這種房子背後的想法是藉著對大自然和掠食動物兩者的了解，而打造出的庇護所。圓頂冰屋其實是自我的延伸——雪作的肩胛和冰製的脊椎，其下睡的是一家人，裹在厚厚的動物皮毛裡，一旁是一兩盞鯨油燈。所有的建築材料都唾手可得，永遠回收再生，除了力氣之外，一毛不花。

想像當今我們大部分的房屋和公寓——盡是尖銳的稜角，靠燈泡照明，用的是人在大自然裡找不到的顏色，以三夾板、油氈、鐵、水泥和玻璃打造。不論它們有什麼樣的風格、效能，甚至地點有多好，都未必能讓我們感受到庇護、休憩，或者幸福。而且它們對健康無益，美國環保署的研究發現，有十二種揮發性化合物的量在室內較高——不論這房子是在鄉村或都市，原因在於我們所使用的產品，以及通風不良。由於我們無法擺脫自古以來住在大自然附近的渴望，因此我們憑著本能，用草地和花園圍繞房屋，裝設觀景窗，養寵物和波士頓蕨，還把我們生活裡的一切都灑上香氣。

難怪舉世都一心一意用布隆所啟發的綠牆和綠屋頂打造綠色家園，同樣講求環保的綠色工作場所不但能夠呼吸，也能像街頭流浪貓那樣清理自己，屋頂上和廟堂裡可以有耕作的農場，用傳統的方法把大自然關在屋外並沒有意義。我們那種如甲冑般棲息在土地上的四方形建築基本原型，已經由用後即丟的靜態居處，變成如樹木一般，和周遭世界融為一體，不只吸收大量的養分，而且生產的營養也比它所消耗的更多。

可永續的文化和「由搖籃到搖籃」的設計重新界定了商品和建築以及都市計畫的世界，成為一種替代方案。根據「由搖籃到搖籃」（由瑞士建築師瓦爾特．施塔爾〔Walter R. Stahel〕在一九七〇年代所提出的術語）的原則，我們所打造的一切——公寓建築、橋梁、玩具、服飾，在設計時都該抱著回收和再生的想法。與其把壽命如蜉蝣一般短暫的過時文明器物扔進垃圾堆，再用更多的資源來取代它們，為什麼不製造可以自然生物分解，或是可以由產業「資源回收」，化成「工業養分」（technical nutrients）的物品？如電視機、汽車、電腦、冰箱、暖爐和地毯等耐用品可以租用，或者在陳舊或不流行時以舊換新抵價，讓廠商回收它們，取用其中的原料。

一九九九年建築師威廉斯·麥唐諾（William McDonough）接下挑戰，要重新設計福特汽車已有八十五年歷史的胭脂河（Rouge River）工廠，這個計畫包括重新設計一百一十萬平方呎卡車裝配廠上方，面積達十英畝的屋頂。他首先讓屋頂有它自己的天氣系統——大片的景天屬（sedum）植物，這是一種多肉植物，秋天開棕紅或亞麻白色的小花，其他季節則展現富含水份的大型葉片。接著他又用「濕草地花園、透水路面、灌木圍籬和生態濕地（bio-swales）的系統，把暴風雨水減弱、淨化，並輸送到整個場地」，讓工廠和植物融合成一片美景。

各建築師受到這樣的模型啟發，並且希望能在享譽全球的「能源與環境先導設計」（LEED，Leadership in Energy and Environmental Design）節能環保建築認證中獲得高分，因此紛紛創造同樣美好的建築，「在環境上負責、有利可圖，而且也是能生活和工作的健康場所」。他們努力再生的建築物可以淨化廢水，創造比消耗更多的能源，製作堆肥和再生達到工業與大自然融合到天衣無縫的地步。安德烈·愛德華茲（Andres Edwards）在《永續革命》（*The Sustainability Revolution*）中寫道：「基本上，這是豐裕的世界，而非有限制、汙染，和廢物的世界。」這個革命是來自於舉世不論在已開發或開發中國家都產生迴響的社會思潮，愛德華茲告訴我們：「巴西、加拿大、中國、瓜地馬拉、印度、義大利、日本、墨西哥，和荷屬安地列斯都有LEED認證計畫，證明這個標準可以適用在各種不同的文化和生態區。」

我們不再堅持食物非得在大老遠栽種，再用卡車運送的神話。我們可以輕而易舉地想像屋頂的餐廳農場，都市養蜂和雞籠。雖然我們不可能什麼都種在家門口——五穀黃豆和玉米當然不可能，但大部分的蔬菜和水果都可以種在附近。地方農場可以滿足這樣的食物鏈，它們不但節省汽油錢，而且保證食物更新鮮更有營養。而且這樣的農場在各大洲都如雨後春筍興起，包括最不可能的地方。在沿岸溫度平均為華氏零下七十度（攝氏零下五十七度）的南極洲，內陸的氣溫可能劇降至華氏零下一百八十度（攝氏零下一一八度），美國研究基地麥克默多站（McMurdo Station）是由赤條條的機器和全身包裹得厚厚的人所組成的城市。在那裡，冬日沉浸在黑暗裡，天空一連六個月漆黑一片，只偶爾有綠色的極光 綻放，一如充滿魅力的魔鬼尾巴，而在室內，極光則成了人造螢光的白色落雨。有兩種主要的氣味（汗味和柴油味），也有兩種主要的顏色（黑和白）。新鮮的農產品由洛杉磯空運而來，夏季時每週要花八至十萬美元。但在冬天，運送恐怕得一停好幾個月。

「這裡當然不是暖和的地方，」羅伯．泰勒（Robert Taylor）說，這位開朗的技師和其他許多義工一起照顧麥克默多站廣達六四九平方呎（約十八坪）的溫室。「而且也從沒有讓牛用木犁犁肥沃黑土這種事，坦白說，在南極大陸的這一側根本沒有土壤，只有歷經風吹雨打的火山岩，當然，還有冰。根本沒有有機物，也沒有可以認得出來的陸生植物，然而生命依舊欣欣向榮……在數千瓦的人造燈光下。」

這裡稱不上寬敞，尤其和他家鄉蒙大拿州的米蘇拉（Missoula）相比，但他運用水耕栽培，卻能每年收穫約三千六百磅（約一千六百公斤）的菠菜、瑞士甜菜、黃瓜、香草植物、蕃茄、青椒和其他蔬菜，讓渴求青菜的居民如獲至寶。

「雖不足以在舉世的外銷市場上記上一筆，但若你是在這裡過冬的那兩百多人之一，絕不會對此報以嘲笑，」泰勒在電郵中說。

「萵苣長得出類拔萃，」他說，「不論什麼時候都有近九百株萵苣在層層疊疊的生長系統上生長。同樣地，羅勒和香芹也是需要資源不多的香草。」儘管如此，他還是得親手為它們全部授粉，因為這裡禁止天然的授粉者——昆蟲出現，以免牠們破壞這小小的溫室伊甸。

「園藝家大老遠跑到南極來種蔬菜，實在匪夷所思，但如果想到挑戰和刺激，還有什麼地方比完全沒有植物的地點更能體驗植物的美？……每一個蕃茄，每一條黃瓜都像寶貝一樣，受到珍惜。」

這裡就好像在佛羅里達基威斯（Key West）島上閒散的酒吧裡一樣，角落裡隨意放了兩張吊床和一把舒適的舊扶手椅，「這是給想和芝麻菜神交的人用的。」而的確有很多人都這麼做。在麥克默多，不只是草木，連濕度、香氣，和自然的色彩都很稀罕。另一方面，在咆哮狂風中，與世隔絕和激烈的情感關係則是常態。許多人靠著如拋物線般的陽光，和異常密切的社群維生，但受「極地T3」（polar T3）過冬症候群（因缺乏甲狀腺激素而造成的症候群）所苦的人因甲狀腺激素量失調，而使新陳代謝高低不定，經常會失眠、暴躁和憂鬱。在全白的冰雪王國之中，唯一可見的水果只有繁星，人的精神狀態往往就懸在細如金盞花枝的線上顫動。

幸而溫室裡有紫與黃色的三色堇和橙色的金盞花（兩者皆可食）生長，芝麻菜五彩的莖幹也創造了小小的迷幻森林，而深紅色的小蕃茄則懸在支架上，就像軟綿綿的牽線木偶。芫荽、羅勒、香蔥、迷迭香和百里香的氣味瀰漫在空中，讓來到溫室的訪客不但獲得食物的滋養，也享受到感官的饗宴，同時植物還吸收人類呼出的二氧化碳。這裡和一般冬日溫室不同之處在於，沒有陽光會透過天主教堂般的玻璃牆照射進來。在世界底部的麥克默多城市農場完全封閉隔絕，我還聽說，在窗戶稀少的荒涼村落中，這裡的葉片也提供了晚餐約會的田園場景。即使在這極端的前哨基地，綠化之益也能使人放鬆。

要不了多久，耕種栽植就不會再需要到鄉下曠野，一說起「北邊四十」，就知道是指四十層樓上的植物。荷蘭的植物實驗室（PlantLab）就用水耕法和高科技感應器，在室內栽種四十種不同的農作物，不用殺蟲劑，甚至也沒有窗戶。植物並不需要整個光譜；相反地，每一種植物只用它所需要適量的藍或紅光。水蒸發之後會回收再生，因此只需要少量添加即可。在這些特別控制的環境中，農作產量比在戶外高三倍，一旦LED燈能變得比較便宜，那麼這個程序在撒哈拉沙漠或西伯利亞都可以做得一樣好。

所有的建築物都必須盡一份心力。我們可能處在只消耗不償還的最後紀元，僅僅美國一地，建築就用掉全國原料的四〇％，燃燒了總電量的六五％，消耗一二％的飲水，同時每年因拆除破壞和建築廢料，堆積一億三千六百萬噸的廢物。

假設我們的目標是本質上就是活生生有機體的建築，那麼究竟一個家或一間辦公室能生氣蓬勃到什麼地步？除了綠牆和綠屋頂之外，它的皮膚可以模仿植物的新陳代謝和動物的肌肉組織。「仿生」（Biomimicry）雖是個舊觀念，但在建築和工程上，卻針對棘手的人類問題，借助大自然，找出永續的解決辦法，是充滿活力而有利的新方向。

想像一下：用牛角花素（lotusin，取自北非植物阿拉伯牛角花的一種生氰配糖體）油漆的房子，這是一種由葉片表面啟發的自淨式油漆；不用色素染色的產品，呼應光在孔雀和藍鳥羽毛上舞動的方式。新的鏡片和光纖，模仿陽燧足身上幾乎毫無折射的鏡片塗料，或海綿觸角上的柔韌光學纖維。貽貝組織所啟發的電子儀器，能夠在你丟棄它們時自動溶解。外皮宛如葉片上細孔的建築，能夠提供自己所需要的能量。以鯨的皮膚為藍本打造的船殼，在水裡穿梭時能夠燃燒較少的燃料，還有模仿鯨鰭波浪邊緣的飛機翼，可以節省燃油。

這樣的結果是自我組合的有機無汙染良方，大自然早已運用自如，我們也可起而效法。這樣的心理架構需要徹底更新我們的思考方式和對自己在大自然中的感受。長久以來，工業界一直奉行加熱、加壓或鍛打（heat, beat, and treat）的座右銘，我們藉著掠奪大自然的資源，建立了都市，作為我們帝國的燃料，把它們切碎、加熱、用有毒的化學物分解，再把它們結合在一起。仿生學則問道：「好了，這就是人類做事的方法——只是沒有用。**生物**怎麼做呢？」

「生物已經想出種種方法，來做種種神奇的事物，」仿生先驅珍妮．班亞斯（Janine Benyus）說：「它們並沒有危及資源和後代的未來。」

在班亞斯及其他人的啟發之下，功能（有時連長相都）如同成長中生物的建築就如雨後春筍一般，在各大都市冒出頭來。想像透明的摩天大樓，它們的表面就如錯綜複雜的肌肉群一般伸縮，可以節省能源。紐約的德科雅頓（Decker Yeadon）公司設計了一個可用原型，玻璃表面內漩渦型的銀色帶狀物其實是三層的肌肉：橡膠聚合物套著有彈性的聚合物核心，上有一層銀色的塗料，把電荷分布在整個表面。如果天氣太冷，帶狀肌肉就會「發熱」，收縮成纖細的波形短線，把大量窗戶曝曬在太陽下。天熱之時，帶狀物就會像閃光綢拼布一樣擴張，創造出平面的陽傘。許多小環節都是這樣的作法，玩弄它們自己的恆溫器，以保持動態平衡，就像我們人類一樣。太暖和？脫掉毛衣，避開直射的陽光。若以設計來看，肌肉牆比太陽能面板更有彈性，也更強韌。

或者想像一下辛巴威首都哈拉雷（Harare）高聳的東門購物與辦公中心（Eastgate Centre），這是仿效巨大白蟻丘興建的多層建築。拱狀的蟻丘城市上有角樓和尖塔，由焦乾的地面凌空而起達三十呎（九公尺），宛若不食人間煙火的城堡，其內有數以百萬的勞工和士兵汲汲營營，上由國王和王后指揮，大家共同養育後代。這是農業社會，牠們最喜愛的作物是一種只能在華氏八十七度（攝氏三十度）生長的菌類，但在厚厚的土牆之外，晚上氣溫可能降至接近冰點，白天則高升至沸點。這一刻可能狂風呼號飛沙走石，下一刻卻疲弱不振宛如幽靈。我們的風車和風力渦輪需要穩定的風，碰到亂流就受阻，而白蟻穴的工程師卻能把牠們的蟻穴當成向外翻轉的肺，更技巧地利用混亂的風。

在每一個如山一般巨大的城市裡，不論是多麼不穩定、受到熱氣攪動而混亂的風，白蟻都會善加運用，把它們化為讓蟻丘通風所需要的震動，讓牠們的植物茂盛生長。隨著牠們開關一絲門縫，蟻丘就吸入一陣空氣，直竄各房各室和通道，上達扶壁和最高點的煙囪。牠們像小孩一樣不斷地開門關門，以調整牠們的設計，挖出新門，封上舊門，在某些地方添加濕土以求更快速地降溫。每一個蟻丘就像集合式頭腦的一個神經元，它並不需要聰明，也沒有人能看到整體全貌，但大家共同創造了一致的行動和一種智能。牠們是時時刻刻的園丁，調整微風，標出穩定的溫度，讓這渺小而盲目的人口保持溫暖舒適。

人類和白蟻有一個共同點：牠們很擅長開門，和我們一樣，只是牠們的門是實體的，而我們的是象徵的。有些葉狀的「羅盤」白蟻丘，其角度總是朝著太陽，屢試不爽，既可避免正午炙熱的陽光，又能捕捉黃昏時微弱的光線。我房子的原屋主也秉持同樣的原則，起居室面南的穹形窗戶能讓冬天的陽光曬進來，又能在夏日有所遮蔭。

歌唱可吸入氧氣，即使受傷的肺亦然，而這泥土的聚居地就有一股顫音，向它的居民保證一切都安好。縱然我們無法察覺，但走音的蟻丘一定能讓白蟻感到不對勁，牠們不得不建造最精緻的肺，因為牠們的性命就取決於此。這是否意味著牠們全體有共同的美學概念？誰知道？很可能對牠們而言，走調的空氣就像萬箭穿心一樣刺痛。

非洲建築師米克．皮爾斯（Mick Pearce）以白蟻丘奇形怪狀泥鑄的角落隙縫為靈感，設計了東門中心。一樓的風扇由導管把空氣帶到建築的中央脊柱裡，而汙濁的空氣則滲入每一樓的排氣管，最後由高聳的煙囪排出，清新的空氣自動流入取代。這個環保的中心所用的能源只有鄰近建築的一〇％，光是在氣候控制方面，就為屋主節省了三百五十萬美元，而他們也降低租金，回饋租客。十年之後，皮爾斯在澳洲墨爾本建造了效能更高的市府二號（Council House 2）十層辦公大樓，這一回，再生的木製百葉窗覆蓋了建築的一整面，夜裡像花瓣一般綻開，排除辦公室和商店的溫暖空氣。這種作法在非洲十分有效，但在較冷的地區，多餘的溫度不能浪費，因此在某些國家，火爐現在生出了兩條腿。

chapter

2-4

看準時機就能帶來溫暖

法國人多麼親密，多麼浪漫，多麼永續。一個起風的十一月天，我和一大群巴黎人在巴黎的朗布托（Rambuteau）地鐵站一起等車，冰凍的腳趾頭終於開始解凍。如果單獨一人，我們可能只會各自冷得發抖，但聚在一起，我們卻能以小火慢燉出這麼多的體熱，使大家開始解開深色外套的釦子。說不定我們曾經像國王企鵝一樣，在南極強風的寒冰折磨中，擠在一起取暖。

當人群混在一起時，人體會發出約一百瓦的體熱，如果空間有限，熱度就會很快地積聚在一起。匆匆忙忙的通勤者貢獻得更多，而火車在鐵軌上的摩擦，也會貢獻熱能，由隧道深處滲透出來，讓月台上的溫度達到華氏七十度（攝氏二十一度）左右，幾乎相當於地熱溫泉。新湧入的乘客嘈雜地進出地鐵列車，上下通往波布日街（Rue Beaubourg）的樓梯，他們的匆忙也讓這公共的地穴保持溫暖舒適。

在火山林立的冰島，地熱的溫暖可能唾手可得，但在巴黎市區卻沒那麼常見，因此何必浪費？不如就把人們當成可再生的綠能來源開採，只要人口的一部分，比如地鐵通勤者的熱雲，就能有眾多免費能源。「巴黎住宅」（Paris Habitat，巴黎市最大的社會住房管理機構）見多識廣的建築師就秉持這樣的精神，決定向地鐵車站這些急忙來去的人體商借多餘的能量，把它轉換為附近一棟社會住宅公寓的地板下暖氣。這棟公寓恰好和地鐵站共有一個廢棄的樓梯井。要不然，到早晨的尖峰時間結束之時，由無數囫圇吞下的牛角麵包牛奶咖啡、無聊的白日夢，和一階階的枯燥乏味所產生的熱，就會消失無蹤。看準時機就能帶來溫暖。

雖然這樣的設計引人入勝，卻未必在全巴黎都行得通，除非花大錢翻新建築物和地鐵站。不過這種作法在其他地方卻很成功。在美國明尼蘇達，有如大草原一般遼闊的資本主義紀念建築——佔地四百萬平方呎（約十一萬坪）的美國購物中心（Mall of America）。即使在氣溫零下的寒冬，室內的溫度都因人群聚集的體熱、照明燈具，和由長達一點二哩（一點九二公里）的天窗流瀉而下的陽光，而能達到華氏七十度（攝氏二十一度）上下。那再好不過，因為人們可能會在購物中心三樓布魯明岱百貨旁「愛的教堂」結婚，而白紗禮服可並不保暖。

或者不妨想想北歐最繁忙的旅運中心，斯德哥爾摩的中央火車站，在冷颼颼的一月清晨七點半。室外是華氏零下七十度（攝氏零下五十六度），街道結冰，就像雪橇的滑道一樣，寒風刺骨，即使戴著羊毛手套，雙手還是凍成了冰棒。但室內卻像是另一個國度，氣候溫和，一群有血有肉的人朝四面八方而去。工程師收集了這意外的熱能，運用二十五萬鐵路旅客的體熱，為一百碼（約九十公尺）外十三層樓高的皇家橋（Kungsbrohuset）辦公大樓加溫。在火車站寬敞的屋頂下，旅客各自捐出了他們一百瓦的多餘天然熱源，忙著在數十家商店中進出，採購餐飲、書籍、花朵、化妝品等等，同時也貢獻更多的能量。

你幾乎可以感覺到皮膚上輕柔的拉扯，一股暖風輕拂。

「我們為什麼不利用它？」負責此計畫國營開發商耶恩豪森（Jernhusen）公司的員工克拉斯．約翰森（Klas Johansson）說，「如果我們不用，它只會白白散掉。」

人們成了點燈工人，或者火爐的燒火工人——我的想像裡盡是這種古色古香的義工大隊，這些能源全都很平價，而且可以再生。這種特別環保的設計在瑞典效果異常得好，在這塊土地上，燃料成本高漲，公民以環保為己任，名聞遐邇的極地寒冬僅有極少時數的日光和地平線上低垂的太陽。一到午後，黑夜就籠罩了這個城市，四下都是一片漆黑。就算黑夜中有舒適街燈照亮的街道，點著蠟燭的窗戶，還有北極光明亮的綠色緞帶和舞動的暈輪，但當寒冷刺骨時，唯有更多的熱才能安撫人心。只是燃料可以有諸多形式，由化石到太陽能、油和瓦斯到造紙廠所留的殘留物，或者中央火車站的……唔，我們該怎麼稱呼它？身為科技，它必須有響亮的名號，好聽好記，說不定像：「光亮氛園」、「閃閃發光」、「人氣暖氣」（EnsnAired），或者「友善能源」？

再生熱能的設計如下：首先，車站的通風系統會捕捉通勤者的體熱，用來加熱地下水槽裡的水，接著這些熱水被抽進皇家橋大樓的管線，涵蓋了它每年三分之一的燃料所需。皇家橋的設計還包括其他的可永續元素，比如窗戶的角度經過精心考量，不但可以在冬天讓最多的陽光射進來，也可以在夏天阻絕最強烈的光線。每天光纖都由屋頂朝黑暗的樓梯井及其他非窗戶的空間低語，要是四體不勤的建築物，就得要為用電付費了。夏天裡，冰涼入骨的湖水流過建築物的血管。就算你不能經常浸入湖水裡涼快，至少也能享受空氣乾洗的滋味。

用體熱來為建築保暖的魅力，就在於以新方式運用舊科技（只有人、管線、抽水機和水而已）的簡單美好。要注意的是，這些建築物距離不能超過兩百呎（六十公尺）以上，否則在轉換之間，就會散逸太多的熱。基本的要素是每天都要有固定數量的人來往進出，用以發熱，因此這種設計只能在交通流量大的地方生效。或許在流量少的時候，可以邀請孩子們把這個場地當成操場，來做些高能量的活動。

「來貢獻你的焦耳」，體熱加熱系統的宣傳看板可能會敦促大家，並用小字註記：「人每小時可以發出約三十五萬焦耳的能量，而一瓦特相當於每秒一焦耳，因此一個人不費吹灰之力，就能以一百瓦燈泡的能量照明黑暗的世界。擁有兩百二十五萬人口的都市就能點燃兩萬兩千五百盞燈。」不妨想想這樣的畫面——一群燈光，不但各自閃亮，而且合起來也能提供大片燈光。若用國際特赦組織創辦人彼得．本南森（Peter Benenson）的話來闡釋，可能就是：「作個燈泡總比詛咒黑暗來得好。」

耶恩豪森的工程師鼓起雄心，想要把人體加熱的計畫擴及鄰居，他們想要找出辦法捕捉多餘的體熱，加熱家庭和辦公建築，並且把規模擴大到能夠以永久的循環互利的程度。夜晚人們在家產生的熱能，第二天一早頭一件事就是抽到辦公大樓裡，接著辦公大樓白天所產生的人體熱能則在傍晚時分流入住家。大自然充滿生命泉源的循環，為什麼不把這可更新的人類體熱循環也加進去？

在這敦親睦鄰的黃金法則科技之中，人人都分享來自他們細胞中小小的營火──還有什麼能比這更無私無我？只要走快一點，或者在商店裡東看西找，就能供給他人冰冷廚房所需要的熱，這人可能是你的朋友，但也未必。今天我溫暖你的公寓，明天你為我的教室加熱。這不但有效，而且就像大家聚在洞穴裡一樣平常。有時再沒有什麼比得上舊瓶裝新酒的點子。

我們很難不欣賞瑞典的決心，但其實它原本並非如此。一九七〇年代，瑞典汙染嚴重、森林枯竭、缺乏乾淨的水，用油量更超過工業世界中的任何一個國家。過去十年來，藉著運用風力和太陽能，講求環保的郊區廢水再生，以協力方式進行都市基礎建設，並且實施嚴格的建築法規，使瑞典舉國對石油的依賴劇降了九〇％，二氧化碳排放量減少了九％，硫汙染也降到一次大戰前的程度。一九六八年提案召開聯合國會議，探討我們如何運用和剝削環境的，正是瑞典，而一九七二年會議舉行之時，也是由斯德哥爾摩主辦。這場會議被稱為第一場探討人類環境的聯合國會議，會中強調人類和環境不再是分離的個體，因為我們已經來到了「人既是環境的生物，也是它的鑄造者」的階段。

除了熱切地收穫人類的體熱之外，瑞典人也擅長由其他再生來源為他們的城市爭取能源。舉世最大的能源貯藏單位就位於斯德哥爾摩的阿蘭達（Arlanda）機場下方，在送往迎來的同時，長逾一哩（一點六公里）的地下能源庫也為各航廈五百萬平方呎的面積加熱或冷卻。

在強風吹襲的瑞典海岸，姚金·畢斯卓（Joakim Bystrom）的阿柏斯康（Absolicon）公司已經開發出舉世第一具太陽能集光器，可以同時生產電力和熱能。這種由鐵和玻璃所製的工具用發光的篷狀物追蹤太陽，就像並排的花朵一樣生在公司的屋頂上，為工廠提供熱能。遠在世界的另一端，在智利巴塔哥尼亞國家公園偏遠的一角，阿柏斯康的二十具太陽能集光器就為各旅館提供熱源，讓遊客可以舒適地過夜。該公司的太陽能板則在印度摩哈利（Mohali）一家醫院屋頂上生產熱能、電力，和蒸汽。

瑞典環保小城卡爾馬（Kalmar）及數個鄰城（人口近二十五萬）以它們自己群策群力的方式，做出了巨大的改變——由原本以汽油、瓦斯和電為燃料的暖爐改用再生能源。這個古老的海港城林木茂密，雖然位於瑞典大陸，與波羅的海為鄰，卻又能藉著如網般的橋梁和各島嶼連結。自八世紀以來，它就是重要的貿易城市，如今的市區則新舊交雜，融合了昔日的圓石街道和最時尚先進的辦公室和博物館。一到冬天，就很難分辨峽灣裡的浮冰碎片和卡爾馬城堡鋸齒狀尖塔在水中的倒影。茂密的林木帶來了木料，也因此產生鋸屑和其他木材廢料，可以用來創造地區共享的熱度，高熱的水經由地下網路分送出去。這個地區九成的電力可由水力、太陽能、核能和風力發電供應，城市公用的汽車和公車則以雞糞、廢水汙泥、家庭堆肥，或乙醇等所產生的瓦斯為燃料。油電混合汽車和卡車在大街小巷穿梭，處處都是自行車，節能街燈在黑暗中大放光明。卡爾馬的居民毋需降低熱度或放棄用車，就有六五%的能源來自完全可再生的來源，教他們引以為傲。

要達到這樣的成果，由大企業到小廚房和客廳，各個層面都需要改變。許多家庭和其他建築都採用環保的分區供暖。先前以製造充油式電暖器知名的蘇打屋（Soda Cell）木漿廠改用了可再生的暖爐和熱力泵（業績也成長了一倍）。先前這家公司總把熱廢水倒入冷卻池中，在酷寒的空氣中釋出巨大的蒸汽煙霧，如今它卻利用這些蒸汽來驅動渦輪，並把熱廢水灌進暖爐的管子——不僅為自己工廠提供電與熱，還供應鄰城兩萬家庭之所需。

在卡爾馬的理想中，城裡的每個家庭都該有太陽能板和電動車。這個城市有個崇高的目標，那就是到二〇三〇年之前不再用任何石油。到那時，仰賴天然氣、柴油或汽油就會成為古早的愚行。儘管這不可能一朝一夕就發生，但卻是實際的夢想，而非白日夢。「小規模的勝利很重要，」負責卡爾馬永續大業的布斯·林何姆（Bosse Lindholm）說，「以緩慢的速度走對方向，比以高速走錯方向來得更重要，因為挑戰不在科技，而在於改變人們思考的方式。」

在離卡爾馬不遠處，一面閃閃發光的超自然反射碟像幽浮一樣高高豎起，伸出支腿，彷彿要點燃巨大的烽火，或是為遙遠的船隻燃起火炬一般。里帕索能源（Ripasso Energy）公司豎立了這面如拋物線的鏡子，目的是要捕捉和放大陽光，讓陽光推動一具史特林（Stirling）發動機的活塞。依據該公司發言人的說明，這是「在一八〇〇年代初期由一位蘇格蘭教士發明的裝置，後來經瑞典潛艇製造商考庫姆（Kockums）研究」，結果創造了打破世界紀錄的太陽能，到目前為止是舉世效能最高太陽能發電裝置。里帕索公司的托爾·史文森（Tore Svensson）把這個設計和舉世最大的水力發電廠三峽大壩相比，表示三峽需要多達上千倍的土地，才能生產等量的電力。里帕索的發電廠每年生產十萬座閃亮的「手套」來捕捉陽光，可提供相當於五座核電廠的能源。

我舉瑞典人為例，是因為雖然他們只有這樣有限的原料和少得可憐的陽光，卻能想出各種各樣精彩的設計。這給我們的啟示是：如果有聰明的點子和推廣提倡它們的文化，就不需要明艷的陽光。

中央車站的熱能分享和鄉間的環保中心只不過是瑞典更大規模永續拼圖的一部分，其中教人特別矚目的一片拼圖，是這個國家如何處理其廢物。在瑞典，九九%的家庭垃圾不是回收，就是用來再生能源，只有極少量送去掩埋場，其餘的都一絲不苟地收集起來，送進備有最先進過濾器的焚化爐，為二十五萬個家庭生電，並提供全國暖氣網二〇%的暖氣。只有一個問題，那就是瑞典人產生的垃圾不夠讓發電機持續運轉。聽來奇怪的解決之道是瑞典向挪威及歐洲其他國家進口八十萬噸的垃圾，挪威付錢給瑞典作垃圾處理，而瑞典卻因此產生更多的電力和熱能。挪威的垃圾不見得潔淨（誰的是！），瑞典因為不想讓海岸上留下更多的汙染物，因此由焚燒的灰燼中收集了有毒化學物質和金屬，送回挪威掩埋。德國、荷蘭和丹麥也由其他國家進口垃圾，好讓他們的焚化爐能繼續發電。

人類才剛剛開始探索新奇燃料來源的領域，比如根據風車的原理，取用火車行進所產生的能源。火車駛過之時，會掀起一股強烈的熱風，捲起沙塵，報紙也會被吹下月台。這樣的風可以由北非吹過地中海到南歐。只要靈機一動，就會想到我可以運用它，一如我們的老祖先當年看到動物的足跡盛著水，也靈機一動想到可以運用它一樣。南韓的設計師洪善慧（Hong Sun Hye，譯音）、柳成賢（Ryu Chan Hyeon，譯音）和趙新英（Sinhyung Cho，譯音）發揮這樣的風效，設計出運用火車飛快移動來提供城市電力的方法。他們的「風道」（Wind Tunnels）是一個地下鐵路線網，捕捉火車走過所吹起的風，匯入地下鐵牆面上的渦輪和發電機。如果有更多的通勤者仰賴地下的火車，在地面上就不會有那麼多的交通噗噗前進。在都市動脈的嗡嗡哼唱之中，「風道」就會把電力輸送到公寓和辦公室裡。

高速火車巨大網路之鄉中國，同樣也受到捕風計畫的誘惑。如果這點子能在那裡行得通，那可能是因為千百年來中國文化和寺廟中早就有風車出現，這是命運轉輪的有力象徵，意味著拋棄噩運，迎接好運。風力渦輪隱藏在枕木之間，把電力灌入電力網的井裡供火車使用，完成整個循環。

或者還有另一種方法再生火車的力量：把它存起來。我駕著我那老舊的普銳斯（Prius，豐田汽車在一九九七年推出的油電混合車）在路上行駛時，心知只要我踩一次煞車，它就會把電力存進它的電池。在低速駕駛時，它使用電力，只有在公路上高速奔馳之際，它才會燃燒汽油，不過這種花用和貯存平衡得很好，我幾乎不需要加油。在費城，賓州東南地區交通局和綠色能源（Viridity Energy）公司合作創造混合動力地鐵，達到同樣節能的效果。只要火車轉彎或進站時煞車，就能把能源存進連在共享電網上的大電池裡。

依照這樣的方式，旅行的觀念也由把人由一地送到另一地的過時想法，逐漸轉變為轉借利用和回收再生的觀念——有紅利的交通。這當然也適用於汽車和巴士，許多公司都希望以更少的能源達到更大的哩程，而且最好是運用如氫或電這類可以再生的能源。關於這點，一個新的點子是「綠蘋果」概念車，之所以取這個名字，是因為它的設計是當作紐約市的計程車使用，在紐約旗下的五個行政區提供街頭招車（street hails）的載客服務（原本紐約市只有黃色計程車可以在紐約市街頭招客，電召車只能以預約方式載客，不能隨意在街頭招客）。這不但不會增加碳足跡，甚至還可以抹除一部分碳足跡。這種三人座汽車形如空氣動力的太空帽，由渦輪提供動力，吸入汙染的空氣，經淨化再排放回街上，就像四處找碴的空氣洗刷機一樣。記得小時候坐在由爸媽推來推去的吸塵器上嗎？是的，以這種方式淨化的空氣可以老老實實取名為「再生廢氣」，但那有什麼樂趣？

提到樂趣，有些集風的點子好像是來自大鳥籠或是科幻小說一樣。此時我腦海裡就浮現幾個我喜愛的點子，一個是紐約設計公司DNA工作室（Atelier DNA）創造的「風桿」（Windstalks），為阿布達比的馬斯達市（Masdar City）提供乾淨的能源。這是地景藝術作品，目標是要在它振動、搖擺、顫抖，「盡可能漫無章法」的動作之際，提供風力，同時也保持美觀。這個俗世之外的綠洲吹起如魔咒般的和風，讓設計師的敘述散發出難以抵擋的閒適和渴望：

> 我們的計畫始於一股欲望，一聲低語，就像水中撈月一樣，似乎無濟於事。我們的計畫受到麥田的風或者沼澤的蘆葦搖動啟發……共有一二〇三枝風桿，高五十五公尺，固定在水泥基礎的地面上……風桿最頂端的五十公分是LED燈，視桿子在風中的搖擺程度明滅。沒風的時候……桿子就變暗……下雨之時，雨水滑下基地斜坡，聚在其間的空間裡，保住珍貴的水。在這裡，植物可能恣意亂長……你可以靠在斜坡上，躺下來，

逗留一下，聆聽風吹桿子的聲音。但我們的計畫並不僅僅是欲望而已。

相較之下，我喜愛的另一個點子則不會像風桿一樣在沙漠裡歌舞，而是有點像香汗淋漓在吹風乘涼的壁花。我在荷蘭台夫特科技大學（Technology University in Delft）的草地上，看到世人一定會以為是時間傳送門的物體，這一大片長方形的光滑鋼製窗框矗立在空中，但卻並沒有隨著涼爽的春風顫動。由於它就樹立在電機工程數學和電腦科學大樓外，因此若你覺得它像點陣印表機，也是情有可原。它也可能是未來派的雕塑，只不過它實際上是沒有槳葉的渦輪，不會傷害鳥類或蝙蝠，由台夫特科大、瓦罕寧恩大學暨研究中心（Wageningen UR）、麥肯諾（Mecanoo）建築公司，以及其他企業共同合作，是政府替代能源方案的一部分。在目前這個階段，它雖只是先驅的原型，但卻指出了化風力為電力的一種方式，儘管它並沒有任何活動的零件，也並不會時明時暗，沒有發出教人發抖的震動，也不像安達魯西亞腹地或鱈角周遭傳統三葉式風力渦輪所發出教僵屍復活那樣的聲音。難怪來來往往的學生都瞪大眼睛，不由自主地露出微笑，他們的想法說不定和我一樣：這玩意兒怎能發揮效果？

幸好迪拉吉．吉倫（Dhiradj Djairam）和約翰．史密特（Johan Smit）這兩位協助設計的台夫特科大教授為我解了惑。技術上，它是個風車，其設計是要藉著風力轉動來產生能量，這是名聞遐邇的荷蘭傳統——只是其葉片並不轉動。吉倫說：「我們讓風移動帶電分子迎向電場的方向，使風力變為電力。」

不固定的鋼架繞著水平的管子，就像百葉窗一樣，創造出帶電荷的微小水珠。隨著水珠誕生，接著飛快地被風吹走，也刮去了可以流入城市電力網的電流。不論是圓是方或長方形，矗立在迎風的高大建築或者沿著海岸成排並列，這些靜電風能轉換技術的風力轉換站（ewicon windconverters）有朝一日很可能會像電視天線四處林立，但至少在眼前，它們就像巨大的吹泡泡桿一樣神奇。或者它們就像通往未來的時間門，藉著在錯綜複雜的邏輯，你雖然依舊是你自己，擁有你個人的癖好和缺點，再加上屬於我們這時代的見識和無知，卻又能感知未來的地球人會以什麼樣的方式生活，他們的周遭是千變萬化的科技奇觀，但他們卻司空見慣不以為意，一如我們面對我們所熟悉的科技世界一樣。他們能掌握什麼樣的再生能源？他們要怎麼把風關進柵欄，驅動太陽的馬車？

想想我們那位未來的地質學家奧莉薇站在海岸邊，或是大都會中心，或者低懸的軌道上，回顧我們的時代。她想道，**人類世之初的那些人，他們怎能忍受這麼多的疾病，這麼多的天災，而且還汙染他們自己？為什麼他們花了這麼長的時間才發現——**這裡你可以自行填空，**直升機、無槳葉打風機、氫氣車？**

在此同時，台夫特科大則在研究其他空氣傳播的風力形式，包括一種「梯落式輾磨機」（ladder mill），這其實是一串風箏，其葉片乘著疾風在空中高飛。吉倫說，「只要我們拋開渦輪非得要有鋼腳不可的想法，就能把這風化為我們電力供應的來源。」

說到由教人不敢逼視的太陽獲取能量，我們才剛剛起步摸索它的雌威而已。這幾千年來，人類一直都崇拜太陽，也有很好的理由，只是近年來我們卻很少停步讚嘆它如何造福我們的生命。它伸展到我們私人宇宙裡最陰暗的角落、刺激我們成長，為我們所有的的經歷和努力帶來光亮，美化所有地方的白晝生活。它那可供食用的光芒餵飽了陸地和海裡的綠色植物，供動物食用，我們再食用牠們，因此它在我們的血液中顫動。我們人類的每一個分子，體內的每一粒塵埃，每一個原子，人體華廈中的每一個屋簷和心智的每一個陰影，都是在太陽初的混沌中打造。唯有死亡，才會讓我們與太陽的長久對話結束。我們世界的其他基礎成分或許源自較小的天體，比如我們挖出的黃金是來自兩億年前小行星耀眼的爆炸，但太陽的氣息才是使所有生物得以存在，得以思索的原因。

也許你會以為這對直立猿的物種已經足夠，但我們絞盡被太陽鍛鍊的腦汁，要找出更新的方法捕捉和征服太陽，為我們生活的其他面提供能源。在整個人類世中，只要我們燃燒燃料——這其實是一種埋藏的陽光，就是在利用它，讓自己保暖，為我們的帝國提供能源。工業革命就是以太陽能為主。如今我們只是跳過二手的部分，直接接觸那燃料的泉源。木、煤、油，或瓦斯畢竟只是中間的媒介，使用它們只是顯示我們這個物種的不成熟和缺乏自信而已。

瑞典的里帕索能源公司並不是唯一開始在太陽能上有卓越表現的企業，儘管太陽能還不如石油燃料那般有利可圖，但這只是遲早的事，因為如果我們要比我們所有的傑作和戰利品都活得更久，就非得如此不可，而且要快。在內華達，全球最大的太陽熱能發電設施伊萬帕（Ivanpah），已經向莫哈韋沙漠的地平線伸展，它的確該如此。美國接收的陽光和歐洲陽光最明媚也是太陽能最集中的國度西班牙一樣多。未來幾年，範圍深遠，耗資四千億美元的沙漠科技（Desertec）計畫，將由非洲陽光滿溢的沙漠收穫太陽能，用管線送到全世界。每天充足的陽光都曬在北非大陸，足以供應全非洲和歐洲的電力，而沙漠科技的終極目標，就是在沙漠收集足以供應整個地球電力的陽光。

在德國，太陽能板排列在屋頂上，就像光滑的吉他彈片一樣，或者因為鐵道旁受抑制的電力而閃閃發光，或者像綴著珠子的女裝一樣在山坡上綻放光芒，在公路上陪伴在車旁，樹立在桿上，或者如向日葵一般迎著天空。它們觸目可及，由市中心的公寓到穀倉和老舊廢棄的軍事基地。在艾勒希太陽能公園（Gut Erlasee Solar Park），蔓草在太陽能板中叢生，眼看就要遮蔽它們，負責維修的是一群正在吃草的羊，牠們盡忠職守地剪除這些入侵者。德國南部的巴伐利亞省是一百二十五萬居民的家園，每個人都有三面太陽板，雖然德國並沒有大量的直射陽光，但在二〇一二年五月一個陽光燦爛的日子，它卻收集了來自太陽二十二吉瓦（一吉瓦等於十萬瓩）的太陽能——就如二十個核能電廠所發的電力，佔當天全球所收集太陽能的一半。

德國在一九九一年通過有遠見的立法，不但提供經濟上的誘因，也靠著這方面受過良好指導的人民，深諳再生資源的重要，因此德國成了再生資源的世界領袖，藉風力、水力和太陽能，提供全國四分之一的能源需要，其中又以太陽能佔最大宗。在太陽能科技研究和設計上，德國的企業也成為先鋒。陽光雖然免費，但要用它們並不便宜。太陽能的花費依舊比化石燃料或核能昂貴，不過自二〇〇六年以來，價格已經降了六六％，可見經過鍛鍊的陽光很快就會像煤一樣負擔得起。同時，政府盡力補助太陽能研究，投資人也大力支持。但在印度和義大利，即使沒有政府的贊助，太陽能研究依舊如火如荼，中國也搭上太陽能的順風車，他們發揮天賦，價格劇降，因此讓德國科技公司黯然失色。在理想中，每一個家庭都該有太陽能板和可負擔的純電力車，可以插進太陽這距離地球九千兩百九十六萬哩的灼熱插座。

全球許多社區和國家都在尋找有創意的新方法，要收成並且再利用能源，只是大部分民間的行動並未獲得媒體青睞；儘管在地方上有莫大的改變，但世上其他地區對此卻不得而知。婆羅洲達雅族（Dayak）的村民已經採用氫和（來自溪流的）水力發電機來取代柴油發電機。在曾因交通阻塞而寸步難行的巴西大城庫里奇巴（Curitiba）市，七〇％的通勤者如今都搭公車，每年省下兩千七百萬公升的汽油，並且也減少了空氣汙染。

氣候的變化如此明顯，野生動物和淡水也越來越稀少，因此也越來越少人會愚蠢到否認這些證據。在我們昂首步入人類世之際，也正是要讓我們自己重新回到地球的生態系統，搏得地球的歡心。即使「永續性」這個詞聽來討人嫌，媒體卻喋喋不休，讓它在學校裡生根，打中各行各業的要害，不論在小鄉村或大都會，它都進入了主流。我們正在經歷一場革命，思索它並不是對工業革命的反應，也並非在經濟大蕭條和後來的一九七〇年代流行的回歸大地運動。或許有時候，我們面對地球逐漸減少的資源，就像被汽車頭燈照射而受到驚嚇的小鹿，但同時，我們也開啟了全面永續革命的那扇門。我們對房屋和城市的基本觀念已經開始演化，要轉化成更明智、更環保的生存模型。

PART 3

自然還「自然」嗎？

chapter

3-1

自然還「自然」嗎？

我在一面凸窗前寫稿，這扇窗懸在一株茂盛老木蘭樹身的一半。每到春天，木蘭樹就綻開光滑如蠟的粉紅色花朵，形如白蘭地酒杯。老樹為鷦鷯和山雀提供巢舍，供貓頭鷹和疲憊的蜂鳥棲息，任黃腹啄木鳥吸吮糖漿，也隨松鼠在它的樹葉之中撲躍。它的鄰居，一株巨大的梧桐，把數十枝彎曲的枝幹伸向天空，在熊掌大小毛茸茸的樹葉之間捕捉陽光。小鹿在它底下遮蔭，棕蝠在這裡作窩，金翅雀則逡巡其間，尋覓可食的裝飾品。兩株樹開枝散葉，宛如有許多支流的樹枝河道一般流瀉。它們和昆蟲與動物討價還價，過自己的光陰，擁有我完全不懂的本能和技術。樹木或許沒有大腦，但它們有層層疊疊的記憶，強烈的渴望，技巧，和本領。我們全都是同一個硬殼星球的子孫，但我們卻又如此不同，因此有時我們似乎居住在異星宇宙。即使罪犯的心靈都比樹木明白易懂——我們無法進入樹木的本質，它並不容納我們。

就像大部分人一樣，我以為木蘭、無花果樹，和動物都屬於綠色曠野的自然領域，在這個天地裡，其他種類的生物各自忙著追求自己的生命週期和神祕的目的。在以人為中心的世界裡，大自然的卓爾不群就是莫大的安慰與誘惑。環保作家比爾．麥奇本（Bill McKibben）認為，「大自然的獨立就是它的意義；沒有它，就除了我們之外，什麼也沒有。」大自然的古老遠遠超過我們的想像，它提供我們逃避滾滾紅塵的避難所，這裡沒有社交的迷宮、浪漫的糾結，也沒有希望和障礙。或者，至少看來如此，但真是如此嗎？

我的木蘭樹屬於比蜜蜂更古老的一個品種（它的祖先是由甲蟲授粉），當然也比人類古老。化石告訴我們的故事是，木蘭的歷史可以追溯根源到一億年前，它的家族經歷了冰河時期、山巒升高和大陸漂移，依舊存活下來。它的傳承恐怕比五指湖畔的山坡還老，然而它的生命並非由我位於紐約上州寒冷的後院開始。阿茲特克人讚賞它，為它取名Eloxochitl，「綠殼花朵的樹」。來到新世界的西班牙探險家則醉心它如少女臉蛋般紅嫩光滑的大花瓣，把它的根和巧克力、香草和艷麗的胭脂紅染料等新奢侈品一起用船運回故鄉。到一七三〇年，木蘭已經在許多歐洲花園內生長，和其他的品種雜交，演化成強健的裝飾用木蘭，最後再度飄洋過海，回到大西洋彼岸，裝飾北美南部的家園，通常都種在前院。最後園藝家把這奇珍異卉賣給了北方的苗圃經營者，其中一位又把它賣給了我房子上一任的昆蟲學者屋主，他必然深情地為它澆水施肥，悉心照顧。

這株雄偉的老木蘭和人類的設計與愚行息息相關，因此不能說它是「野生」的，而該說是我們人造世界的一部分。它更像與人共處的家畜，提供美，也讓我們憶起曠野。那株梧桐亦然，儘管我住在山坡頂上，梧桐卻經常生長在河邊或濕地，在曠野和溪流之間的綠色河岸欣欣向榮。美洲原住民偶爾會用它的整條樹幹刻出獨木舟。樹上長滿了形如蘋果的果實，每一顆都是小小的史普尼克號（Sputnik）人造衛星，生著成簇的毛，盡是種子。但我的這株梧桐其實卻是「懸鈴木」，這是美洲和東方梧桐雜交的耐病品種。因此它也是天涯遊子，或至少它的基因是。

至於野鳥，我用糖水餵蜂鳥，並把種子留給黑眼雀、五子雀和金翅雀。許多烏鴉都戴著臂章，好像在不斷地抗議。這是因為本地的鳥類學者正在作研究，每一個臂章上都有數目字，人類最愛的記號。這些標牌都是小心地為鳥兒戴上去的，應該不會妨礙牠們的活動。有時候我會看到烏鴉在整理牠的標牌，彷彿那是另一根羽毛。就像樹木一樣，鳥兒過的也不是分離獨立的生活。人類已經干擾了牠們的行蹤、數目、健康，和基因庫。

和室內生活相比，我把這個充滿鳥兒、樹木和動物的景物當成「自然」。由這樣的角度來看，電話桿和房產界線的圍籬、有線電視的電纜和金屬郵箱、柏油街道和隆隆作響的汽車，與遠方換檔卡車的琶音，全都屬於人類所製造的世界，是充滿無盡福祉和艱難困苦的人造天堂。

對於我們那鋪上柏油路面，四處蔓延的都市城鎮有個神話，那就是我們把動物趕了出去，竊取了牠們的棲地，其實不盡然。我們或許排光了沼澤的水，砍倒了森林，用購物中心取代了草地，放逐了一些動物，但由於我們也需要自然，因此創造了新的生態，恰好對野生動物十分友善，甚至比曠野更能吸引某些物種。我們的建築盡是空間和縫隙，可供動物藏身。我們裝設了水池、鋪了草坪、栽種了果實可食的樹林。我們在路旁留下垃圾，並且設計了澆好水施好肥的花壇，提供小鹿美食的饗宴。在這個過程中，我們不斷創造新的機會，而且通常都是無心插柳。

人類世的城市已經創造了少數物種的族群，能與人共存的物種——主要是鹿、地鼠、貓、鳥、狐、臭鼬、浣熊、家蠅、麻雀、老鼠、猴子等等。只要搜尋被迫生活在我們陰影下的動物，就能找到這些在都市裡謀生的物種，牠們靠我們留下的東西為食，在我們的鋼鐵和塑膠之外，加入化石的紀錄。但我們也在重塑牠們的演化，因為都市動物（包括人類）為了適應城市生活而改變了牠們的習慣和心理。住在公園和動物園的動物適應了我們自然的生理韻律和景觀。

越來越多的鳥棲息在都市裡，牠們找到許多可吃的食物，但牠們的生理時鐘卻向前轉移。格拉斯哥大學的鳥類學家芭芭拉．韓姆（Barbara Helm）以慕尼黑的烏鶇和牠們的蘇格蘭表親相比較，結果發現都市的鳥兒比較早起，牠們的生理時鐘走得也較快。就像相對應的人類一樣，牠們在都市裡的步調較快、工作時間較長，休息和睡眠則較少，在這裡，向上照射的燈光湮沒了群星，而我們手製的美麗星座則群聚在地面之上。都市裡的雄鳥也更快換毛，更早性成熟。相較之下，鄉下的烏鶇則以傳統的方式展開牠們的生活，黎明才起，並不匆忙，睡眠也更長。

「我們的研究首開先河，證明野生動物如果和人類共享棲地，就會有不同的生理時鐘，」韓姆結論說。

和她一起做此研究的同僚——馬克斯．普朗克研究所（Max Planck Institute）的大衛．杜米諾尼（David Dominoni）補充道，對都市裡的鳴禽來說：「早起可能獲得找到配偶的優勢，因此更有機會繁衍後代，傳遞牠們的『時型』（chronotype，即獨特的晝夜節律）——一天當中身體功能最活躍的時間。其他研究也顯示，時型很有可能遺傳，因此天擇的過程可能意味城市的鳥兒發展出偏好早起的習性。」

我們胡亂地播弄演化發展，讓我們的寵物和植物（以及在我們周遭的野生動物）都服從我們所打造的光與暗、睡與醒、梳洗、運動和進食的時刻表。四時已經讓步給一種長期的恆定，後者有它自己的美，以及在大自然裡很難得到的穩定。在人類世，我們不但操縱時鐘，把我們的日子分為微小而平均的區隔，而且還用陷入玻璃之中的惰性氣體點燃黑夜。在這個過程中，我們重新打造晝夜節奏，也重新設定這星球上其他生物的節奏。

在伊索寓言《城市老鼠和鄉下老鼠》的故事中，兩隻表兄弟老鼠互訪，城市老鼠對粗鄙的鄉下食物嗤之以鼻，而鄉下老鼠則覺得城市生活固然多彩多姿，但卻危險得吃不消。他明智地認為：**我寧可啃豆子，也不要每天驚心膽戰地過日子。**然而拜我們之賜，當今的城市老鼠也長出大腦袋，為的就是要克服無所不在的危險。不只是老鼠而已。根據明尼蘇達大學貝爾自然歷史博物館（Bell Museum of Natural History）研究員的說法，我們至少讓十種生活在都市的物種——包括野鼠、蝙蝠、鼩鼱（shrews，一種形似小鼠的哺乳動物）和地鼠在內，都長出至少比牠們鄉下表親體積大六％的腦袋。老天爺，更聰明的鼠類！這可真駭人。我們在牠們的樹林和草地上砍伐栽種，只剩下最聰明的動物才能生存，牠們改變了飲食和行為，適應人類主宰的環境。這些動物的確把牠們的大腦袋基因傳遞給牠們的子孫。牠們是幸運的一群，並不是所有的動植物都能躲開我們或者逃避演化；唯有最適應的才能繼續存活。

有些動物為了配合都市生活，甚至身體也開始有了新的變化，其速度快得足以讓生物學者及時追蹤。查爾斯·布朗（Charles Brown）只要在內布拉斯加一望無際的平坦公路上，看到剛被撞死的崖燕，就會停車查看。這種燕子的喉部呈栗棕色，生著白色的額頭，淺色的胸部，還有長長的尖翅，牠們喜愛懸崖，這是牠們祖先傳下來的棲處。我曾在加州大蘇爾（Big Sur）的懸崖上欣賞過牠們成群結隊飛行特技表演的英姿，牠們的叫聲——在高而尖銳的喊喊喳喳中夾雜著女妖吵架的聲音，和拍岸的大浪互相呼應。

然而崖燕卻需要懸崖。近年來，由於城市不斷地蔓延，牠們也只好把葫蘆形的泥巢黏貼在建築物上，高架的公路下，或者藏身在鐵軌的支架之中，在我們的混凝土懸崖上打造數千同伴共存的聚落。

布朗是塔爾薩大學（University of Tulsa）的行為生態學者，三十年來他由鳥兒的一個聚落到另一個聚落，一直在觀察這些鳥類的群居生活，也經常看到鳥兒在車輛的漩渦裡喪生，這時他就會停車檢查牠們的腳環，或者收集鳥兒的遺體作研究。

「久而久之，我們注意到路上的死鳥越來越少，」他說。

更教人驚訝的是牠們的翅膀。死在路上的崖燕翅膀比他用霧網（mist nets，鳥類學者捕鳥作研究用的尼龍網）抓到的崖燕翅膀長。這兩種變化——意外而死的鳥兒減少，和死與活的鳥兒翅膀長度的差異，讓他有了驚人的結論。如果崖燕要安全地飛越公路，就必須快速地在車陣中穿梭，躲避來車，因此對兩翼短的「戰機」較為有利。長翼的燕子較適合鄉村生活，牠們經常在都市中意外死亡，只留下短翼的崖燕繁衍子孫，成為主要族群。這一切都在幾十年間發生。

「在公路旁的長翼崖燕恐怕難以像短翼的燕子那樣快速起飛或快速升高，因此較容易撞上來車，」布朗說，「這些動物可以非常迅速地適應都市的環境。」

由於我們的科技，烏鶇、崖燕和其他動物以這麼快的速度演化，對此我們該有什麼看法？牠們會不會變成新品種？或者牠們只是我們這時代的新市民？

是什麼使得自然得以自然？這是人類世的根本問題。早在有城市之前，早在我們以一望無際的人類覆蓋整個地球之前，自然就已經繁榮生長，野生動物在我們之間生活，我們的辛勤耕作和我們的機器都牽扯牠們的命運。儘管我們努力想要讓城鄉分離，但即使人口最稠密的城市，依舊是可以滲透的空間。我們決定曠野的界線和城市的起終點，郊區四面八方擴展，取代了以往林木茂密的城鄉緩衝帶，兩個世界之間的轉換區。如今野外和都市的動物天天都會相逢。

我們有很強的地域感，因為它帶給我們豐富的回憶，不過其他的動物也遵循牠們的地域感。研究證明紅喉蜂鳥年年都飛同樣的路線，迂迴地造訪同一家後院。一對熟悉的綠頭鴨每年春天都會在我家屋後親熱。無數的動物都會回到同一個特殊的地點交配或作窩，而且會繼續如此，縱使我們大規模地分割牠們的世界，安置我們喜愛的材料、植物和動物也改變不了。我們宣告某一塊房地的歸屬，用我們的物品作氣味標記，驅趕野生動物，以為牠們會彬彬有禮地鞠躬下台，沒想到牠們就像敏感的暴君一樣，非但不理不睬，而且還在牠們喜愛的地點重新安頓，不免教我們大吃一驚。

習慣城市生活的動物往往並不會讓我們看見，牠們夜間獵食，或者在陰影裡爬行，一旦我們面對面碰上牠們，總會感到意外，但我們忘了動物王國是一塊地盤，牠們經常不經通告就來訪。就算先前的住客悄悄逃走，或是重新安排牠們出沒的時刻表，還是有新的物種會像不知由哪裡冒出來的親戚一般神出鬼沒。等你發現牠們可不是到此一遊的訪客之時，牠們已經生了根，宣告成立了一個小王國，擾亂了你的鄰居，在你的日常生活中添加了一些小附件，只是未必是你喜歡的附件罷了。

在一九九〇年代之前，芝加哥的街頭從沒見過土狼，如今卻有兩千隻藏身其間，牠們喜歡在公園、墓地和池塘邊出沒，通常見人就躲，但經追蹤調查，也發現牠們會在一天之內越過上百條道路，進入住宅區的紀錄。在阿拉斯加，駝鹿（moose，體型最大的鹿，鹿角成扇狀分岔）經常造訪民宅，闖入庭院，爬上門廊覓食。儘管牠們有角，體型又巨大，卻能躍過籬網。在佛羅里達的高球場，鱷魚常常是另一種水障礙。住在湖邊的居民都知道要把他們的吉娃娃關在屋裡以策安全。山獅在蒙大拿的城裡獵食；美洲獅則在加州跟蹤慢跑人士；加拿大馬鹿（elk，鹿角成樹枝狀分岔）則在科羅拉多住宅區徜徉。佛羅里達州傑克森維爾（Jacksonville）的一名婦女掀起馬桶蓋時，一隻水蝮蛇一躍而起，咬了她一口；另一名婦女，這回是在布魯克林，則在馬桶裡發現一條長達七呎的蟒蛇。花豹在入夜的新德里街頭徘徊。在澳洲墨爾本的皇家植物園，瀕臨絕種的灰頭狐蝠建立了共有三萬隻蝙蝠的棲地，牠們是受到植物園所培養的本土植物所吸引而來：八十七種健全樹種，生有牠們喜歡的果實，這是全年供應不斷的綠洲。既然如此，又何必冒險去內地覓食？而最奇怪的可能是喜歡住在曠野地裡的土撥鼠，如今也改在我們的都市裡挖掘牠們的城鎮。

不過，既然我們逐漸明白在未馴的曠野和高度開發的地區之間並無明顯的界線，也就有越來越多的人想要協助固執的動物，在我們的迷宮之內找到牠們的道路。

一隻八個月大的土狼因為迷路，而來到西雅圖鬧區，牠對街道和建築物而感到迷惑，越來越慌張害怕，於是衝進牠必然以為是陰暗的避難所，沒想到這是聯邦大樓敞開的大門，牠在打蠟的地板和狹窄的走廊上打滑，撞上玻璃、牆壁，和驚慌失措的人們。接著牠看到一個可以藏身的洞穴——開著門的電梯，於是一溜煙鑽了進去，門也關上了。足足三小時，這可憐的小東西在那金屬箱子裡踱來踱去，直到州政府的漁獵暨野生動物局派人逮到牠，把牠送到市外野放。

遲緩卑微的淡水龜怎麼會造成大規模的擾亂，實在很教人訝異。不久前一個六月天，一百五十多隻的鑽紋龜急急越過紐約甘迺迪機場的四號跑道，耽擱了降落的航班，中斷了起飛的班機，教航管員氣得跳腳，時間表大亂，空中交通失序了三小時多。龜類或許是冷血的爬蟲類，但牠們也很堅持而執著，千萬不要去干擾即將生產的母龜。

鑽紋龜的殼上有美麗的花紋和隆起，牠們在一起爬動，就像大片銀河在移動一樣。我們總以為牠們的殼是無生命的甲冑，但其實它依附在牠們的神經系統上，不只是外在的保障，也是牠們內在世界不可或缺的一部分。牠們既不住在淡水中，也不生活在海裡，而是長在沿岸沼澤帶鹽味的泥漿裡。春天交配之後，牠們得要到陸地上產卵，因此在六、七月就會移往牙買加灣（Jamaica Bay，位於紐約長島西南部）的沙丘地，而最短的路徑就是直直穿過一旁種了灌木的停機坪。

難道這些勇敢的鑽紋龜沒有注意到我們的飛機？恐怕是沒有。即使伸長滿是斑點的頸項，牠們依舊沒辦法看得太高，而且和——比如說獅子，不同的是，牠們的眼睛並不能追蹤迅速移動的獵物。牠們慢條斯里地按著四季運轉生活，因此飛機恐怕就混入環境背景之中，像是風大的天氣一樣，對牠們並不是威脅。只是飛機會產生很多熱，鑽紋龜一定會覺得這趟越野之行頗有壓力。更不用說還會遭到驅趕。在機師和航管員開了一會兒小玩笑之後，港務局人員大駕光臨，把這些龜一隻隻鏟進卡車，直送附近的海灘。港務局發言人隆・馬希柯（Ron Marsico）說：「我們讓路給大自然。我們在鑽紋龜世代繁衍作窩之處建設，因此我們覺得送牠們一程義不容辭。」

甘迺迪機場位於牙買加灣海岸線和聯邦保護的公園上，幾乎可說四面環水，因此它座落之處野生動物繁多，因此飛機會撞上海鷗、隼鷹、天鵝、雁、鶚、甚至雙翼如雪的雪鴞（來自北極），都不足為奇。要不然，每一年夏天都會有另一次的海龜大潰散，有時會造成長時間的航班延誤。身為私人飛機的機師，我記得機場如何處理動物的「危害」——用槍。如今能有其他的解決辦法，由遷移到重新造景，以和平共存為最佳選項，實在教人高興。

我所住的城裡有許多野生動物造訪，由星鼻鼴和老鷹，到水獺、吐綬雞、狐和臭鼬。白尾鹿的數目太多，足可獲頒居民資格。上週我很吃驚地看到一隻土狼躡手躡腳地走到我廚房窗戶外的餵鳥器，原來下面坐著一隻胖乎乎的兔子，正在大嚼餵鳥器落下的種子。我打開窗戶招呼土狼，牠轉身快步鑽進車道兩旁的草叢去了。昨天黃昏我又看到牠，這回牠成了黃色的斑點條紋，在我後院的樹叢中穿梭。我花了片刻才解讀出牠的花紋，又花了片刻才為在草地上吃酢漿草的那兩隻小兔寶寶擔心。

一個下雨的早上，天陰得連灰色斑紋馬都可能在雨裡迷失，我住的村子開了公聽會，要決定本地鹿的命運。上百居民大聲疾呼，反對修訂槍械法的提案，這個提案是請野生動物處理公司在住家、學校和庭院五百呎（一百五十公尺）外，下餌並射殺鹿隻。這些鹿受到玉米誘餌的吸引，會遭十字弓和步槍射殺。由於流彈和箭可能波及居民，因此村子打算購買數百萬美元的第三人責任險。以這種方式處理鹿隻問題，是危險而極端的手段，可以想見抗議的聲浪有多麼熱烈。

有些屋主視鹿為禍害，主張射殺鹿隻。在他們眼裡，不是鹿死，就是他們的園藝景觀會報銷。有幾位喜歡種花蒔草的人說，鹿的確吃了他們許多植物，但他們支持用圍籬而非槍彈來解決這個問題。一名男子懇求理事會成員讓大家與大自然和諧共處，聲淚俱下。另一名心理學者則指責理事會陷入「團體迷思」（group-think），鹿成了新近遭到妖魔化的少數群體。作母親的擔憂孩子放學路上或在戶外玩耍時的安全，恐怕他們遭流彈波及——也擔心孩子看到受傷的鹿死亡時會受到心理傷害。

一名小女孩問她媽媽：「要是他們把所有的鹿都殺了，聖誕老人怎麼送禮物？」

另一位母親說，她孩子唸的小學正在教和平仲裁，她問道：「我該怎麼解釋成年人雇用殺手射殺鹿隻，藉此解決問題的虛偽？」

「鹿籬太多——就像住在戰區一樣！」一名主張殺鹿的人喊道，但另一名主張拯救鹿隻的人馬上回嘴說：「你覺得未來十年都要請狙擊手在村裡開火，比較不像戰區嗎？」

大多數的抗議者都向理事會求情，想試試圍籬和絕育的作法。但也有人主張，就法言法，理事會必須服從大多數人的決定，開始殺鹿的行動。有些人澄清長久以來以為鹿和萊姆病息息相關（白腳鼠是宿主，殺鹿並不會驅走帶有細菌的蜱，這種蜱寄生在二十七種哺乳動物身上，包括貓狗在內）的迷思，也有人主張鹿並非造成最多車禍案件的罪魁禍首（超速和酒駕才是），或者反駁控制生育的方法會失敗（免疫避孕法在國家公園發揮了效果）。避孕所費不貲，但每年雇用神槍手，還要付第三人責任險，也同樣昂貴。

教我吃驚的是，有些主張殺鹿的人流露出恐懼和厭惡的口氣，那是因為受到曠野侵襲，被大自然混亂力量壓倒，而產生的驚慌，彷彿我們談的根本不是鹿，而是佛洛伊德所謂的本我，那心靈的野生魔鬼，我們幾乎約束不住，時時都會感情用事、發情，和殺戮。萬一大自然的野性發作怎麼辦？很快地，鄰居的後院都會長滿不守規矩的野草。或者他們在秋涼時節不再清掃落葉，各色的葉片讓每一個人的草地窒息。四腳的獵食者會招來最多的驚恐，但若吐綬雞和鹿都能找路進入郊區，那麼生了毒牙利齒，血紅的眼睛刺穿黑夜的兇猛動物，難道還會落後很遠嗎？

然而，在此同時，我們心中卻有所動，憶起我們曾與動物為伴的回憶。就在不久以前，牛、山羊、馬，和其他動物都在室內我們身旁入眠，或者至少和我們共享同一個屋頂。如今世上還有些地方依舊如此，只是大部分的人都已經在城市和郊區豎起灰泥牆面的帳篷，把動物排擠出去，尤其是野生動物，並且把牠們越趕越遠，到日常生活的邊緣。

在心智的迷霧中，我們已經喪失了長久以來與其他生物共處的訣竅，我們豎立高牆，把大自然關在門外，並且因為把家裡打掃得一塵不染而沾沾自喜。接著我們用花束裝飾我們的房子，養寵物，並且在我們生活中的一切都灑上香味。我們在牆上裝設窗戶，安置四季（空調和暖爐），並且在每一個房間都裝上至少一個正午的太陽，好在我們身上灑落陽光。這豈不教人迷惑嗎？

就連在室內，我們也在周遭豢養同伴動物，作為我們和大自然之間無人區的橋梁，介於我們的猿性和文明之間。拴上皮帶的狗並不是真正被主人馴服，這是雙向的束縛，牠的主人同樣也經由這皮帶，延伸到自己個性中純粹是狗的部分，只想吃睡吠叫交配和在地面上歡喜撒尿的那部分。我們全都有這樣的感受。大自然充滿了活力和偶然，我們也一樣——這並非寧靜的組合，或許只能用矛盾的辭彙來形容它，比如井井有條的混亂，只是我們對矛盾並不安心。矛盾把人的心智拉向相反的方向，混淆了我們追求單純真相的努力，破壞了習慣的歡愉。面對矛盾，我們的大腦自動做苦工來破解它，因此我們發現自己這種雜亂無章的生物卻擁有渴望秩序的心靈，不知是福是禍，我們置身於亂七八糟的世界裡，雖然我們有完全的能力增加它的秩序，但卻不是絕對的秩序——而且並非永遠。

有時我疑惑布迪會怎麼想我們的大都會叢林。就像全世界活在城市裡的猴子一樣，躍過屋頂，滑下排水管，夜裡在鐵製防火梯的頂篷下棲息，布迪會適應冷冰冰的都市生活。學童可能會看到牠在學校操場上以猿猴的身手輕鬆自如地吊單槓爬鐵架，教他們豔羨不已。牠可以在許多地方偷採水果，在樹木茂密的公園，和其他種類的大猿混在一起，其中許多的身材和心理年紀都和牠一樣，雖然他們在體力上卻脆弱得多，也很容易受傷。有些我們感到恐懼的城市動物同樣也教牠恐懼：熊、土狼、山獅等等。牠會把城市看成是另一個自然風景嗎？大片的街廓、成群的人類，還有他們的許多餐廳酒吧和百貨商場？很可能會。牠不只會適應，還會改變牠的行為以順應新的環境，就像其他許多驚人成功的都市動物（包括我們）一樣。雖然城市或者動物園中的獸籠顯然並非我們所謂的「自然」環境，但在人類世，究竟什麼才算自然，卻很難說。

如果我們不想要更多的動物適應水泥人行道，或者以人類的垃圾為食，那麼我們就得要採取行動干預。如今野生動物保育不再是傳統保育所主張的無為而治，而是要實際地創造其他種的棲地，比如野生動物走廊。在我的心眼中，我見到巴西大西洋岸的小小綠色雨林，這是一個如亞馬遜流域的天地，在公路和城鎮撕裂的山巔中所留下小小的原始樂園，這裡有密度最高的南北美洲瀕危鳥類，還有金獅狨在其中跳躍。數十年前，我隨國家動物園金獅狨計畫前往該處時，另一個隊伍正忙著建造野生動物走廊Fazenda Dourada，連結各山頂，擴展鳥類和金獅狨的活動範圍。不遠處，由阿根廷一路蜿蜒上達德州的美洲豹走廊則讓這稀有到如神話般的斑點貓科動物有漫遊的空間。在撕裂了曠野的布料之後，我們至少該把一些綠袖子縫回去，讓動物可以重新加入牠們的親族和連結，並且沿著祖先的路徑遷移。如今舉世都在同情和自身利益的驅使之下，熱心地打造這些聯結，效果顯著。美國就有一些長遠的野生動物走廊，比如阿帕拉契小徑（Appalachian Trail），這是寬一千呎（三百公尺）的綠色通道，由喬治亞到緬因州的卡塔丁山（Mt. Katahdin）沿著山稜線長達兩千哩。印度的斯吉．熱瓦克走廊（Siju Rewak Corridor）則保護了該國兩成的大象不受人類文明及其玩具的影響。肯亞建造了非洲首見的大象地下通道，這個高大的隧道位於交通纏結的主要道路下方，讓長久以來因人類住所而分離的兩個大象族群有機會遷徙、混合、求偶，並且避開驚嚇的人類或者駭人的交通。

在歐洲，綠色走廊（Green Belt Corridor）很快就會讓野生動物能夠由挪威的末端一路穿過德國、奧地利、羅馬尼亞和希臘，深入西班牙，牠們可以沿著古老的通道覓食，尋求溫和的氣候和安全的生育場地。這條走廊連接二十四個國家，蜿蜒四十個國家公園，延伸一萬兩千五百公里，其中有些部分是沿著鐵幕固有的歷史界線，分隔東西方，環繞整個德國，長達八百七十哩的圍籬和警衛塔。在兩德統一之後，原本的「無人區」（no man's land）成了死氣沉沉的瘡疤，直到保育人士重新塑造它成為曲折的自然走道。

這條美好的走道在人手再度為它改觀之後，宣揚的是寬容而非壓抑。這個避難所自然包括許多不同的棲地，由沙丘和鹽沼地，到森林和草地。防止車輛跨越的溝渠盡是瀕危的歐洲水獺，灰鶴、黑鸛、沼蛙、白尾海鵰，和其他無國籍的物種安全地混在一起。

在法國、中國、加拿大和其他國家，有更多走廊提供隧道、地下道、高架橋和橋梁，讓野生動物一方面能留在牠們固有的範圍活動，一方面又能保護牠們不會撞到汽車或碰到我們。荷蘭就有六百座這種高架或地下的通道，讓獐、野豬、獾等動物在由鐵路到運動中心等一切之間活動，這一切也讓我們感到一種新的親切感：動物在我們之間安全地奔跑、移動、攀爬，和飛行，屬於天衣無縫的人生之網的一部分。與野生動物共同生活就像其他親密的關係一樣，需要同情、妥協，並且找出能造福所有人的解決辦法。要是和平共存那麼容易，就不會有離婚或者政治紛爭，而只會有和樂的家庭或帝國。

就像許多鄰居一樣，我也把鹿愛吃的植物用籬笆圍了起來：玫瑰、杜鵑、萱草、玉簪（hostas）。在前院，我種的是鹿不喜歡的美麗植物——鳶尾、芍藥、大波斯菊、蔥屬植物（allium）、假木藍（false indigo）、毛地黃、附子（monkshood）、蜂香薄荷、荷包牡丹、鼠尾草、水仙、婆婆納（veronica）、罌粟、石竹，及其他許多，不過牠們依舊找到許多植物可嚼。我並沒有把整個院子都用籬笆圍起來，而是留了一道走廊給鹿、狐、土狼和其他生物，讓牠們可以順著小溪一路向北，通往塞普薩克森林（Sapsucker Woods）。

我樂於和這麼多的野生動物分享這片土地，這種親密的關係讓我的生活多彩多姿。

雖然我寧願土撥鼠不要在我的書房底下挖洞，浣熊不要在浴室的天窗上玩筷子，一雙賊眼還往下盯著不放，但我也並不驅趕牠們。我欣賞夕陽下棕蝠的俯衝，這些優雅而迷人的小東西每天晚上要吃數百隻昆蟲。色慾薰心的青蛙和蟾蜍在後院狂歡，喧鬧聲淹沒了我正在看的電視或電影，但這樣的吵鬧在夏日的克難樂隊中卻教人捧腹。在牠們下方的水裡出聲助威，使喧囂更甚的是水船夫（water boatmen，划蝽）這是一種深銅色的昆蟲，挺著橄欖綠的肚子用兩隻如槳般的腿仰游，頭上帶著一個銀色的氧氣泡泡，彷彿是希臘神話中的阿爾戈英雄（argonauts）。雖然牠們體型很小（零點六至一點二公分），但卻被稱為是舉世按體型比例最大聲的動物。在燠熱的夏夜裡，牠們會唱歌的小弟弟（用它用力摩擦腹部，像洗衣板那樣）聲音可高達九十九點二分貝，儘管水會消掉一點牠們的噪音，依舊比站在貨運火車旁，或是坐在音樂廳第一排聽震耳欲聾的交響樂還吵。雄性的斑點蠑螈成群結隊雄糾糾氣昂昂地在車道上作伏地挺身，想要讓雌蠑螈意亂情迷，不禁教我大感佩服。一隻撲翅鴷在路邊的交通停牌上敲出重金屬音樂——甚至某一個夏天，牠一再地按我的門鈴，也教我莞薾。我歡看大如柴郡貓（Cheshire Cat，愛麗絲夢遊奇境中的那隻貓）的紅冠黑啄木鳥敲出樹幹內的蟲子。愛挖掘的松鼠讓我不得不在球莖植物上覆上鐵絲網，但我還是被牠們滑稽的動作逗樂。我有點遺憾沒有好奇的黑熊來和我鬥智。鹿是來訪的動物中體型最大的一種，牠們不請自來，就像在空中纏鬥的蜂鳥、爬樹的花栗鼠，和忙著奇特跳躍格鬥的兔子一樣，卻是來自大自然的使節，教人滿心歡喜。

每一年我總會在繁忙的公路上，排在十幾輛車子後面，等著加拿大雛雁的隊伍在親鳥的照顧下排成一排過馬路，毫不在乎車子的喇叭，或者偶爾不耐煩的駕駛人。大部分人都像我一樣，靜靜地坐著微笑。就像甘迺迪機場的海龜一樣，牠們提醒我們，即使有鋼鐵般的自我和固若金湯的計畫，我們依舊會輕而易舉地因雪花、小鵝，或海龜所代表的大自然而謙卑——它們全都能阻塞交通，讓我們停步。它們也提醒我們，對於大自然，我們是多麼矛盾。

自然還自然嗎？當然，只是不再是不容置疑的自然。地球科學家厄爾・艾利斯（Erle Ellis）發明了「人類生域」（anthrome）這個術語來說明「主宰目前地表的人類與大自然的混合系統」。由我們的袖珍花園，到一望無際的曠野和公園，大自然現在反映的是我們的喜好，而我們對大自然最珍愛的一個觀念是，大自然應該沒有人類，因此我們把原住民撤出我們希望設計為國家公園的土地，由美國的黃石和大峽谷到喀麥隆的克魯普（Korup）國家公園和坦尚尼亞的塞倫蓋提（Serengeti）國家公園都是如此，雖然這些部落已經在那些地方生活了許多世代，他們和環境共存的程度發人深省。

對歐洲人而言，「曠野」一詞原本指的是荒涼的不毛之地，充滿困難險阻的蠻荒，教人難以承受，隨時可能會發狂。我們很容易就會忘記在浪漫主義重新探索粗野險峻的自然之美前，大自然在人類眼中多麼醜惡。十九世紀初的作家認為曠野奇形怪狀——不只是障礙重重、到處是嗜血動物的危險之地，而且根本是邪惡的化身。如今曠野的觀念卻正巧相反：是象徵寧靜的庇護所，是純真之境。

不論規模是大是小，大自然隨時都在變化，夏日燦爛的陽光、蜻蜓四時的生死，這些例行的變化可能像舊衣服一樣卑微，在我們的知覺中絲毫不起漣漪，不會引起我們的關懷，遑論感受的起伏波動。我們在大自然的浪漫經驗——童年如今化為陪伴的舞台，刻意消磨的時光，需要花費更多的力氣，才能引起你的注意。但當雁鵝不再移棲，農作不再茁壯，一簇簇的雪花蓮提早一個月開花，成熟的莓果不合時令地出產，一整個海灣的龍蝦全都朝北遷移，冬季莫名其妙地消失——這些都教我們深思。我們對大自然的最新想法是脆弱，是廣大蔓延、錯綜交織、越來越孱弱的有機體。

就在我們達到空前成就，大規模掌控這個星球之時，我們也發現人類這個物種的前途堪慮。大自然和我們並沒有分離，而我們這個物種的救贖，就仰賴於尊重這互為友伴的單純事實——即使我們並不因此而歡欣鼓舞。

chapter

3-2

慢動作侵略者

牠被取名為P－52，好似轟炸機，還是珍貴的埃及莎草殘簡一樣。這隻最近在佛羅里達大沼澤地（Everglades）發現的緬甸蟒蛇重一六五磅（七十五公斤），長達十七呎（五點一公尺），創下當地紀錄（不是世界紀錄，世界紀錄保持者是在伊利諾發現的蟒蛇，重四〇三磅〔一八三公斤〕長二十七呎〔八點一公尺〕）。這條黃褐色的美女身上有像拼圖花樣的黑色斑點，光滑如緞的肌膚，和像硬橡皮的身體，牠的頭形如金字塔，頭腦湧出的是本能，如炬的黑色小眼睛，和如撥號音一般平緩的心智。正值壯年的牠可以把鱷魚或豹活活絞死，而且牠懷了孕。

肩並著肩站在解剖檯前的佛羅里達科學家非常驚訝地在牠的子宮內找出八十七個蛋，並不是所有的小蛇都能存活，但這麼旺盛的產卵能力讓我們得以想見為什麼蟒蛇在大沼澤地南部地區數量如此眾多——牠們滑行穿過鋸齒草，像擦木（sassafras）般嘶嘶作聲，朝牠們的獵物仰身傾斜，接著——轟然一響！以後彎的牙齒緊緊咬住獵物，壓碎它，並緩緩吞下每一小塊。

沒有人知道佛羅里達南部究竟有多少蟒蛇，但可靠的估計是三萬以上。過去十多年來，捕蛇人捉了一八二五條蟒蛇，北自奧基喬比湖（Lake Okeechobee），南至佛羅里達群島（Florida Keys）。在大沼澤地的核心，地名有趣的鯊谷（Shark Valley，並沒有鯊，只有一呎深的谷地）風景如詩如畫，遊客可能會看到蟒蛇在草河裡穿梭，甚至扭擺到路的另一頭。蟒蛇也會忙著獵食、在運河堤上曬太陽、（在春天）交配、盤據在牠們的卵旁，抖動肌肉孵育它們，偶爾則和鱷魚對決，並且在夜晚時分吸收依舊溫暖的柏油路熱度。

只可惜牠們卻幾乎讓公園裡所有的狐、浣熊、兔子、負鼠、山貓，及白尾鹿都絕了跡；還有高達三呎（九十公分）輪廓優美的白鸛也失了蹤影。學者在二〇〇三至二〇一一年曾做調查，並發表在《美國國家科學院院刊》（*Proceedings of the National Academy of Sciences*）上，其中報導浣熊已經減少了九九．三%，負鼠減少了九八．九%，山貓減少了八七．五%。沼澤兔、棉尾兔和狐則完全消失。去年還發現一條蟒蛇正在消化整整七十六磅（約三十五公斤）重的鹿。

蟒蛇本該是印度、斯里蘭卡和印尼的生物，如今這麼多的蟒蛇究竟從何而來？有些是不服管教的寵物，有些則是順道搭了貨運卡車的便車，還有一些是在大雨中因池塘水氾濫而游出來，或是颶風來襲時由寵物店逃脫，或是來自國際食品市場。牠們躲在外來包裝植物、水果和蔬菜的包裝材料裡，或是緊緊附著在船殼或推進器的葉片上。有些可能夾在大船的壓艙物裡，這些船在外國港口補給加水，還夾帶了天知道還有些什麼水生物種，等它們抵達目的地時，也釋出來自異國的生物。還有一些則是溜進飛機或軍機去環球旅行。

許多入侵的生物都是合法抵達，是眾人渴求的農作或同伴動物，或許能界定我們自己的意義，或者只是滿足我們的想像。就蛇類而言，緬甸蟒蛇個性討喜，因此在美國成了流行的寵物。有時牠們會長成搶眼的黃白鑲嵌圖案，就像二〇一一年MTV音樂錄影帶頒獎典禮上，小甜甜布蘭妮繞在她肩膀上翩翩起舞那隻。只是許多蟒蛇主人後悔當初豢養二十年的承諾，或者感受到隨著蛇成長，主僕力量的消長轉移，因此把牠們放生到大沼澤地公園，以為這會是牠們的樂園。的確是，牠們完全不畏懼比成熟鱷魚小的任何生物，凡是活的生物都吃，破壞了整個生態系統。土生土長的物種還未演化到能抗衡或和牠們競爭的程度，弱肉強食，最強的就主宰一切。

當然，我們大部分人也都是移棲者，永遠在城市之間奔忙，而且帶著我們熟悉的動植物——不管是意外或者是故意，卻不太在乎我們可能造成的危害。我們就像巫婆一樣，俯靠在地球的大鍋前，一遍又一遍地攪拌它的生物，不太確定供我們使喚的新精靈

——難道不是野貓，而是蟒蛇？並且等著要看接下來冒出來的會是什麼？

外來的物種隨著我們四處旅行，它們是意外的遊民。我們已知的侵略物種名單可以填滿一頁又一頁紙張，它們的作為更是罄竹難書。就像緬甸蟒蛇一樣，它們可能會對生態系統造成大破壞，我們指責它們是掠奪者，彷彿一切都是它們的錯，卻沒料到往往我們才是造成地球生物遷移的罪魁禍首。

入侵的物種可能也夾帶著屬於它們自己的遊民，帶著我們並沒有免疫的傳染病。一名舊金山婦女的寵物蟒蛇賴瑞最近生了病，科學家研究蟒蛇的基因組，結果教人震驚，他們發現了沙狀病毒（arenaviruses）的基因混合物，會釀成如伊波拉、手足口病，和出血熱等大禍。他們揣測伊波拉很可能就是始於蛇，再散播到人類身上。或者在演化途中，蛇容易受到伊波拉攻擊，就像我們一樣。儘管現在我們知道爬蟲類可能帶有舉世最致命的人類病毒，卻依舊把牠們由一處帶到另一處。

蟒蛇並非入侵佛羅里達的唯一壯碩動物，在珊瑚角（Cape Coral），巨蜥（monitor lizards）——長度可達六呎（一百八十公分）也威脅受到保護而且十分迷人的穴鴞（burrowing owl）。甘比亞鼠（Gambian pouched rat，一種原產於非洲的巨鼠）在綠茵礁島（Grassy Key）上氾濫成災，古巴樹蛙則吞食體型較小的本土蛙種，非洲大蝸牛吃五百種不同的植物，巨大的綠鬣蜥則讓邁阿密藍蝶跡近滅絕。還有成群的和尚鸚鵡在佛羅里達的天空飛舞，扁平的鼻子好像年邁的拳手，牠們發出奇特的叫聲，好像有人撬開罐裝機油的蓋子，只可惜牠們群居的大窩可能會破壞住宅區的樹木和電線，而且並不是人人都能欣賞鳥鳴，因此視之為眼中釘。佛羅里達誇稱是舉世外來物種最多的地方，由野蟒蛇到牙買加果蝠到松鼠，到綠猴（vervet monkey）、九帶犰狳（nine-banded armadillos）和土撥鼠（prairie dogs），應有盡有。

同樣的情況也發生在湖泊裡，紐約上州的五指湖現在到處都是斑馬貝（zebra mussels，原產於俄羅斯），不但使得船隻引擎和進水管堵塞，也讓浮標下沉。在坦帕灣，綠貽貝（green mussels，原產於紐西蘭）使得當地的牡蠣礁窒息。亞洲鯉魚把五大湖當成專屬餐廳，彩虹光澤的日本甲蟲則津津有味地地把玫瑰葉子啃成了網眼桌布。當年尼羅河鱸（Nile perch）被引進東非的維多利亞湖（Lake Victoria）要做當地居民的佳餚，沒想到牠生性凶猛，肆無忌憚地大啖上百種原生魚類。

數千年來，我們任性地搬移生物，成群結隊四處遷徙的智人帶著動植物和寄生蟲上路，古代的文獻上常常記載由外地傳來的珍饈美味和物種。各種物種在我們的行李箱裡、袖口和車子裡漂泊流浪——在街頭尾隨我們，隨著我們繞行全世界。在探險旅行的十七、十八世紀，我們不但傳播了觀念和貨品，也散布了害蟲和疾病。除了生態系統極端的地域之外，我們在每一塊大陸上殖民，並且快速地把它們改裝重組。僅僅是輕鬆自在地過日子——走過草地，通勤上班、搭機或乘船到國外去，我們都在重新安排自然，就像重親安排客廳的家具因此長久以來外來物種早就在自由馳騁，有些造成問題或者惹人厭惡，有些卻討人歡喜。我們刻意移植了許多動植物，為的是它們的美、新奇、風味，或者實用——由椋鳥和毒漆藤（poison ivy，大部分的人對它都會產生皮膚腫脹發癢的過敏反應，偏偏就有一個不會過敏的歐洲人覺得它漂亮，把它帶回家），到外來的爬蟲和杜鵑花。它們陶醉在新的氣候和生物體系之中，生根發芽，有時非常繁茂旺盛，（比如尤加利、竹子，和印度灰獴），危害了當地原生物種，教人類居民頭痛。人們喜愛他們的長春藤、挪威楓、牛蛙、金銀花、法國菊、金絲桃（St. John's wort）、狗薔薇（dog roses）、歐洲赤松等等，相對地，入侵物種如殺人蜂、白線斑蚊、火蟻、水芙蓉、牛蒡、七鰓鰻、千屈菜（loosestrife）、竹子、斑馬貝、葛藤，和蒲公英（顯然是隨著英國清教徒乘著五月花號來到北美）則受到譴責、詛咒，並且把它們掃地出門。

我們堅持入侵物種不屬於曠野，但本土的卻算——即使它們已經死絕。因為這樣的觀念，我們把狼引入黃石公園、駝鹿送到密西根、歐洲猞猁（European lynxes）引入瑞士、麝牛送到阿拉斯加、蒙古野馬（Przewalski's horses）帶進蒙古和荷蘭、赤鳶（red kites）和金鵰（golden eagles）引入愛爾蘭、獵豹送到印度、黑腳貂帶入加拿大、棕熊送到阿爾卑斯山、馴鹿引進蘇格蘭、蒼鷹送到英格蘭、婆羅洲紅毛猩猩野放到印尼、禿鷲送到加州、大食蟻送到阿根廷、阿拉伯大羚羊送到阿曼、游隼則引進挪威、德國、瑞典和波蘭——還有更多其他物種。在我們破壞一些生態系統的同時，我們也忙著重新創造其他的生態系統。

人們常會說應重新平衡生態系統之類的話，但並沒有十全十美的「自然平衡」，沒有可以保證永遠和諧和不會改變的策略。大自然是大膽行動與改正的康加舞（conga line，一種排舞），永不停歇。也因此我們才會不斷地辯論，究竟大沼澤地是不是該完全沒有蟒蛇，還是任這塊地繼續發展，看它會演變成什麼模樣。自一九二〇年代以來，我們一直在開發佛羅里達的沼澤，把它們變成房屋，因此真正的問題是，我們喜愛什麼樣的迷你原野。

關於這點，我感到左右為難。一方面，我不想要干擾大自然活力充沛的泉源，棲息地會不斷地發展新的物種盛會，我們不該干預，但我也贊成主張該捕捉大沼澤地的蟒蛇，讓生態系統回歸它公認的理想狀態，讓狐狸、兔子、鹿，和其他正在消失的生物能夠繁榮生長。我們在全球以教人驚心的速度喪失生物多樣性，而為了地球和我們自己的健康，我們需要形形色色的動植物。光是把一種掠食者引進我們鍾愛的環境，就讓多得驚人的物種和仰賴它們的一切註定了不幸的命運。

我們悄悄地感受到心裡這種動物和人類天性之間的角力，這也使得我們成為充滿同情心而可愛，同時又偉大奇特的靈長類。我們和其他動物不同的一點是，我們深深關懷和我們共享這個星球的許多物種，儘管牠們並不是我們的家族成員，甚至也非我們同類，不是我們的財產，也並非我們的朋友。我們關切我們或許並沒親眼看到的整個群種，一心一意要協助其他生物生存。我們強烈感受到融合的親切感。

不論我們打算要做什麼樣的干預或者復原的作為，在我們計畫之外的干預也以氣候變化的形式，以我們無法控制的方式重新安排環境，到處都引起動物的遷移。或許我們注意到今年有較多的山松甲蟲或者雲杉甲蟲，或者像西裝胸袋巾那樣棲息在花上的蝴蝶減少了，或者在酷熱和焚風下，遭山火焚燒的林木稀疏了。我們可能會疑惑那些細頸的長腳秧雞到哪兒去了。我們可能會遵從政府的規定，不澆草皮不洗車，或者在刷牙時不讓水龍頭的水流個不停，但我們並不會把這些點連結起來，聯想到缺水和蝴蝶和秧雞減少和春天提早降臨和積雪太快融化，會使得漫長而燠熱的夏天沒有水可以澆灌飢渴的森林，讓已經虛弱的樹木必須面對大批甲蟲和一發不可收拾的乾旱。

與其說這是惡性循環，不如說它是不小心撕裂的布料。你注意到一小塊撕破的接縫，雖然你拖著不去修補，但它卻擾亂你的感官，挑剔你的知覺，讓你知道有東西並不完美。狐狸已經移居北方，後院裡有新種的蛇類，田鼠的數量不是減少，就是氾濫到斑衣吹笛人故事的地步，西尼羅病毒殺死了本地的烏鴉，而你還在溝渠裡看到有眼睛和鱗片的生物正在游泳。鱷魚受到因溫暖而朝北蔓延的沼澤所吸引，已經開始由佛羅里達滑行到北卡羅萊納。遲早牠們會成為維吉尼亞州的生物，甚至遠到維吉尼亞海灘（Virginia Beach，維吉尼亞州的城市），有些先鋒還會沿著波多馬克河北上華府。

浮游生物[1]這個重點物種是海洋食物鏈[2]的核心，它的故事就說明了時代的變遷。這是如蝦一般的鞭毛生物，數以兆計，並無思想，體積微小，肉眼難見，似乎太微弱，不足以作為會造成海洋生物崩潰瓦解的關鍵物種，但牠們是地球上最大的生物質之一，隨著潮水四處漂流，就像點彩畫的雲朵一樣。

在北極水域中，北極熊帶著小熊沿著浮冰走廊泅游，邊休憩邊獵食，在沒有天敵環伺時，海鳥冰崖上作窩，飛到浮冰上，由裂縫中捕食，海豹在冰川上生養子女，海象乘著冰製的魔毯到遠處捕魚。然而隨著海水暖化，海藻依附的冰山減少，因此以海藻為食的浮游生物也隨之減少。《自然》（*Nature*）期刊最近發表的研究指出，自一九五〇年代以來，舉世的浮游生物數量已經減少了四〇％，這也意味著以浮游生物為生的魚、鳥，和鯨食物減少。

浮游生物減少意味著磷蝦減少，這種極小的甲殼動物數量急劇下降，在地球另一頭的南極水域以磷蝦和烏賊為食、體型嬌小的阿德利企鵝（Adélie penguin）數量也減少。阿德利企鵝在企鵝界是懶散的磚瓦匠，牠們會沿著略呈坡度的海灘建造石巢，堆出小型的石坑，養育一身毛茸茸、形如雪人的棕色小企鵝。二十年前我曾拜訪一個叫聲不絕的大族群，當時牠們視石頭為珍寶。但鳥類學家比爾．佛萊塞（Bill Fraser）說，這二十五年來，阿德利企鵝的數目已經減少了九〇％，求偶的企鵝很少，因此遍地都是可以用來作窩的石頭，但獵捕企鵝的虎鯨（殺人鯨）和豹斑海豹，牠們的食物卻減少了。

然而人類世（以及大自然本身）的故事並沒有那麼單純。在阿拉斯加，我們對氣候的干預卻造福了跡近滅絕的號手天鵝（trumpeter swans），牠們利用較長的夏日餵食養育小天鵝。虎鯨也因溫暖的水域而獲益。由於北極隙縫的冰縮到破紀錄的小，虎鯨的航路也豁然開朗，可以經由傳說中的西北水道（Northwest Passage，穿越加拿大北極群島，連接大西洋和太平洋的航道）越過北極，改變了北極海的生態。冰塊融化讓虎鯨得以擴大牠們活動的範圍，捕捉更多因為聲如唱歌而有「海中金絲雀」之稱的白鯨和獨角鯨，這是虎鯨最愛的兩種食物，只是白鯨和獨角鯨兩者都已經瀕臨滅絕。

僅僅一種溫血動物的物種就造成這一切混亂，這多麼教人吃驚。創造蜂巢般的大都市和高聳入雲的水泥窩巢，就已經教人嘆為觀止，而移除、搬遷、重新設計，以及經常煩擾滿是動植物的整個星球，則是自有地球以來從未見過的大規模惡作劇。前者是精彩的創造天地，其他動物也會做，只是規模小得多。比如河狸就會啃倒樹木，在溪水上築堤，為牠們水底的窩打造理想的池塘，在這個過程中，一些動植物就搬了家。但其他動物從不會擴大牠們的天地到煩擾每一塊大陸、每一個海洋、每一種生物的地步。

混亂的氣候促進了某些物種，也傷害或滅絕了其他物種，而且並非在窮鄉僻壤，而是就在你的家園附近，在你草地上加拿大雁的狂歡會這種明白的路標。氣候變遷並不是充滿術語、咄咄逼人的控訴，甚至也並不形諸言語，而是在你記憶中每一個夏天熱切盼望，吸引了你父母、你，和你子女的翩翩彩蝶不再出現那麼鄉土那麼私人的體驗。有些事在牠們消失之後才會更加明顯。

在英國，從前很稀少的灰蝶（Argus butterfly）在這三十年間棲地向北擴張，在沒有天敵（擬寄生物，parasitoids，幼蟲寄生在宿主身上，生長後期將宿主殺死）的棲地改變了食物。它棕色的翼緣有白和橘色如眼的斑點，下側則是淡棕上有黑白眼點，再加上橘色。英格蘭北部的保育員或許看不到她所喜愛的小灰蝶在草地上流連，等她到北邊三十哩外去探望妹妹時，才發現在這裡原本罕見的小東西如今數目眾多。為什麼你這裡會有蝴蝶，而我那裡沒有？或許她會因為手足間在生態上也有較勁的心理，而產生這樣的疑惑。那是因為原本在某些植物上，常寄生在灰蝶毛毛蟲身上的天敵，沒有趕上灰蝶的北遷。

想像一下，如果有一天早上你醒來發現對街的餐廳，附近的熟食店和雜貨店，你常去覓食的場所一夕之間全都遷往數小時行程之外的北部，你會千里迢迢跑去採買，改變你的食物，還是乾脆搬到北部去？你可能會像我們打獵採集的老祖宗，收拾行囊，跟著我們飼養的牧群北遷。（我們養的牧群如今可能一動也不動地放在貨架上，但我們還是會出外打獵採集。）

西班牙鳥類學者米格爾・費雷爾（Miguel Ferrer）估計，各種各類約兩百億隻鳥因為氣候變化而改變了牠們移棲的模式。「長途遷徙的候鳥飛行的距離縮短，而短程候鳥則不再遷徙，」他在兩百名候鳥專家齊聚一堂的會議中報告說，「十二個月前你所住城市的正常夏季氣溫，如今是北移四公里處的正常氣溫，聽來雖然不多，但卻比上一次冰河期的溫度變化快二十倍。」

奧杜邦學會（Audubon Society）的一項研究發現，三百零五種北美鳥類中，約有一半過冬的地點較四十年前北移了三十五哩（五十六公里），紫紅朱雀（purple finch）過冬的地點更北移了四百哩（六百四十公里）。當然，賞鳥很有趣，鳥兒也很美，但牠們也是必要的傳粉和散布種子的媒介，也會吃昆蟲，靠著牠們，農作和生態系統才能欣欣向榮。在我們都市化、片片斷斷的景物中，鳥兒要移棲未必容易。有些品種被暖和的天氣愚弄，太早動身，在食物還沒有在田野裡發芽之前就到了新環境。從前由北歐到南非，天空上盡是長腳秧雞，牠們長著長頸，身上有斑紋，叫聲粗啞，在原野邊緣或者濃密的植物和草地中作窩。但隨著我們割了這些草改種農作物，牠們就失去了立足之地，日漸稀少。幸好透過由白俄羅斯到坦尚尼亞等五十國同步的努力——比如要農民在小秧雞羽翼長成後再割草地，已經又可以看到秧雞和牠們搖搖擺擺的小寶寶了。

把動植物送到新地點往往沒有多少害處，那就是為什麼我們（歷來最成功的入侵者）在各大陸上定居，栽種蘋果、桃子、養馬，和種玫瑰。只有山楂才是北美洲土生土長的植物。我們等待整個夏天的脆甜蜜香蘋果，我們用牛仔褲擦亮的多肉五爪蘋果，和其他七千五百個品種，各有它自己的風味、芬芳、脆度，和用途——它們全都是入侵物種，我們像培育參賽狗一樣培養它們，口味、觸感、外觀、烹調法和氣味都按我們喜愛的方式改造。由於我是蘋果專家，因此也很感激栽在我後院的兩株蘋果樹。

馬也是北美景觀中美好的一景，儘管我知道牠們是外來物種，乘著西班牙船來到此地，適應了遼闊的草地。這究竟怎麼發生的還是個謎，不過如果我們舉個例子——美東離岸沙洲島欽科蒂格（Chincoteague）和阿薩提格（Assateague）島的野生小馬，就可以看到許多有趣的理論。會不會是海盜出海打劫時放馬自由，等回來後卻發現馬已經消失在濃密的灌木和樹林裡？會不會是十七世紀的農民進口了歐洲馬，卻為了避稅，讓牠們在島上放牧，沒想到有些跑掉了，繁殖成一大群？會不會是要駛往英國殖民地的西班牙大帆船遭逢颶風，在島上擱淺，當地的印地安人前來馳援，但小馬卻逃走了？還是一整船的西班牙馬匹為了要赴礦坑工作而綁上眼罩（失明），沒想到船在颶風中沉沒，恐懼的馬兒儘管面對狂風暴雨和失明，依舊設法游上岸？沒有人知道。

這些小馬的祖先面對的是貧乏的食物、燠熱的夏天、濕冷的冬天、如沙紙般粗礪的風、不斷侵的蚊子，和龍捲風。為了因應，牠們長出厚厚的毛皮，並且學會一套求生技巧，比如感受氣壓的下降，在山坡地區找庇蔭之處，或者大家擠在一起，臀部朝著大風。結果唯有最適應且最聰明的小馬存活，牠們的基因傳遞給現有的馬群，展現出精力旺盛、聰明狡黠，並且十分適應海邊的環境。

我也可以追蹤我心愛的玫瑰，我用有機方法栽培，很少照料，也幾乎從不去數算它們三千五百萬年的化石歷史，或者五千年前最先夢想栽培它們的中國園丁。它們也不是美洲的原生植物，但同樣是極其成功的外來物種，它們恣意生長，教先民驚奇而喜悅。

大閘蟹（Chinese mitten crabs，中華絨螯蟹）或許破壞舊金山灣區的棲地，但歐洲綠蟹（European green crabs）卻救活了鱈角鹽沼地的生態體系。我們重新引進在夏日煙霧中緩緩散布的草，並且引導溪流，種植本土植物，重建濕地。當然，在我們這樣做的時候，也會改變氣候和鳥蟲的移棲模式，有些動物會找到新家，其他的則會撤營離去。在大部分情況下，生態復育是成功的，但有時我們也會做錯。

馬里亞納群島最南端關島在東京南邊一千五百哩，自一八九八年西班牙美國戰爭以來，一直是美國屬地，大家以為它是軍事基地，但其實它也是蒼翠的熱帶天堂。只是遊客在黎明時分聽到的卻是奇特的沉默，沒有鳥叫，因為大部分的鳥兒都已經滅絕？究竟是什麼造成這樣的結果——殺蟲劑？棲地破壞？外來疾病？科學家花了多年才想出原因。答案是一九四九年由貨船上溜下來的一條懷孕印尼棕蛇。夜間活動的棕蛇是樹上的掠食者，長達十一呎（三點三公尺），而且有毒。在森林和岩岸都如魚得水的這種蛇如今繁衍到成千上萬。而在關島生長的鳥兒先前從沒有蛇類天敵，因此林間的鳥兒大半都遭吞噬，本土的爬蟲類、兩棲類，和蝙蝠亦然。不會飛的關島秧雞如今只靠豢養才能存活，是在瀕臨滅絕的最後一刻靠著在關島和美國本土動物園的圈養計畫才搶救下來，舉世獨有的關島闊嘴鳥（Guam flycatcher）也面臨同樣的情況，由於鳥類是關島本地果樹的主要播種者，因此本土果樹也逐漸消失。島上蜘蛛也增加了四十倍，這些原是鳥兒的食物。

同樣改變演化的作法也發生在大得多的島嶼上。澳洲進口了原生於德州南部和南美洲北部的海蟾蜍（cane toads），希望牠們吃掉甘蔗甲蟲（cane beetles），而牠們果然不負眾望。海蟾蜍在原生地可以長得大到如捕手的手套，重達五磅（約二點二八公斤），而牠們在新家也演化出更長的腿，以便橫渡遼闊的內陸。唯有大嘴的蛇能吞下這種有毒的蟾蜍，而這些蛇卻因此而死亡，只剩下嘴小不吃蟾蜍的蛇代代相傳，因此澳洲蛇就演化出較小的嘴。有時我們培育並遷移動物，希望拯救這些物種免於滅絕。喬恩・穆埃倫（Jon Mooallem）在《野生動物》（*Wild Ones*）寫到他在美洲鶴遷移計畫中所付出的心血。瀕臨滅絕的美洲鶴寶寶在保溫箱孵化，教導牠們野鶴的行為，包括如何移居在內，接著由身穿鶴裝的人類駕著輕航機率領，飛越數千哩。穆埃倫寫道：「這個工作，這個由人類大批製造野鳥的工作，雄心勃勃，卻又單調乏味，而且包含了許多教人困惑的奧祕，因此在十年之後，為這個計畫奉獻生命的人依舊難以得出其成效和下一步該怎麼做的定論。」

不過通常我們培育和運送動物並不是為了牠們的好處，而是為了滿足我們自己：馴養狗貓甚至蟒蛇作為寵物，奴役牛馬工作，或者徵召形形色色的生物——由駱駝和馬到鴿子和蝙蝠，在人類最血腥的戰爭中，和我們並肩作戰。[3]

1 浮游生物（plankon）的名字，來自代表「流浪」的希臘字，因為牠們隨波漂流。

2 食物鏈：位於底層的浮游生物（植物）被浮游動物（zooplankton）攝食；磷蝦、魚，和其他海中生物吃浮游動物。

3 一條巨蟒可以把下顎張到如大抽屜一樣寬，但牠怎麼消化那麼大的食物？方法是把自己變得更大一點。每一次蟒蛇進食之後，牠的心、肝，和腸子的尺寸就幾乎變成兩倍大。科學家研究蟒蛇的脂肪酸（似乎與此有關），希望能開發出供人類使用的心臟藥物。

塞翁失馬，焉知非福，即使佛羅里達大沼澤地蟒蛇為患亦然。在二〇〇〇年沼澤地還處處可見野生動物時，我喜歡在鯊谷的柏油路上騎腳踏車，但當地浣熊肆虐，侵入烏龜、鳥和鱷魚的窩巢，吃牠們的蛋，威脅牠們的未來。緬甸蟒偏巧喜歡浣熊的滋味，如今浣熊數量減少，烏龜、鳥類，和鱷魚的卵也就能孵化。（不過這並不能彌補蟒蛇對原本豐富生態系統的衝擊。）

許多植物可能快要滅絕，但我們也搜羅了新生態系統中許多本地、異地和原生品種的植物。請參考 R.J. Hobbs et al; "Novel Ecosystems: Implications for Conservation and Restoration", *Trends in Ecology and Evolution*, 24 (2009): 599-605.

chapter

3-3

「牠們別無選擇」

與真馬一樣大小的戲偶馬頭一次在《戰馬》舞台劇中亮相時，它的頸部上下起伏，雙耳栩栩如生地抖動。觀眾花了片刻，才了解人在透明的馬肚子裡做什麼，但由於操縱戲偶的藝人非常熟練，戲偶馬的筋腱和肌肉活動自如，生氣蓬勃，讓我們立即領悟。人類極其認同動物，因此在言語中常常以牠們為喻（比如鷹眼、像騾子一樣頑固、獅心勇士、像公牛一樣強壯，以此類推）。所有的兒童都扮演過動物，我們也常在育嬰室的牆上貼上動物的圖案。我們在網路上常以動物作為代號，在恐怖電影中也會變成半人半獸，更不用說連續劇裡常演到為情所苦的吸血鬼，也算是半動物的化身。過去的人類騎乘座騎，把肌肉貼附在動物的肌肉上，在戰鬥中，牠們延展我們的速度和力量，或者載運我們的補給品，算是戰場上的設備，人類忍不住喜愛牠們，卻又不得不看著牠們在戰役中死亡，或者在戰爭結束後遭遺棄。我們對動物的心智和感官所知越多，發現牠們能體驗到和我們類似的情感，就對牠們更有同理心。

在史蒂芬．史匹柏情感真摯的史詩電影《戰馬》中，有一幕在我腦海中一直徘徊不去。我們隨著影片在一次大戰的林間衝鋒陷陣，和劇中的年輕主角與戰馬一起因砲火而震驚，因恐懼而瘋狂，這時動作減緩，讓我們由戰鬥中獲得必要的喘息，鏡頭停了下來，我們由意外卻又親密的鏡子看到戰爭——反映在戰馬英雄喬伊的眼球弧線上。精神上的創傷就像迷幻藥一樣，會在身體組織裡停留很長一段時間，而在那個鏡頭中，我們可以確確實實看到它怎麼來到我們心裡。由於馬的眼睛有弧度，因此這一景也呈彎曲的圖像，人和動物和煙霧和光球和泥塊全都朝四面八方亂竄。戰爭對馬和其他動物——比如創造戰爭的人類，都會造成創傷。這優美的影像說明了一切，就像如軍刀一般銳利的詩行，刺進我們的心靈。

我們還徵召了其他許多倒楣的動物為我們打仗，一直到最近，我們才發現牠們也有能力感到恐懼和折磨，也才開始紀念牠們的犧牲。在倫敦，靠近海德公園兩條車水馬龍的街道之間，我正巧遇見一個出人意表的戰爭紀念儀式，場地四周圍著一大群人，幾匹馬和騾子，一些訓練有素的貓狗，和一群賽鴿。一些上了年紀的老先生戴著軍帽，有些佩戴著許久以前明豔的戰爭徽章，胸前掛著勳章，翻領上別著紅罌粟花。一名一身黑的皇家騎兵騎著同樣一身漆黑的愛爾蘭馬，要不是他繫著白皮帶和褲腿上的紅線條，以及帽上的紅緞帶，簡直就分不出人馬的分際。其他的士兵則穿著沙漠迷彩服，打扮整齊的婦女抱著懷裡的小狗，無數的老兵、動物權利團體——都在這長達六十呎（十八公尺），象徵戰場的閃亮弧狀白色石灰石前讚美流連。

牆上美麗的浮雕刻畫的是一排駱駝、大象、猴子、熊、馬、鴿子、山羊、牛，和其他動物，牠們肩並著肩，勇敢地迎向戰爭。數碼開外，兩匹負荷重物的銅製騾子已經使盡吃奶的力氣，馱著步槍和戰爭用的器材，努力踩著淺淺的步伐，朝著牆上的一道缺口前進。第一隻騾子拉長牠如箭一般的頸子，朝著石灰岩大門而去，透過大門，花園依稀可見。

牆的另一頭是一隻雄糾糾氣昂昂的銅製雄駒，揚蹄欲馳，一旁是銅雕的英國蹲獵犬，兩隻動物都擺脫了牠們的重擔，狗兒回頭朝倒下的同伴望去。牆這頭的動物並沒有浮雕，而是勾勒出簡單的輪廓和空洞的外形，就像孩子的拼圖，正在等一片一片的圖片放進去。

這個造價一百萬鎊的紀念碑，經費完全是由私人基金籌措。其銘文如下：

本紀念碑謹獻給有史以來在戰爭和戰役中曾經與英軍和聯軍並肩作戰而犧牲的所有動物。

下方還有字體較小的題詞，上面寫道：

牠們別無選擇。

我聽到幾位老兵致辭，他們向在戰爭中曾經處處依賴的這些動物致敬。一名老兵歌誦戰時在緬甸叢林供應軍需品的騾子（牠們的聲帶遭割除，以免發出叫聲，危及士兵性命。）「這些騾子是我的救命恩人，」他的眼神回到往日的歲月，「我們要補給槍械，唯一方法就是靠牠們運送。」一名不願留下姓名的愛護動物人士在紀念碑上留了一個花圈，附上的卡片寫著：「你們嗅聞到我們的恐懼，你們見到我們流血，你們聽到我們吶喊。親愛的動物，原諒我們竟要你們以這種方式為戰爭服務。」

你絕不會想到銅騾子或者水泥磨沙面的駱駝毛皮摸起來有多麼冰冷。正是春天，一畦一畦的水仙綻放著喇叭型的黃色花朵，在呈圓弧狀的紀念碑後方，期許來世的那部分，有一匹比真馬大得多的雕塑，牠的蹄子大如餐盤，高到沒有人能騎上去，在點綴著小雛菊的草地上蹓躂。一旁的獵犬塑像則是實物大小，兩者都沒有人類的表情，而純是動物，健康而無憂無慮，擺脫了戰爭的恐怖。

這個由雕塑家大衛．貝克豪斯（David Backhouse）設計的紀念碑詩意地捕捉到數百萬在我們戰爭中服役和死亡的動物困境。狗背著金屬線圈，埋設電報線，或者為了挖掘瓦礫中的生還者而磨破了爪子，虎鯨成了電影攝影師，口裡含著鏡頭四處巡游。鴿子傳送由前線傳來的信息，海獅潛下六百五十呎（一百九十五公尺）的深海，取回遺失的設備，在冷到其他哺乳類都不敢潛下的水中，白鯨學會以聲納定位，人們騎乘大象穿山越嶺戰鬥，駱駝騎兵則在阿拉伯與北非作戰。還有螢火蟲……。

是的，螢火蟲。牠們體內的兩個空間分別存有螢光素和螢光素𧍬，兩種化學物質混合在一起，就會起化學作用，成了閃閃發光的靈藥，可以打出愛情的旗語。牠們的尾端成了名符其實的燈塔，引領配偶上岸。有時候也會有「蛇蝎美人」橫刀奪愛，模仿另一隻雌蟲的閃光模式，搶走牠的伴侶。女妖的誘惑教人意亂情迷，即使在戰場亦然，讓追求者心裡填滿光明，同時照亮戰士的家書。這種光會融入景物之中，和白熾燈泡的光不同，因此在一次大戰中的壕戰裡，螢火蟲被帶到戰地當作活的燈具，索姆河（the Somme）的士兵才能藉著牠們發出的冷綠光芒看地圖和信件。

一次大戰中有十萬隻鴿子出任務，二次大戰則有二十萬隻，每分鐘疾飛一哩（一點六公里），傳遞奇特的貨物——綁在牠們腿上小容器的密碼信件。一戰中為美國陸軍通訊部隊服役的雪兒（Cher Ami，意為親愛的朋友，在一九一九年殉職）表現傑出，傳遞了十二封緊急通訊，最後胸和腿部中彈。儘管失血、驚嚇，腿部也被炸碎，牠還是傳送了信息——法國人讚為「英雄」，並正式頒發十字勳章給牠。雪兒在新澤西州的蒙茅斯堡（Fort Monmouth）受訓，擔任鳥類戰士，雖然大部分人不會覺得牠是「為國捐軀」，不過牠僅剩一腿的遺體還是在美國國家歷史博物館的「自由的代價：作戰的美國人」中展出。

更奇怪的是，在二次大戰方酣之際，美國人推出了「X光計畫」，也稱為「蝙蝠炸彈計畫」，這是由綽號「博士」的萊爾．亞當斯（Lyle S.「Doc」Adams）所想出來的。在美國戰爭中，蝙蝠一向都扮演重要的角色，因為其糞便發酵成為硝石，是火藥的要素，早在獨立戰爭時，士兵就會去蝙蝠常去的洞穴挖掘。

每年三至十月，都有兩千萬隻母子蝙蝠棲息在德州知名的蝙蝠洞布萊肯洞穴（Bracken Cave），亞當斯率隊由此搜羅了數千隻墨西哥游離尾蝠（Mexican free-tailed bats），為牠們裝上小型的燃燒彈，並且打算把牠們分別裝進裝有降落傘的霰彈筒中，空投日本。他的設想是，這些霰彈筒到千呎高空時就會張開，讓蝙蝠飛出，在瓦片和屋簷上築巢作窩，不久就會爆炸，讓用木材和紙製的整座城市陷入火海。羅斯福同意了這個古怪的計畫，投入兩百萬美元的經費。只是有一天出了意外，已經綁上彈藥的測試蝙蝠飛了出來，燒掉了德州空軍基地，這計畫才遭擱置。

那時期還在進行的另一項計畫是美國行為學家史金納（B.F. Skinner）所研發的鴿子導引飛彈，在這個「鴿子計畫」中，他訓練鳥兒啄食目標，藉以導引飛彈的方向。戰後，美國海軍再度研究這個計畫，稱之為生控計畫（Project Orcon，代表生物控制 organic control），一直到一九五三年才放棄，因為電子導引的飛彈比較可靠。不過為防萬一，這計畫還是又等了六年才解密。

眾所周知，鴿子、狗、馬、駱駝和大象自古就上過戰場，沒想到豬也服過役。古羅馬學者老普林尼（Pliny the Elder）就曾記載，人們把成群發出呼嚕聲的豬放出來，嚇唬入侵者的大象。不過最近我們更進一步，把動物兵的觀念延伸到不可理喻的境地。

大部分的人都是經由《超異能部隊》（*The Men Who Stare at Goats*）這部書或電影，才知道五角大廈有心理行動（pysops，代表psychological operations）部門，該部門所屬的國防高等研究計劃署（Defense Advanced Research Projects Agency，DARPA）專門訓練中情局密探遙控動物的能力，以執行殺戮任務。不過那只是中情局諸多奇特動物特工計畫之一。在《竊聽貓行動》（*Operation Acoustic Kitty*）中，中情局在貓身上植入竊聽裝置，天線藏在貓尾巴裡。這個長達五年，花費五百萬美元的冷戰計畫最後取消了，因為這隻貓在俄國建築附近放生之後，卻在過馬路時車禍死亡。貓也被當作炸彈導引系統，扔在船上（理由非常薄弱：因為貓厭惡水，因此牠們被綁在炸彈上時，會把炸彈導向甲板）。

數以百萬的動物為了協助我們打仗而犧牲，而且最近數十年來，由於士兵所用的科技越來越高明，因此我們的武裝動物兵亦然。二〇一〇年，中國大陸的《人民日報》指控塔利班訓練猴子對北約軍隊發射卡拉希尼柯夫突擊步槍（Kalashnikovs）、輕機槍，和迫擊砲，儘管塔利班否認此謠言，但卻在人們的腦海裡留下了教人不安的印象，喚起電影《綠野仙蹤》（*The Wizard of Oz*）裡飛猴大軍由空中攻擊的畫面。即使我看這部電影時還是個孩子，也知道可怕的並不是飛猴，而是那女巫竟然邪惡到訓練動物來作為打仗的傀儡。

中情局用遙控電子昆蟲作過實驗，把微晶片插進還在蛹階段的蝴蝶、蛾和蜻蜓，因為就如DARPA提案所解釋的，「昆蟲身體每經過一次轉化階段，就經歷一次更新過程，可以治療創傷，並且針對異物重新讓體內器官定位。」結果產生的是電子蜻蜓和機械蛾，以及會尋覓和救難的電子蟑螂。其他計畫還包括遙控鯊，牠們的腦裡安裝了電極，其設計是要嗅出炸彈和爆裂物；蜜蜂也受訓取代嗅聞炸彈的狗；受過訓練的倉鼠則駐紮在檢查哨，只要聞到高量的腎上腺素，就會按下拉桿。

五十多年來，美國海軍訓練了成群海豚，[1]用牠們優越的回音定位技巧和昏暗視覺（low-light vision）來辨識和清除水雷。不論是越戰還是波灣戰爭，牠們都為美國海軍服過役，拍攝影片、運送設備，保護船隻不受敵軍水鬼的破壞（用腳銬夾住潛水員的腳，而腳銬則以繩索連結浮標）。掃雷的海豚學會辨識而不引爆水中爆裂物，只向訓練員回報，對問題回答是或否。有時牠們會標識出水雷的地點，巧妙地把浮標線附在其身上；有時牠們會在連結爆裂物之後匆匆離開，破壞水雷。二〇一二年，伊朗威脅要在荷姆茲海峽（Strait of Hormuz）布雷，阻斷這重要的運輸路徑，美國公共廣播電台（NPR）就問曾在巴林擔任美國第五艦隊指揮官，但當時已經退休的基廷（Tim Keating）海軍上將，他要怎麼應付這個情況。

「我們有海豚，」他直接了當地說。

儘管訓練員很寶貝海豚，但海軍卻只把牠們當成另一種員工，沒有官階，但是按真正的軍事方式編列。比如「Mk 4Mod O」是檢測海床附近的水雷並貼附炸藥的一隻海豚；「Mk5 Mod 1」則是在演習時用來取回水雷的一頭海獅。

不過在二〇一二年夏天，海軍作了一項重大宣布，要讓掃雷海豚和其他海洋哺乳類在二〇一七年全數退休，而以稱作「電鰻」（knife fish，以放電知名的魚類）的自動無人機器取代。電鰻和海洋哺乳動物不同，不能卸除水雷，只能搜尋、拍攝，並傳達相關資料。其他水中自動機器可由光纖纜線引導。我雖樂於相信軍方的決定是出於同情心，但我想省錢也是因素之一。在軍方體系中，機器人布署起來比海豚便宜得多，海豚得用裝滿水的大水槽運送到戰場，不但沉重，而且還需要餵飼和醫療照顧。

社會大眾對於派動物作戰和送牠們進實驗室作為研究對象有不少怨言，尤其是如海豚這種腦部發達的哺乳類，或許終於有人聽進了這些抱怨。在全球人士同聲遊說奔走多年之後，美國政府終於在二〇一三年讓黑猩猩退役，不再以牠們作研究，並且把牠們列為瀕危動物，這表示所有為了我們而經歷無數疾病的黑猩猩終於能到動物保護區安享天年，而且不會再有其他的黑猩猩得面對這種恐怖。

多年來我們讓動物遭受各種研究和戰爭的虐待，這樣的支配控制終於被科技迅速取代，真是謝天謝地。我們如今有機器騾子，用來取代各種不同地域的馬匹和卡車；有機器跳蚤，可以躍過敞開的窗戶偵察；還有靈巧的體操機器人，可以在有毒的地區取代士兵。不過直到目前，還沒有人知道該如何打造狗兒超靈敏的鼻子，狗可以在人離開房間數小時之後，依舊嗅出他的氣味，並且經由不平整的地勢，追蹤他走路時滲出他鞋底落在地面上的少數分子，即使是在暴風雨的夜晚亦然。到目前為止，沒有機器人能比得上那樣的精巧敏銳。因此我們暫時還是得要有狗士兵，其中有些接受殺戮敵人的訓練。

如果一定要有戰爭，至少自動駕駛的工具沒有心靈，只可惜它們的目標卻並非如此。

1 儘管美國海軍要讓海豚退役，但據美國自然資源保護委員會（National Resources Defense Council）的研究，美國在加州沿岸演習訓練時，一直都用不安全的聲納，過去五年來已經傷害了兩百八十萬隻海洋哺乳動物。請參見 Brenda Peterson, "Stop U.S. Navy War on Whales", *Huffinton Post*, March 14, 2014。

chapter 3-4

戲波基因池

數千年來，我們在地球的生物形體上留下了我們喜愛特色的形跡，不只是農作物或動物，而且也包括我們喜愛的寵物。再沒有其他動物像狗這樣，長久以來與人類相互依賴，在情感和凶猛野蠻這兩方面的能力，牠們都和我們不相上下。所有的狗追本溯源，祖宗都是來自同一種犬科動物——狼，但如果你看到吉娃娃、貝林登㹴犬（Bedlington terriers）、比利時葛里芬犬（Belgian griffens）、可卡犬（cocker spaniels）、大丹狗、拳師狗、巴仙吉犬（Basenjis）、阿富汗獵犬，或者柯基犬，大概不會想到這一點。多少世紀以來，我們已經培育出做各種工作和運動的狗：長長的臘腸狗可以扭動身體進入獾的洞穴，胸寬腰細的靈猩和惠比特犬（Whippet）適合賽跑，恩特雷布赫山犬（Entlebucher Mountain Dogs）用來牧羊。形形色色賞玩用的小型狗可以譜出幻想曲。或者我們也可以由智力、性情或者可愛的精神官能症表現（比如追自己的尾巴）來選擇同伴犬。我們選擇性的育種創造出時髦，符合美感的狗，包括許多近親繁殖的品種，使牠們受到約三百五十種已知遺傳疾病的折磨，比如米格魯（beagle）椎間盤脆弱、杜賓犬易患猝睡病、巴吉度獵犬（basset hounds）有血栓隱憂、扁臉的北京狗常受呼吸毛病折磨，蘇格蘭㹴犬感染膀胱癌的機率是其他犬隻的十八倍。我們培育出小到膝蓋常常脫臼的狗，或者大到髖部有問題的狗。

然而不論藉著控制育種重新改造同伴生物的結果多麼拙劣，我們長久以來依舊一直在進行著實驗，因此早就不覺得其結果會「不自然」。如今我們有了科技可以把鋼鐵般的手伸入細胞的機器裡，重新改造基因，甚至連人類的基因也可以改造，我們的力量就更加教人不安，掀起了各種道德倫理和法律上的挑戰。

二〇一二年，約翰．古爾登（John Gurdon）和山中伸彌（Shinya Yamanaka）因為突破性的發現而共同獲得諾貝爾獎，他們找出如何說服成年的皮膚細胞倒退成超多能分化性（pluripotency）的幹細胞，能夠變為身體上的任何細胞——心、腦、肝、胰臟、卵細胞。兩位學者彷彿找到重設身體時鐘的方法，讓人體回到發育初期，使它能製造尚未選擇生涯的百搭細胞——而不必用造成多項爭議的胚胎幹細胞。

太空可能是人類最後要探索的疆界之一，另一個亟待探索的，則必然是在遺傳學的天地，人類要在這個領域裡盡情發揮想像力和創造技巧。「我們是神，最好還是能把這件事做好。」史都華．布蘭德（Stewart Brand）在他一九六八年發行的經典期刊《全球目錄》（*The Whole Earth Catalog*）的一開始就這麼寫道，這份期刊啟發了回歸大地運動。他在二〇〇九年出版的《地球的法則》（*Whole Earth Discipline*）中，以更憂心忡忡地語調開頭：「我們是神，而且**務必**要把這件事做好。」

白犀牛舉世罕見，而北非白犀牛（北白犀）更是稀世奇珍，舉世只剩下幾頭。如今拜古爾登和山中伸彌之賜，遺傳學者可以由最近死亡的一頭白犀牛皮膚上採取DNA——比如四十年前的北白犀，把它變成誘導性多功能幹細胞（induced pluripotent stem cells；縮寫作IPS），加入某一種人類基因，製出白犀精子，接著再用體外授精，希望能讓母白犀受孕，生出遺傳多樣化的後代，拯救這個物種。到目前為止，他們已經創造出胚胎。

銀鬃黑面山魈（silver-maned drill monkeys）生著一張花瓶形的黑臉，外面圍著柔灰色的毛皮，彷彿牠們的額頭也長了鬍子，永遠都看得到牠們臉上的暈輪。這種猴科動物在西非的小樹林間擺盪，是非洲最瀕危的靈長類，少數存活的常患有糖尿病。聖地牙哥動物園和斯克里普斯研究所（Scripps Research Institute）的科學家因此合作，希望能找出治療此病的方法，並且增加基因庫的遺傳物質：最近他們由銀鬃黑面山魈創造了IPS，並且引導幹細胞，變成腦細胞。斯克里普斯研究所的同一批魔術師也在孕育人類的IPS療法，大家翹首以待的帕金森氏症人類臨床實驗很快就會開始。這和我們想像中復育恐龍，讓牠們在中央公園吃草未免差得太多，倒不是人們對恐龍沒興趣，只是牠們已經滅絕太久，因此牠們的DNA已經沒有用處了。然而還是有其他許多動物，由旅鴿（passenger pigeons，曾是最常見的鳥類，二十世紀滅絕）到大海雀（Great Auks，十九世紀滅絕）值得考量。好奇心在人類心裡是自然的洪流，就如土石流一樣難以抵抗。一群群的人熱切地在會議上和研究中心裡討論該讓哪些、如何、何時，和為什麼讓滅絕的物種復活。在俄羅斯的更新世公園（Pleistocene Park），如今已經有貌似古代牛馬的動物群在園裡徜徉，如今更期待毛茸茸的猛獁象（mammoths）出現，儘管牠們曾經吃草的西伯利亞大草原已經不再存在。有些人認為讓已滅絕的物種復活是出於環保罪疚感的道德追求，有些則覺得這是熾烈的科學挑戰。有些直率的人公開坦承說，在他們看來，這個想法實在精彩絕倫，不容錯過。

在哈佛，分子遺傳學家喬治．丘奇（George Church）率先找到方法，可以漫步DNA的果園，挑選個別的基因，創造他們想要的特性，或者去除折磨人的特色。我總覺得袋獾（Tasmanian devils）討人喜歡，或許是因為牠們惡名昭彰的壞脾氣和喜歡惹是生非，極端得到了可笑的地步，牠們站起來打架時，就像毛茸茸的相撲選手一樣。野生袋獾因為面部腫瘤傳染，因此數量銳減，約有八〇%已經死亡。丘奇可以明確辨識出造成腫瘤的基因，並且把它由遺傳中移除。如果他願意，也可以用DNA的四個鹼基：A、T、G，和C寫出公式，把牠們的DNA片段排列組合，重新創造已經滅絕的旅鴿。

儘管這是在實驗室背景下的未來科學，但他和同僚所用的辭彙卻是機械化且純屬工業時代。要建造一個細胞，生物工程師先檢視組合零件，挑選他所要的生物磚瓦，然後經歷組合的程序：把DNA的磚塊放在鑄造廠的基座上（比如大腸桿菌）。

我們已經讓這些動物都絕了種……該怎麼使牠們復生？我們已經發展到能夠思考這個問題的物種，實在教人驚奇。對於我們周遭的動物，我們有深深的懷念，也期望牠們復生。從前我們以為人類對其他動物擁有單純的掌控權，如今我們眼看著動植物的基因庫日益縮小，而超多能幹細胞的科技日新月異，我們才明白自己要扮演更複雜的角色，而那精巧聰明的錯誤需要更精巧聰明的回應。

東密德蘭公司（East Midlands，英國一家鐵路客運公司，服務範圍是東密德蘭，包括林肯郡、南約克郡、諾丁罕郡、萊斯特郡和北安普敦郡）的這列火車由倫敦朝諾丁罕行進時，我們經過了一排巨大的老七葉樹（horse chestnut trees）圓頂的樹冠，寬敞的樹蔭，教人一見難忘，滿樹球果形的花朵像香一般輕輕搖曳，空氣裡瀰漫著如紫丁香那般濃郁的芬芳，但卻有更濃重的動物氣息，倒不是穀倉裡的馬味，而是如皮革一般的甜香，有點汗味。很快地城郊的景物又變成明豔的黃色條紋：一畦畦花朵盛放的油菜籽，它們的油從前潤滑我們的重機械，如今則作為生物柴油注入我們的卡車，作為芥花油灌入我們的食道。轉過彎，遠方冒出了高大的白蟻丘，但等我們走近之後，它們卻變成了冒著煙的火山，最後火力發電廠的七支水泥煙囪赫然出現在我們眼前。它們聚在一起，是工業時代的紀念碑，也是方圓許多哩最高的地標（也有人說是醜陋的眼中釘）。連續兩小時，我們周遭都是一望無際金屬製的曲棍球手，他們支撐著一股一股的寬電線跨過這片大地，各自伸出三支手臂，鋼製的松果在其上晃盪。

這些人煙稀少的農地就是我們所謂的「鄉村」，把英格蘭的田園美景填滿我們的雙眸，只是其中有些根本不屬於本土（加拿大雁），有些則經過基因工程處理（芥花油菜籽canola rapeseed），還有許多經熱情奔放的鋼鐵燒鑄的機器。就連被當作英格蘭代名詞的七葉樹，其實也源自巴爾幹，並且有它的小祕密，原來在一次和二次大戰時，英國的孩子收集這些樹的種子——我們放在口袋裡靜靜摩擦的芳香果實，用身體的油份把它們擦亮，直到它們像紅木的旋鈕一樣——然後把它們捐給三軍，製作無煙火藥炸藥。

如今天空上再也沒有密密麻麻如雲般的椋鳥，也看不見牠們突如其來地轉彎盤旋。人類濫用殺蟲劑讓牠們賴以維生的生物靜寂無聲，大群天上飛的地上走的和滑行的生物已經消失。諷刺的是，由於農作物佔了英國七成的土地，使得生物多樣化成了都市的夢魘，朋友告訴我，現在倫敦市裡赤狐（red foxes）為患。

我為這一畦一畦一望無際千篇一律的景觀感到震驚。窗外盡是同一種作物，還有始終如一的成群牛羊。同樣單調的基因法則統御了大半的星球，因為野生和形形色色多變化的地域已經讓位給儘管一成不變但卻更繁榮的大農場。僅僅美國一地，就有兩萬平方哩（約五一八萬公頃）的土地覆蓋著玉米作物，這個面積是麻州的兩倍大。我們時時都在嘗試優生學，培育理想的作物來取代較不美觀或營養較低或較容易腐敗死亡的品種，砍伐森林好讓牛群吃草，或者興建購物商場和公寓大樓，栽種一般屋主和產業偏好的熟悉樹種。在這樣的過程中，基因就這麼默默地逐漸消滅，即使有時候是出於好意。

在人類演化的過程中，我們正處在一個危險的年紀——聰明、剛愎自用、衝動，而且往往是在玩弄自然，而並不了解它。天知道有朝一日我們會追悔哪些消失的生物——和它們的DNA？整齊畫一的農作物花粉會顯現在化石紀錄上，是我們這個時代的奇怪特色：奧莉薇檢視它，必然會疑惑我們為什麼徹底摧毀了明明有益的植物什錦，而寧可要一些經基因改造而不會結果的品種。她會不會猜到這些植物大多都是在貪婪的田地裡栽培生長（迫使農民繼續購買某家公司的種籽）？

我們正處在這個星球第六次的大滅絕之中，每年喪失一萬七千至十萬種物種。有學者揣測四億四千萬年前造成第一次大滅絕的原因，是巨大的超新星爆炸所造成的輻射；兩億四千五百萬年前第二次大滅絕，可能是隕石撞擊，再加上火山爆發，使得許多海洋物種都死亡，珊瑚礁也消失了上千萬年。約兩億一千萬年前，發生天崩地裂的大災難，一半以上的生物都因而滅亡。六千五百萬年前的大滅絕使恐龍絕跡，溫度飆升了近華氏六十度（約攝氏十五．六度），海平面高漲逾九百呎（兩百七十公尺）。而當今的滅絕事件，是自我們人類主宰地球以來的第一次，可能是後果最慘重的，許多科學家預言，照我們目前的速度，舉世大約一半的動植物在西元二一〇〇年就會滅絕。但這回我們知道滅絕的確切原因，因為那原因都是我們自己創造出來的——氣候變遷、棲地消失、汙染、入侵物種、大規模的農業、海洋酸化、都市化、人口增加需要更多的自然資源——而只要我們大家同心協力，就能夠使這些因素停止。

我們眼睜睜地看著物種在我們周遭消失，因此舉世都開始盡力收集並且保護各種DNA，以免時不我與。兩項偉大的嘗試已經率先進行，一項是斯瓦爾巴全球種子庫（Svalbard Global Seed Vault），在挪威斯匹茲卑爾根（Spitzbergen）島上一個杳無人煙且有重兵防守的地下山洞，埋在砂岩山下四百呎內，這裡屬於與世隔絕的斯瓦爾巴群島，離北極約八百哩——就像〇〇七電影中的地點，遠離人為和自然災難，甚至連融化的冰帽（它位於海平面上四百三十呎〔一百三十八公尺〕）、地殼的活動，或核子戰爭都不會影響它。

在有些氣候下，由於農作枯萎和缺水，使食物變得十分稀少。種子庫的任務就是保存種子的多樣性，因為我們永遠不會知道未來會發生什麼樣的災難，哪些農作物可能會歉收，哪些種子——不論是祖傳品種或經過基因工程，都可能在人類世的世界提供解決方法。關鍵或許在於已逝年代的遺物。種子庫的助理執行總監寶拉·布拉梅爾（Paula Bramel）解釋說：「環境的變化已經到了一種程度，農夫不再能維持他們一向使用品種的種子，那對任何人都是損失，因為那種多樣化可能有未來攸關緊要的特色。」

要是現在不貯藏那些種子，它們日後就不會發芽。布拉梅爾指出，這在非洲是個特別的問題。我們已經放棄了許多祖傳的農作物，因為在我們科技的殿堂中，栽種它們的價格比較高昂，或者它們不如我們所要求的那般完美無瑕。種子庫是挪威政府高瞻遠矚送給全世界的禮物；不論是貯存、編目和監管數以百萬計的候補種子都不收費，這些種子大半是在華氏零下零點四（攝氏零下十七點八）度的溫度中休眠，在天然的永凍土裡冷藏。每隔十年左右，就會喚醒一些睡美人種子，讓它們生長開花，好收集新鮮種子。當然在最理想的情況下，只要能持續這樣理想的狀態，就不會需要動用它們。但同時，為了以防萬一，種子庫收藏了四千多種不同品種的數百萬樣本。

第二種為防世界末日所做的努力，則是在諾丁罕大學（Nottingham University）校園的「冷凍方舟」（Frozen Ark），貯存了五千四百三十八種動物共四萬八千個體的ＤＮＡ，這是停泊在羅賓漢後院裡的諾亞方舟，其標識是藍色的方舟圖案，在雙螺旋的大海波浪中行進。

chapter

3-5

蝸牛之愛

拜倫．克拉克（Byron Clarke）愛蝸牛，不過他並不是對所有的蝸牛都一視同仁，而是特別鍾情一種形如包頭巾的腹足類動物：帕圖螺（Partula）。而在帕圖螺這一屬蝸牛中，他又對月光帕圖螺（Partula Mooreana）最為著迷。就如達爾文芬雀（Darwin's finches）一樣，帕圖螺所棲息的小島和牠們鄰居的棲地分隔開來，牠們很快地朝多元發展，在色彩、大小，和殼的圖案上都有教人驚訝的變化。這些蝸牛沒有天敵——只有玻里尼西亞人會用牠們的殼串起來做項鍊，參加儀式時掛上。在林木茂密火山坡底層的貝母、車前草、龍血樹、薑黃，和其他植物的葉片下方，牠們吸附在藻類上。

在拜倫淺藍色的辦公室裡，我看到他書桌上攤開的一本舊書，顯示他最喜愛的彩色圖片。有些貝殼呈草黃色，上面環繞有兩三條紅栗色的窄紋，有些則是淡棕色，上有顏色較深，或者呈乳黃和紫色的螺紋。儘管牠們的圖案和色彩各不相同，但全都屬於帕圖螺。書旁隨意擺放著幾條蝸牛殼串成的項鍊，分別是粉紅、棕色、黃褐和灰色。每一個小貝殼都經過精挑細選，色彩和大小相仿。而據拜倫的說法，這些項鍊之所以非比尋常，是因為即使在同一個山谷，蝸牛殼的圖案大約每二十碼就會改變。看到這麼多小生命的遺物如幽靈般放在他桌上，著實教人不安，它們黏呼呼的住戶早已滅絕，螺旋形的內部應該放在高第設計的教堂裡，亮眼的殼依舊賞心悅目，但那影像卻糾纏我們不放，它們空蕩蕩的美教我們觸目驚心。

曾有一度，法屬玻里尼西亞有上百種帕圖螺，其中最有魅力的品種，棕綠條紋的帕圖螺最受珍惜。牠們有各種如咒語般的名字：Partula dolorosa、Partula mirabilis、Partula solitaria、Partula diaphona。一八八〇年代，一名愛吃蝸牛的法國海關關員動了事業心，想開個蝸牛農場推銷給島民，他選擇培育的品種是體型巨大、肥碩多汁的非洲大蝸牛（Achatina fulica），可是當地人並沒有興趣，於是他把牠們扔進曠野，沒想到牠們不但掠食當地的農作和花園，還搭便車侵入其他島嶼，造成嚴重的農作物損失，於是駐在關島的美國官員在一九七七年，又在一個柳橙園內引進了一種特別貪婪的掠食者，肉食性的佛羅里達玫瑰蝸牛（Euglandina rosea）。只是就連蝸牛也會挑食，而偏偏玫瑰蝸牛就是不喜歡非洲大蝸牛的滋味，反倒跑到鄰近的樹林，大啖不知道為什麼牠們嗜食的帕圖螺。網路上可以看到這些肉食動物進食的殘酷鏡頭，牠們用力插入茫然無助的小帕圖螺殼內，像食人族般津津有味地把牠們吞下腹內。十年之後，這些玫瑰蝸牛掌控了整個島，吞食了五十個品種的帕圖螺，這是入侵物種（和人類干預）出了差錯的另一個悲劇。

火山群島是研究物種演化和徹底改造的自然實驗室，因此拜倫偕妻子安和實驗室助理克里斯・魏德（Chris Wade）前往法屬玻里尼西亞研究帕圖螺。巧的是，大約在同一時間，我也在當地，雖然不是在搜尋蝸牛，但我知道他們工作時周遭的感官錦繡：曬焦的檀香木散發辛辣刺鼻的香氣，六人座的浮架獨木舟（outriggers，船身一側或兩側有船架支撐，較為穩定，或稱邊架艇獨木舟）迅速駛過，每艘獨木舟的一側都有獠牙狀的木頭保持平衡。狗就睡在倒翻過來的浮架下蔭涼處。天空到處都是海島，而陸地上，成雙成對的雪燕鷗（fairy terns）像小小的白色天使一般棲息在枝椏之間，保護牠們絕無僅有的一個蛋，維持它的平衡。男人滿身刺青，女人一邊唱著充滿叫聲和哀號的傳統歌謠，一邊搖擺身體。小小的房子排列在鄉村道路兩旁。山腳下樹蔭中不時有房子的燈光閃爍。屋後遠方雨雲籠罩的山巒像火山一樣滾滾流動。舉目四望，處處是精雕細琢的設計——教堂的石頭、木雕和樹皮布（以樹皮經拍打加工而成的非紡織布料），像藤蔓一般彎捲，如蝸牛殼般的螺旋形，天地中另有天地。就彷彿原住民的工匠師傅透過顯微鏡，望見了細胞的心。

他們趁著陽光閃過鈷藍色的海面，登上紅白色的長渡船，渡船被四條粗繩綁在碼頭上，彷彿不這樣做，船就會像野獸一樣逃逸。他們乘著船在小島之間穿梭，島上盡是綠油油的山坡，和直劈入海的頁岩斷崖。這杳無人跡的濃蔭魔咒離英國修剪齊的草坪相隔宛如光年之遙，就在這裡，他們熱切地尋覓那小巧玲瓏、珍奇稀罕、條紋美麗的樹蝸牛。

他們在茉莉亞（Moorea）島上找到一些活的帕圖螺，不過拜倫憑著第六感，認為一百二十六種帕圖螺共同的祖先很可能是在離東加約兩個半小時的埃瓦島（Eua）。埃瓦島比其他島嶼年長三千萬至四千萬年，並沒有火山活動，而是屬於岡瓦那大陸（Gondwanaland，也稱南方大陸，是假設存在於南半球的古大陸）的一塊平坦大陸棚斷裂之後，落在東加之旁。他們能在那裡找到在所有太平洋島嶼上都落戶安家的蝸牛嗎？

他們抵達之後，才發現埃瓦島民才剛砍倒了所有的雨林，好栽種樹薯，教他們大感氣餒。帕圖螺的棲地已經消失了。如今只剩一個渺茫的可能，在埃瓦陡峭的深谷谷底，有一排稀疏的樹木緊靠在溪流邊。島民不敢冒險攀爬，拜倫也不敢，但安和克里斯卻義無反顧。他們跋涉峽谷，奮力前進，進入島的綠蔭深處，在高原、海濱，和島上最後少量的雨林中搜尋了三週，結果只在一個裂縫底部的溪流找到一堆空殼。他們拾起這些小小的圓蝸牛殼，像鑑賞古錢幣那般輕輕轉動，才明白他們已經遲到了約二十年，因為蝸牛殼在野外只能保存二十年。他們雙手捧著滅絕物種的殘骸，惋惜不已。

安說，這一切的打擊實在難以承受。他們小心翼翼地把找到的幾隻活月光帕圖螺放在便當盒裡，回到諾丁罕的家。他們和倫敦動物園共享大部分的蝸牛，由動物園安排人工養殖計畫，至於其他的蝸牛，則由拜倫和安共同養殖，由一名十分擅長照顧帕圖螺的師傅協助，讓牠們繁殖小蝸牛。帕圖螺與眾不同的一點是，牠們不產卵，而是直接生蝸牛寶寶，連完整的蝸牛殼都在上面。

「這是一隻帶著小蝸牛的帕圖螺，」她翻開書，讓我看一張教人吃驚的圖，是一隻蝸牛，另一隻形體都已經發展完全的小蝸牛由牠的頭（繁循器官藏在那裡）後方冒了出來。「牠們就是這樣出生的。」

「殼一定是軟的吧。」

「不，是硬殼，牠們出生時就是徹徹底底的成年蝸牛。」

奇怪奇怪真奇怪，我想道，在東加王國樹上出沒，人們拿去串項鍊的小小條紋蝸牛是由雌雄同體的雙親頭側跳出來的，而且配備著完成長成的鈣質硬殼（這樣生產必然會疼痛吧？）更不用說在追求期間，雙方還由箭筒掏出鈣質的「愛情飛鏢」，彼此互射。

世界各地的動物園對帕圖螺的滅絕感到驚駭，因此許多動物園也開始養殖這種蝸牛，由大溪地圍籬的帕圖螺保育地，到倫敦動物園的蝸牛室，遊客都可以看到小如指甲的蝸牛徐徐動作，沿著玻璃用黏液滑行，暴露出牠們的腹部。然而把牠們野放回原棲地並沒有用處，因為窮凶惡極的玫瑰蝸牛還在四處肆虐。

「我們用餐盒把帕圖螺帶回來時，感到十分沮喪，」安傷感地說，「我想就是在那個時候，布萊恩和我想到冷凍方舟的計畫。因為我們看到所有這些帕圖螺滅絕，不由得想，除了我們為蝸牛做這些事之外，還有誰為其他瀕危物種做這些？我們四處尋覓，卻找不到任何人。」

克拉克夫婦在一九九六年創立冷凍方舟計畫，以因應這個危機，他們只有一個單純的目標——在瀕危動物絕種之前，貯存含有牠們DNA的冷凍細胞樣本。她強調，這樣做並不是為了取代在自然環境裡保育動物，或者在動物園裡養殖牠們，而是一種極其重要的額外保險措施。

如今共有二十二個舉世最佳的動物園、水族館、博物館，和研究機構登上了這艘方舟，提供DNA。只要在獸醫例行檢查時，用棉球擦拭口腔、糞便、頭髮、羽毛，或者血液即可收集，並不疼痛。樣本送到諾丁罕編目冷凍，另外還有備用的一組存在原動物園裡。DNA比蚊子的細鬚還小，這倒是很方便，許多個別樣本只是小張白色濾紙上的一抹，只容一輛車的車庫就能貯存上百萬個樣本，一個公事包所藏的分量就足以讓整塊大陸充滿生物。在冷凍方舟裡，樣品在華氏零下一百九十六度（約攝氏零下一二七度）的液態氮裡盤旋，確保DNA可以再保存成千上萬年，完整的細胞也能再保存數百年。沒有任何生物能在零下一百九十六度活動，但有朝一日，這些細胞可以復活，可以重新培養。

接著，克拉克夫婦用古爾登和山中伸彌的超多能分化性幹細胞研究，發現該如何運用方舟所載運的冷凍貨物，重新培育出已經滅絕或瀕絕的物種。

「這表示我們可以製造任何組織，包括卵子和精子，」拜倫說，「這個重要性無與倫比，因為至少在原則上，你可以重新創造整個生物，即使它已經滅絕亦然。比如日本人就想要把真猛獁象（woolly mammoth，長毛象）的胚胎植入大象體內，讓大象把牠生出來。永凍土有許多冰封的真猛獁象……當然不會保存太久了，因為它已經在融化了。」

即使在冰裡沉睡一萬年之後，這些真猛獁象依舊是冷凍DNA的寶庫。布萊恩向我保證它們可以冷凍更長久的時間，只要用對方法，還是能夠生長發育。

「目前我對冷凍乾燥細胞十分熱中，就像保存咖啡那種方法。」

我儘量不去想像架上一罐冷凍乾燥的真猛獁象顆粒，放在另一罐多多鳥顆粒旁，就像在賣農村產品的商店裡。不過還是浮想聯翩。

「在北邊西伯利亞的棲息地可能沒什麼問題，」布萊恩往椅子後面靠，「只是問題在於：就算有了真猛獁象，你要拿牠做什麼!?這教人左右為難。是不是該有兩頭真猛獁象，讓牠們可以繁殖，恢復這個物種？那會很有意思，」他說，顯然對這個點子很著迷，「我相信牠們會找到可以存活的棲地。」

想像二十一世紀的真猛獁象倒很有趣，牠們由大象媽媽的肚子裡出生，（媽媽看到毛茸茸的寶寶恐怕會大吃一驚吧？）雷霆萬鈞天搖地動舉步穿過西伯利亞，說不定看到復活的劍齒虎，驚嚇之餘，還會發出警告的吼叫聲。

然而我們知道，寶寶所有的事物都是向媽媽學的；我們的新生真猛獁象不會有真猛獁象的文化，或許牠們會像鴨子寶寶那樣銘記牠們的新媽媽，接納大象扇耳朵作信號的習慣，和對泥浴的渴望。也或許牠們會像瀕危的沙丘鶴（sand hill cranes）那樣，由穿著白衣的人類駕駛輕航機，餵食並教導鶴的行為？因此牠們是真猛獁象，卻又不盡然是真猛獁象。牠們的腸道和皮膚上或許不會有伴隨老祖宗的猛獁象細菌ＤＮＡ——這些在我們身上翻筋斗豎蜻蜓，與我們共生，讓我們完整的同伴。不過安告訴我，或許能讓猛獁象細菌ＤＮＡ復生，因為如果組織是冰凍的，和它原本在一起的微小細菌就很有可能也被冰封在一起。

所以真猛獁象和金蟾蜍（golden toads，美洲蟾蜍的一種，曾大量存在於哥斯大黎加，現已滅絕）和白鱀豚（Baiji dolphins）和北美駱駝或許全都能再在地球上出沒。或許比較不會有爭議的做法是，牠們的細胞可以用來把更具遺傳特徵的種類，嵌入跡近滅絕日益減少的物種身上。大部分人對於藉著多樣化動物基因組的方式來拯救瀕危動物的作法比較不會有異議；這和讓死動物復生有天壤之別。

最近我才知道我們智人身上有百分之一至三的尼安德塔人ＤＮＡ，讓我對尼安德塔人復活的想法起了好奇心，我問安對這個問題的看法，她顯然對這個奧祕很有興趣。

「我希望我有大量的尼安德塔人ＤＮＡ！」她雙眸發亮地說：「這多麼教人著迷，而且似乎全在盎格魯—撒克遜白人基因庫！或許我們就是ＤＮＡ比例高的人。我有點為這些人擔心，究竟是我們把他們全部除掉了——還是他們因寒冷而死，抑或是其他？要是我們把他們全都殲滅——那可太糟了。」

她的熱切教人耳目一新，而且我得說，她是我所見過頭一個希望自己有尼安德塔人基因的人，儘管她的同胞威廉·高定（William Golding）寫過一本血淚交織的小說《繼承者》（*The Inheritors*），由最後一個尼安德塔人的角度刻畫他的同類被我們敏捷、狡詐、喋喋不休的智人祖先滅絕的情況。

「至於某些已經滅絕的美好動物……」

「劍齒虎？」她興味十足地提議。

「對！不過還有劍齒虎的棲地嗎？」

「那還有討論的餘地。不過我個人認為生物多樣性是好的——如果我們能救回我們滅絕的一些物種，那麼我倒寧可看牠們在肯特郡的曠野或是森林裡蹦跳，總比沒有好。」

雖然安言盡於此，但她知道這是方舟計畫必須考量的一點。他們可以讓真猛獁象或劍齒虎或多多鳥或任何已經滅絕的物種復生，不過他們已經決定在收集遺傳物質的現在，暫時先不這麼做。還有兩百萬至七百萬物種的ＤＮＡ要複製，他們的計畫離完成還很長久。

「不過不會就此就停止，」她露出預言家的微笑說。

如我們所知（想想同類相食的凶殘蝸牛大啖月光帕圖螺的例子），引進新物種可能會帶來意想不到的結果。而是的，讓滅絕的生物復活，也是爭論不休的議題，就連和冷凍方舟合作的各團體，也都各有意見。反對者的一個主要考量是，這樣做會分散保育要務的注意力——保護動物和生態系統滅絕才是當務之急。評者還擔心滅絕物種的ＤＮＡ

會交織在野生動物之中，成為古代的新來者，變成來自過去的另一種入侵物種。這兩種憂慮無疑都有其道理。我在意的另一點則是，讓滅絕動物復生在日益商業化的生命觀扮演什麼樣的角色，任何生物都可以任我們支配，用後即拋棄，以更新的合成品種取而代之。但另一方面，我也像安一樣，很想看到形如斑馬卻已經滅絕的生物能夠「在肯特郡的曠野裡蹦跳」。

收集DNA是一回事，同意接下來該做什麼又是另一回事。由冷凍方舟的觀點，光是貯存DNA的工作就已經夠多了，未來的世代可以按那時所有的新科技，決定他們要怎麼處理這些DNA。原先他們開始時是只貯存最瀕危動物的DNA，如今卻發展為迫切的貯存整個生態系統。鈴舟到某個地方去，收集爬行、飛翔、蹦跳奔跑，或滑行的一切動物。在綠蔭濃密的熱帶雨林，人們成群結隊在樹下鋪好大片紙張，然後搖晃樹木。我想像樹上下起昆蟲、青蛙、蝸牛和蛾的景象，相信安一定覺得搖晃和收集十分有趣，要是我就會。我們所命名的生物才剛好約佔所有地球物種約百分之六十五多一點，因此，是的，該用力搖，然後把它冷凍起來，送到國立歷史博物館，作好標籤——才能分辨它究竟是螞蟻或蜜蜂或蛾——隨後再讓分類學者為它取正式的名字。

諾丁罕貯存多種生物的DNA，其中包括求偶時會低吟的密西西比短吻鱷、眼大如餐盤的巨大烏賊、神秘的雪豹、來自玻利維亞雨林的藍喉金剛鸚鵡、威嚴的非洲獅，和方唇的白犀牛。我的心眼自動輪流上映每一個物種的影像。只有約二〇%的物種被列在瀕危物種名單上，有些根本沒有絕種之虞。理想中，冷凍方舟應貯存地球上每一個物種的DNA，但這並不實際。哺乳類比較簡單，但昆蟲就要花很長的時間，尤其甲蟲很費工夫，因為地球上甲蟲比其他生物都多得多（我最喜愛的一種是糞金龜，牠們依據星星的指引飛行，就像古代的水手一樣）。

我放下手機，安注意到我的螢幕保護程式是一隻可愛到極點的袋熊寶寶，這張臉會融化上千顆心，她瞪大了眼睛欣賞。她才剛由雪梨開完會回來，因此我問她受癌症折磨的袋獾近況如何。

「如果是人工飼養的袋獾罹癌，他們能治好，」安臉色凝重，表現出她的關切，「但野生的才教人擔心。」她嚴肅地點點頭繼續說，「此外，無尾熊染上了衣原體（chlamydia）細菌，我還聽說有些袋熊也生了病。」

如今只有一百隻出頭的北方毛鼻袋熊（hairy-nosed wombats）還生存在昆士蘭的一小塊地上，這是舉世最教人想摟抱的有袋類動物。雖然曾有一度，牠們在澳洲處處可見，以草為食，但當人類帶著牛群（基本上就是四條腿的割草機）來開墾農業，牠們就無法競爭。天氣乾旱再加上入侵物種把袋熊賴以為生的本地植物嫩芽、草叢，和禾草都一掃而空。很難想像失去大部分特有知名物種的澳洲會是什麼模樣。

「他們擁有這美麗的國家，一切看起來都這麼完美，沒有太多人會大驚小怪，」她說。

「所以他們以為永遠都會如此。」

「他們以為永遠都會如此，」安以難以置信的口氣說，「不過我認為美國人對保育比較有興趣——你不覺得嗎？」

我告訴她，就我的經驗，美國人對保育非常關心，只是對於該怎麼做，卻又各說各話，而且積極捍衛自己的看法。有的人認為必須要保育我們宏偉的國家公園；有些則說公園是失敗的聖戰，而且在遼闊的保育區保護動物根本沒用。有些人覺得應該要再野化（rewilding）「野生生態區、生態廊道，和掠食動物」，以重新連結和重新平衡不穩定的生態系統；或者更新世再野化——在北美洲，釋放大象、獅子、野牛和獵豹（最接近古代土生土長大型動物的現存親戚），讓牠們在北美大平原上漫遊。其他人則主張以上這些都是過時的想法，身為越來越都會化的物種，我們應該在我們所住的都市裡穿插更多曠野。安很肯定我們需要多面向的解決辦法。

「你得試試曠野，但如果要現實，那顯然一切都會上西方。」

在那片刻，我以為她的意思或許是遼闊的美洲西部，接著卻很快領悟她指的是上西天，就像跟著斜陽西下的意思。

安很篤定地說：「一定要有公園，而且得管理曠野。」

「管理曠野。你覺得我們不能再任由曠野發展嗎？」

「不能，」她深信不疑地說：「我們真的不能。」

大自然已經太支離破碎，不能就任其恣意發展。

安告訴我地方上一個有效的解決辦法，在英國的小鎮常常可看到一排相連的排屋，背對背有圍著牆的小花園可以互通，連接起來就為野生動物創造了有利的長廊。

「因此我如果到劍橋去做點園藝工作時，周遭總有各種昆蟲和苔蘚和蝴蝶。但在我們鄉下的家，花園裡卻什麼生物都沒有。想想椋鳥，牠們把喙插進土裡約四公分深——那是牠們進食的方式——但那卻正是所有的殺蟲劑累積的深度。只要沒有任何殺蟲劑，環境對牠們是很有利的！」

為了吸引傳粉的生物回來，因此英國也在推行蜂計畫（Plan Bee），獎勵地主栽種野花草地，矢車菊、百脈根（birdsfoot trefoil）、紅花苜蓿（red clover）以及其他昆蟲、蝴蝶和蜜，蜂所喜歡的野草。並把它稱為「蜂之路」，或許是依據盎格魯撒克遜把海洋稱為「鯨之路」的傳統。其他的英國蜜蜂則成為更欣欣向榮的都市居民，沒有受到農業殺蟲劑的影響，如今在城裡的花園也有比遼闊鄉下更多的麻雀、椋鳥和黑鳥。

我的心中浮現了可悲的英國鄉下影像，黎明時靜悄悄的，沒有鳥兒振翅。這使我更有理由喜歡安「嘗試一切」的心態。國家公園、野化保育地、野生動物走廊、都市的綠蔭、DNA貯存，以及任何我們想得到，可以讓野生動物追求牠們布滿塵土而野蠻不馴的生活方式，讓大自然能夠保有形形色色豐富的生物。

辦公室的門輕輕地開了，魏德探進頭來，要帶我參觀實驗室。他身材高，一頭深色捲髮，負責郵寄來的樣本DNA分析，但也翹首盼望馬上就要展開的方舟越南之行，收集新鮮的DNA樣本。我們走過外面的辦公室，進了共用的學院實驗室，裡面是淡藍色的牆面，放著工作凳、顯微鏡，牆上掛著一堆白色的實驗袍，好像一群白化蝙蝠。

魏德解釋說，他們以幾種形式採取DNA田間樣本，以確保有備份。把切下的組織薄片放進管子，裝滿乙醇，就已經把組織泡製起來。DNA的那種狀態並不理想，品質不如冷凍的DNA好。但如果他們把樣本放在冷凍庫，而冷凍庫壞了——這個問題在許多國家經常發生，那麼樣本就會徹底遭到破壞。

或許你會以為冷凍可能會破壞細胞，但方舟人員控制冷卻的速度，每分鐘僅一度，這樣慢動作的降溫可讓細胞保持完整無缺。他們喜歡採用三方面的作法，以策安全：「第一，乙醇：像釘子一樣堅硬，」魏德說，「但可以保證萬無一失——冷凍庫可能失靈，一切都可能出錯，但用乙醇，你依舊可以有浸泡在乙醇裡的樣本。第二，我們也會採取新鮮冷凍的片狀組織，它十全十美，什麼資料都保留住。第三，接著我們再取一個樣本作事後的細胞培養，那是理想的情境，三種方法兼具。」

他領我走到實驗室的另一頭，穿過漆成矢車菊藍的門廊，走進一個小房間，裡面放著四個高大的白色三洋冷凍庫，看來單調異常，或許適合過冬的農場家庭，卻不像舉世最大的冰雪求生堡。我戴上綠色的乳膠手套，以保護我靈長類的皮膚。

他拉開一個冷凍庫的門，掀起一陣小小的白色雲霧，就像一萬隻動物在浮冰上一起呼氣一樣。冷凍庫裡成排成排的都是覆蓋著霜的抽屜，我用戴上手套的手拉開一個，只看到精心排列覆蓋著霜的矮小玻璃瓶，上面各自貼上標籤。

「你可以拿一個起來看，」魏德說，但他的口氣卻警告我：要小心！

我聽命行事，發現自己拿著一隻非洲獅的未來。一眨眼，我就看到一隻鬃毛蓬鬆的黃褐色獅子，矗立在我掌心的草原上。我再眨眼，這整隻動物就蜷曲身體，在我的手中臥下，留下空間，容納高大的青草、熱氣蜃景，和牠的自尊。以這種方式來保護動物的未來，多麼奇特！

PART 4

自然，像素化

chapter

4-1

感官的（非）自然未來

我們呢？我們還自然嗎？我們變成了超級英雄，怎能可能還自然？我們的祖先根據他們感官的限制來適應大自然。然而經歷了漫長的時日，藉著聰明的發明——語言、寫作、書本、工具、望遠鏡、電話、眼鏡、汽車、飛機、火箭太空船，我們已經改變了我們參與世界的方式，以及對自己的看法。如今我們認定人類可以五百哩（八百公里）的時速在天空上移動，或者用利眼看到鷹鳥飛越山谷，或者以飛快的速度作龐大的運算，或者觀看全球事件的發展，或者很有把握的修補某人的心臟，或者發動戰爭。這些我們加在自己感官上的新奇事物，如今也包含在我們對自己本質和我們是什麼樣生物的看法上。

這一切附加品如今都是家常便飯。隨著我們延伸自己的感官，更深入環境，運用工具和科技已經成為人生固有的一部分。過去數十年來，我們對宇宙的觀念有了基本的改變，同時也對人類究竟是什麼模樣，而又能變成什麼模樣，也有了不同的看法。我們並不擔心會看不見刺進兒童手指頭上的碎片，因為我們會自動自發戴上眼鏡，讓視覺更加敏銳，這個動作或許讓孩子不致發炎，而且也修改了人類究竟是什麼的事實。在我們的一生中，它還會有什麼樣持續的變化？

我們成了看不見事物的大師。就如我們接受宇宙主要是看不見的暗物質（dark matter）和暗能量（dark energy）的觀念一樣，我們也接納了原生動物和病毒存在的事實，儘管我們不用顯微鏡就看不見它們。我們相信電視和無線電波，像小矮人一樣的夸克、衛星定位系統、微波、國際網際網路、光子、大腦裡薄薄一層神經末稍、大霹靂留下作響又無聲的背景，行星繞行夜空裡的許多恆星——其中有些適合生物生存。此外還有那些熱切的眼睛、悸動的水母、彩虹光芒的魚鰾，和發光的嘴，在偏遠深海沒有陽光的深淵中出沒。

我們的心靈宇宙充滿了比以前任何時候質地都更濃厚的隱形物體。從前，看不見的事物指的是幽靈、鬼魂、諸神、天使，和祖先，如今，我們對大自然的看法卻提供了形形色色的熟悉鬼魂，包括透過科技和奈米技術透露給我們的所有身體上纖細微小的糾結、色彩、和點滴。我們把周遭和體內浩瀚的隱形世界視作當然，這是一種高科技的薩滿教（認為神靈活在萬事萬物之內，包括生物和無生物）。有些實體可能躲在前門的冬青樹叢下，有些則飄浮在多少光年之外。

我們可以在心眼中打造這麼多看不見的物體，因為已經有許多同類透過顯微鏡、望遠鏡、或電腦親眼看到它們，並且把那樣的知識傳達得既遠又廣。結果空氣隨著我可以聽見但卻看不見的事物迴旋，而我把這些事物視作當然，就像相框裡遠方親戚的照片。

秋季，夜裡蟲聲唧唧，我知道夏日即將消逝，因為周遭盡是牠們神祕的音樂，儘管我很少會看到那些隱形的樂手——螽斯和蟋蟀演奏牠們的馬林巴琴（marimbas，起源於非洲，傳至中南美的一種木琴），牠們高舉翅膀，一翅的尖端摩擦另一翅琴栓般的翅膜。夏末的野菊苣、野胡蘿蔔花（Queen Anne's Lace，又稱蕾絲花），和苜蓿氣味的瘤乳草（milkweed）是巨大搶眼的帝王蝶王國。在暮夏的菊苣上，要看到翼如玻璃紙一般在空中特技飛行的昆蟲，並不容易。

然而，我可以用顯微鏡中纖毫畢現的細節想像牠們，由翅膀梳理一綹一綹的歌曲想像牠們。螽斯用粗啞的聲音打小報告：**凱蒂幹的！凱蒂幹的！凱蒂幹的！**知了收放牠們的腹肌，發出磨剪刀的聲音。對氣溫敏感的野地蟋蟀（Fall field crickets）為這爵士樂添加了高調的唧唧鳴聲，卡羅萊納蟋蟀則提供的是如蜂鳴的抖音，蚱蜢的聲音聽來像在洗牌，雪白樹蟋蟀（Snowy Tree Cricket）則為這曲大合奏添加節奏分明的唧唧旋律。這是以身體各部位為樂器的瓶罐樂團。

我並沒有看過牠們的追求儀式，因為牠們不但體型很小，而且總隱身在暗處。但我由許多科學家兼先知那裡學來許多相關的知識，知道雄蟲唱出月下情歌，渴慕等在夜幕下聆聽的雌蟲，牠們的耳朵生在十分奇怪的地方——腹部或者膝蓋。她禁不住歌曲的誘惑之歌，挑中一隻長了翅膀的男伴，這快樂的雄蟲立即淺吟低唱不同的追求曲調，只是牠們沒有多少時間調情，教牠們心臟停止的霜露就會降臨。根據民間傳說的時間表——而且我依舊相信這些傳說，螽斯第一首曲子之後九十天，霜露就會悄悄降臨。在蟲鳴嘹亮的庭院中，我聽到螽斯今年的叫聲比往年早了一週，大約由七月中開始，因此霜露必然會在十月中降臨。

隨著這哼哼唧唧嗡嗡琤琤的聲音精心編排的，是正在上演的香艷刺激鬧劇。儘管我目不斜視，並沒有偷窺成千上萬，或許數百萬，在林間處處親熱纏綿的昆蟲，牠們在市區、在森林綠蔭、沿著崎嶇的鄉間道路，高聲唱出如火的熱情，但我曾是大學生，我懂。

這一切雖然發生，但卻沒人得見，這個念頭糾纏著我們，揮之不去，但就算我們沒有看到這些蟋蟀、蚱蜢、知了，和螽斯，依舊能在這個季節裡聽見牠們高聲鳴叫，相信牠們是科學家所說的小小活怪獸。我們相信螽斯生存在人們看不見的小小角落——這就夠了，大多數人並不需要在黑暗中尋覓生著複眼長著觸角的生物。

總之，如今我們知道我們可以輕而易舉就由書中、影片，或是網路上的蟲蟲Facetime來驗證牠們的存在。古代的人只要閃電打雷，就覺得是諸神發怒，如今我們卻可上氣象頻道看雷達屏幕。

我們對大自然的古老了解（信仰、知識、傳聞、故事）有了新的層面，幾乎天天都會變動，由以科技為後盾的科學家和其他研究人員作無名的代理人，他們是我們公推的見證人，負責觀察、聆聽，並且記錄昆蟲的愛情派對。我們所有的人都願意相信這些專業的指定見證人。

或者，只要一支智慧手機，就能讓我們本身也成了平民見證人。我走在英格蘭南部新森林（New Forest）的小徑上，卻在一塊陽光燦爛的林間空地佇足，因為我聽到西藏喇嘛製作曼陀羅沙畫的獨特聲響，他們用黃銅刮片摩擦銅製稜紋漏斗，釋出一粒粒色彩鮮艷的沙粒。我迅速地轉身環顧：樹木、草地、樹梢的一隻柳鶯展翅飛起，樹影在小徑上婆娑。沒有喇嘛。我為耳朵的靈巧而莞薾。數週前，在賓州的吉斯通學院（Keystone College），我曾深受吸引地觀看西藏喇嘛以沙畫出曼陀羅畫，沙粒發出顫聲和抖音，就像看不見影蹤的知了。

我由口袋裡取出iPhone，開啟「搜尋知了」的app，這是南安普頓學院（Southampton College）多位昆蟲學者的智慧結晶。剛過去的這個夏天有上千人發送報告。iPhone上出現一張綠色的卡片，正中央黑色的絲絨出現了白色的知了圖像，我把它舉高，輕觸知了圖像，一個白色的外環就由它周遭展開，知了發出橘色的光芒。接下來十八秒，應用程式測試了附近的音景，搜尋稀罕的新森林知了確實的聲音頻率，只可惜運氣不佳。自二〇〇〇年以來，英國成千上萬的平民科學家都在尋找新森林知了，但只聽到少數幾隻的聲音，但這就足以提供牠們的下落，證明牠們急需保護。雖然我明知希望不大，但依舊試著用這個app搜尋我家附近紐約種知了的鳴聲，結果一無所獲。

繪製曼陀羅沙畫的佛教喇嘛或許一如以往，活在色彩繽紛神祇舞動的天地之間，但如今他們和達賴喇嘛（他愛好科學）在冥想打坐時，也時時刻刻知覺到肉眼看不見的層面，包括神經原、夸克、希格斯玻色子（Higgs bosons）、磁振造影、凝結核（condensation nuclei）、白矮星、DNA，和數算不清的其他事物。

在地球上其他地方逾五百二十萬連結網路的電腦上，平民科學家正在協助SETI（搜尋外星智慧，Search for Extraterrestrial Intelligence），他們透過set@home計畫，監看無線電望遠鏡的資料，希望能在遙遠的恆星系統中接獲異星生物傳來的信息。SETI的資深天文學家塞思．蕭斯塔克（Seth Shostak）認為，外星人的第一批名片可能會由一般人在家用電腦上偵知，而非由政府官方科學家布署在印度、澳洲、波多黎各或智利的無線電望遠鏡獲得。

科技容許我們探索遠遠超過我們過時感官的世界，進入一個細胞比湖泊還大，毛孔宛如峽谷深淵的天地，人體成了另一種生態系統，地圖製作也不再僅限於地形。我們已經繪製出銀河和基因組，同時也繼續不斷地把自己投射在我們肉體無法跨越的領域。電腦點亮了直到最近人類都一直看不見的生物程序。一九九〇年我在《感官之旅》（*A Natural History of the Senses*）書中談到我們的感官對世界的體會掌握，才不過二十年之後，基本的經驗雖然一樣，但其範圍卻大大地擴展。比如我們的本體感受（proprioception），我們置身於空間中什麼地方的感受，如今已遠遠超越實質的身體。我們可以採用暗中或公開或遮遮掩掩的方式窺視我們自己，由裡裡外外各種各樣的角度，透過人造衛星、無人機、Skype、閉路電視監視系統、顯微鏡。有些人並不排斥把我們的大腦連結到體外世界的可能，甚至為此興奮不已。在這樣鋪天蓋地而來的感官冒險中，我們對於自己是誰，是什麼的觀念時時在變化，對於我們未來如何認識自己的想法，也日新月異，隨時更新。

我們仰望夜空時所見所思也有了改變。二十年前，僅有的行星就在這裡，我們自己的太陽系裡，現在我們卻知道行星遍布在宇宙之間。我們知道銀河，夜的主幹，是我們原先想的兩倍大，更沉重，轉動得也遠比我們想像的快。而且它有四條而非兩條旋臂。我們的望遠鏡用我們凹陷如杯狀的耳朵傾聽由時間之始傳來的呢喃，在諸恆星的光和行星的宿命之前，整個宇宙只有葡萄柚大小，是個小小的實心物體。這麼小的事物怎麼可能會生出心眼無從想像難以衡量的偌大空間？

儘管大腦的星室已經密封在它的骨洞之中，什麼也看不見，我們卻前所未有地伸長了我們的高科技感官（磁振造影、功能性磁振造影、正子掃描等等）探看，宛如由太空望向地球的夜景。拜數位顯示之賜，不用手術刀解剖活生生的病人已經十分普遍，一如不用真正的切割，就能把灰質剖成薄片，能夠三度空間立體觀察並且旋轉，彷彿這名意識清醒、機敏靈活，而且顯然正在神遊四海的人，把他實際的大腦放在解剖檯上供人探索似的。形形色色的異常和疾病，比如精神分裂和自閉症，都已經顯露出它們的一些本質，而我們也開始探索如宗教、上癮，和同理心等這些出奇難以捉摸的心理領域。藉著研究忙碌的神經工作現場、增加的交通流量、以及負責思考的工作夥伴在努力的同時狂吞氧氣，我們洞察了由撒謊到愛情等一切。頭一次，我們能夠看到綁束我們的一些聯繫。我們用來描述這個動作的詞彙「掃瞄」，原本指的是用眼睛短暫地瀏覽，如今卻發展成恰巧相反：用機器搜尋注視。人們自告奮勇讓研究人員檢視他們的頭部，見證情感的帆船賽揚帆出航（或者有時候，擱淺在岩石上）。

夜間新聞經常報導關於腦震盪、憂鬱症、排斥、一心多用、慈悲心、冒險、恐懼以及其他種種心智狀態的新發現——以神經結構和大腦連結的角度說明。二〇一二年，歐巴馬總統提案聯邦撥款一億美元為大腦繪製全圖，他強調「身為人類，我們可以辨識遠在光年之外的銀河，研究比原子更小的粒子，但我們依舊未能解釋位於我們兩耳之間那三磅物體的奧祕」。雖然有些人為費用的高昂而退縮，但卻幾乎沒有人認為它辦不到，或者不是值得一試的目標。

人際神經生物學（Interpersonal Neurobiology）這個新領域的活力是來自我們這時代的一個偉大發現：大腦每天都在重新為自己建立連結，所有的關係都會改變大腦——尤其是我們最親密的關係，它會滋養我們或是讓我們失望，改變塑造記憶、情感的細緻迴路，以及那終極的紀念品，自我。愛情是最佳的學校，只是學費高昂，功課可能造成身體上的痛苦。洛杉磯加大神經學者奈歐米·艾森柏格（Naomi Eisenberg）所作的影像研究顯示，大腦記錄身體疼痛的部位和人們感覺受愛情傷害的部位相同，因此失戀會讓人全身疼痛，卻無法指出確切的位置。或者該說，你得指向腦部前扣帶迴的背區（dorsal anterior cingulate），包覆胼胝體領口的前面，神經纖維束在兩半球之間迅速傳送訊息的部位，記錄失戀和身體攻擊。舉世的人，不論是說亞美尼亞語或是中文，都同樣以身體疼痛來描述心碎的感覺，稱之為粉碎、斷裂、受到重擊，讓他們瓦解崩潰。對於難以言喻的情感打擊這並不只是虛無的比喻，我們的科技已經開始顯露出心理上的疼痛——失戀、分手、喪失摯愛，都會引發如腹痛或骨折那般痛苦的感受。

但愛的撫觸卻足以改變一切。維吉尼亞大學神經學者詹姆斯·柯恩（James Coan）作過實驗，對擁有長相廝守快樂關係的女性，在腳踝上施予電擊，並作測驗，記錄她們在電擊前的焦慮，和電擊中的疼痛程度。接著再度電擊，但這回讓她們握住伴侶的手，雖然電擊的程度相同，疼痛程度卻大幅減輕，扣帶迴上的神經反應甚至更低。但在親密關係不佳的女性受測者身上，卻看不到這樣的保護效果。如果你有健全的伴侶關係，那麼僅僅握住他的手，就足以降低你的血壓，緩和你對壓力的反應，促進你的健康，甚至減少身體上的痛苦。我們能夠大幅改變彼此的生理和神經功能，並且在一旁注視這樣的變化。

觀察這些掃瞄的能力已經開創了人際關係的全新層面。我們可以決定自己要做更慇勤細心、更體貼入微的伴侶，留心對方的動機、傷害，和渴望。擺脫舊習慣和模式並不容易，但夫妻和情侶能夠作出選擇，刻意重新連結大腦，或許借助治療師，緩和衝突，加強一體性。尼安德塔人不會想到他們伴侶的神經原，柏拉圖、莎士比亞、米開朗基羅，甚至我母親也不會，我唸大學時一樣不會。即使我們仍然處在大腦影像發現的初期，卻能追蹤看不見的事物，就像追蝴蝶一樣。我們在學習旋乾轉坤的真相。這對人類世的新道德倫理代表什麼意義？我們的知識如何影響我們對伴侶、子女、朋友、同僚關係的選擇？隨著這樣的知識在社會上流通，它會不會影響我們對人際關係的處理方式？在知悉傷人的言語可能如暴力一般，引發強烈的疼痛，影響他人的腦部連結之後，我們又該怎麼面對這樣的責任？

chapter

4-2 用奈米尺度來衡量

我們不只可以看到隱形的事物，而且可以用肉眼看不見的微小比例來設計物體。奈米（nano）希臘文的意思是「侏儒」，用來形容十億分之一米長的單位。在大自然中，這樣的長度相當於浪花和煙霧的大小。一隻螞蟻約是一百萬奈米粒子長，一綹頭髮則為八萬至十萬奈米寬，足以容納十萬條機器加工的奈米碳管（比鋼堅強五十至一百倍，重量卻僅有六分之一）。人的指甲約以每秒一奈米的速度成長，到本句結尾約可塞進五十萬奈米，還有餘裕容納一群微生物，和一顆暴君的心臟。

我深受奈米尺度如天主教堂般的結構所吸引，總愛欣賞掃描電子顯微鏡所拍下來的相片。大學時代，我曾有一年把課後的時間都花在鉤長股的羊毛地毯上，花樣包括胺基酸白胺酸（leucine，以偏光〔polarized light〕觀看）、嬰兒腦細胞、單一神經原，和以這種細微探索而得知的其他物體。在偏光的映照下，有些胺基酸閃閃發光，多麼美麗：如錐體般沉著的淡彩晶體，在生命中途的小小帳幕。不論是在幻燈片中，或者壓平在書頁上，它們都像寶石般閃閃發光，只是十分乾燥。我們看不到它們的活力，也看不到它們在創造行為時如何碰撞勾串，但它們奈米大小的結構卻讓我們大開眼界，使我們向大自然尋求更多的啟發。

我們總以為爬在牆上的壁虎腳底一定有吸盤，不過在二〇〇二年，奧勒岡州波特蘭路易克拉克學院（Lewis & Clark College）和柏克萊加大的生物學家公布了他們奇特的發現，科學可真教人興奮。原來如果以奈米的層面來看，壁虎生有五趾的腳上有一系列隆起，上面覆蓋著數十億富有彈性的微小管狀毛髮，毛髮上還長有如鍋鏟一般更小的靴子。原子和分子之間的自然力量就足以讓鏟子添附在幾乎任何一種表面。這些腳趾還可以自行清潔。在壁虎放鬆腳趾往前邁步時，泥土滑落下來，壁虎即可離開，不需要梳理。我由生物學者友人那裡聽來壁虎腳部的知識時，不由得感受到大自然的奇妙。黏性的概念由膠水的感受轉變為大自然鬼斧神工的典範。下回我再盯著爬在牆上的壁虎時，我的大腦**看到**牠整潔的腳趾頭伸了出來，末端像鍋鏟一般的毛髮緊緊貼住壁面，儘管我的肉眼除了牠像丑角般的滑行之外，什麼也看不見。科學家在壁虎腳趾的啟發之下，發明了不用化學物質的乾燥生物黏著劑和繃帶，還有形形色色可以生分解的膠水，以及壁虎式的塗層，供家庭、辦公室、軍事，和運動之用。

奈米科技世界是奇幻之地，各種表面小得難以想像，盡是奇怪的特質，肉眼無法得見，但我們卻能在這個天地裡以教人目眩神移的方式，重新創造工業和製造業。如果發生天災，奈米可以用人們夠負擔得起的簡單方式救生。二〇一二年泰國洪水暴漲，科學家想到把銀的奈米分子攪入太陽能的水過濾系統，可以裝在小船上，汲取船下混濁的河水，經過淨化，提供飲用。

在納米比亞沙漠，因為當地甲蟲背後有可以讓水凝聚的凹凸紋理，使科學家獲得靈感，製作新款水壺，可以由空中收集水份，自動蓄水。水壺近期內即將上市，供應馬拉松選手和缺水的第三世界人民使用。南非科學家已經開發出淨水茶袋。奈米或許會像加濃和漂白蛋糕粉和Jell-O果凍粉的二氧化鈦那般單調乏味，也可能教人毛骨悚然：以螢火蟲或水母的蛋白質基因改造的寵物，讓牠們可以在黑暗中閃閃發光（目前已經創造出螢光綠的貓、老鼠、魚、猴子，和狗）。它可能無所不在而且效用實際，比如軍隊新發明的自動清潔衣；它也可能出乎意料，讓你猜想不到，比如作成晶片，嵌在印度弄蛇人的眼鏡蛇身上，如果蛇在新德里的群眾中走失，即可辨識。它也可以讓我們目眩神移，充滿希望，比如在醫藥界中，必然會有許多意外的收穫。

在一九六六年的科幻電影《驚異大奇航》（*Fantastic Voyage*）中，一艘載有渺小人類為船員的潛水艇穿行病人湍急的血流，傾斜艇身駛入動脈的急流，躲避紅血球，漂過肌肉礁湖，最後找到需要修補的生病或破損部位。如今隨著奈米科技的發明，這樣的冒險已不再是虛構的天地。研究人員也精益求精，改進可以游過血流的奈米機器人

（nanobots）和貝寶機器人（beebots，附有小蜂刺），針對腫瘤或疾病病灶，提供全新的療法。

未來學者雷．庫茲威爾（Ray Kurzweil）預測，「到二〇三〇年代，我們就能把數以百萬計的奈米機器人放進體內，增強我們的免疫系統，消除疾病。已經有一位科學家用血球大小的儀器治癒了老鼠身上的第一型糖尿病。」

有一些免疫系統偵察不到的奈米機器人，在抵達工作場所後脫下了迷彩裝。這些既微小又靈活的機器人可以在脆弱的血管系統內穿梭自如，有些甚至比人的毛髮還細。加拿大蒙特婁工程學院（École Polytechnique de Montréal）的研究人員正在培養自行推進的細菌，內有天然磁力的零件。在大自然中，細菌身上如螺絲起子的尾巴推動它自己前進，而它體內的磁性分子則像羅盤指針一樣，引導它朝更深的水前進，避開氧氣的喪鐘。研究人員正在學習如何由磁振造影的機器，用正確的拉力和推力來駕駛細菌。這些細菌直徑只有二微米（microns），可以穿過人體內最小的血管。被套上鞍轡的細菌可以載運約一五〇奈米大小的珠狀聚合物，而這樣做的目標是要修改珠狀物，以便載運藥物到腫瘤和其他目標去。因為人類難以想像視覺範圍的兩極——宇宙的無限大或者微小到極點的有限，聽起來都像不可能一樣，但我們卻相信它們，就像我們相信森林裡雖然看不見但卻一定存在的螽斯一樣。

在我們的心目中，鞍轡是體積龐大皮革製的陳舊器具，細菌則是微小到看不見的物體，能夠鑽進、穿過萬物和人體，或者圍繞在它們周遭。這兩者格格不入，很難想像把細菌套上鞍轡的景象。你得先想像宛如馬匹的細菌，再想像它們的磁性鞍轡載運了珠狀聚合物，一路叮噹作響，昭告抗癌藥物的來到。不過未來我們在日常對話中，可能常會提到藥物「雪橇」這種新用語，就像一段階梯的英文用的是「flight」這個字，但我們用得十分自在，在看到樓梯梯級時，絕不會把flight和鳥兒飛翔聯想在一起。我們總不斷地在創造新比喻，讓大腦把它當作心理捷徑來運用。

也許有朝一日會有人問醫生說：「有沒有一橇可以治我的病？」[1]就如我們現在問的：「有沒有我可以吃的藥丸一樣？」稀鬆平常。

由於男孩子喜歡可以挖掘拖拉吼叫或爆炸的怪獸機器，或許這個比喻也可以用「拖船」、「牽引機」、「飛彈」，或者「潛水艇」來取代。甚至也可能按奧運游泳名將的名字來形容，比如「菲爾普斯（Phelps）」。

奈米科技最近的另一成就，未來也必會改變我們的日常生活，不過這個奇蹟雖然帶給我們一線曙光，卻也居心叵測，有其危險。它免不了會啟發一堆專利，並且引爆生命倫理的辯論。奈米工程師設計出貨真價實的銀彈，用極其微小的銀製奈米分子，可以塗抹在堅硬的表面（比如醫院病床的欄杆、門把和家具上），也能覆蓋在柔軟的外表（床單、睡袍，和床簾），能夠殺菌。你大概會認為，對於院內感染敗血症和肺炎的病人，和因為細菌抗藥性每年造成四萬八千人死亡而絞盡腦汁的醫生，這種新的奈米塗層是天賜恩物。

是的，那就是問題所在。

它恐怕太有效了。要記住，大部分的細菌都是無害的，許多還有益人體。對於環境和人類生活，許多細菌根本不可或缺。細菌是這個星球上最初的生命形體，我們的一切都得歸功於它們。一群細菌覆蓋我們的外表，另一群則在我們的體內生活，還有更多像鳥一樣聚集在它們所能找到生物體上的任何縫隙、坑洞或者峽谷中。我們的生化和它們的交織在一起。我們也把細菌用在許多產業和烹飪的用途上，由淨化汙水，到製作酸奶（kefir）、德國酸菜，和優格。因此我們對於要攻擊的目標細菌務必謹慎。

奈米科技公司會不會受不了誘惑，因而利用我們的恐懼和迷戀，為一般家庭和各種產業設計出超級有效的奈米銀殺菌劑、體香劑和消毒劑？我們可能接受奈米科技在日常生活中所帶來的變化（比如可以驅趕蚊蟲的防瘧衣物），當作是美麗新世界的一部分，但卻沒有事先思考它們可能會帶來什麼樣的結果。並沒有證據證明超市可以買到的抗菌肥皂比一般的肥皂和水更有效，而且它們還可能有害。這些肥皂的標準成分三氯沙（triclosan），聯邦食品藥物管理局列為殺蟲劑，因此聖母（Notre Dame）大學的科學家凱瑟琳．艾格登（Kathleen Eggleton）就創立了「奈米衝擊智慧社群」（Nano Impacts Intellectual Community），吸引了校園內的研究人員、社群領袖、訪問學者和作者參加每個月一次的聚會，討論奈米科技新發展的道德和影響。她於二〇一二年四月在「近期奈米科學和技術中心」（Center for Recent Nanoscience and Technology）所發表的報告，就強調未規範的產品破壞微生物多樣性的風險。她指出：「光是剛過的這個十二月」，就有一種紡織布料塗層「被FDA當成第一種奈米規模的殺蟲劑材料」，要是我們的奈米殺蟲劑一個不小心，殺死了讓大氣可供我們呼吸的固氮菌（nitrogen-fixing bacteria），那該如何是好？

如今我們有專司辯論生命倫理、神經倫理，和奈米倫理的國家委員會和學術研討會，實在不可思議。我們在創造倫理的困境，就連蒙田或惠特曼也不得不驚奇。「我歌頌帶電的肉體，」惠特曼在一八六七年寫道，當時他受到實用（不只是廉價的魔術表演）而新奇的電力啟發，後來也親眼目睹電力在街燈和電話、電車和發電機上的功能。惠特曼是頭一位不因科技天地而恐懼的美國詩人，他經常歌詠蒸氣引擎、火車，和當時其他的新發明。在他獨樹一幟的美國生活史詩《草葉集》（*Leaves of Grass*）中，他描述自己是帶電的電線，是地球諸多聲音的中繼站，不論是自然或人造，不論屬於人類或礦物。「我全身遍布敏感的導體，」他寫道，「它們抓握出每一個物體，並引導它安全穿過我體內……的身體和血液產生閃電，打擊和我幾乎沒有不同的事物。」

電的發明讓惠特曼和其他詩人得到了電光石火的譬喻，就像靈感一樣，它是一道閃電；就像先知的洞察力一般，它照亮了黑暗；就像魚水之歡一樣，它讓肉體感到興奮激動；就像生命一樣，它讓原始的物質獲得能量。儘管惠特曼深信他的誓言「我歌頌帶電的肉體，卻並不知道我們的細胞真的會產生電力，心臟節律器仰賴的就是這些信號，而大腦中數十億的軸突也會創造他們自己的電荷（約相當於一個六十瓦的燈泡）。本身就是大自然力量的他，卻讚嘆電力的範疇和原始的力量。不過我很確定奈米科技最近的突破必然會讓他大吃一驚，比如稱為「石墨艾克斯特」（GraphExeter）[2]的夢幻織布，這是一種輕、軟，而透明的材料，作為導電之用，能夠徹底改變電子產品，讓你穿戴電腦和手機也能很時髦，可以自動充電，因為奈米大小的發電機可透過壓電效應（piezoelectrical effect）[3]，把身體正常的伸展和扭轉化為電力（也就是自動上發條的石英錶之所以能夠繼續滴答作響的原因）。威克森林（Wake Forest）大學的工程師最近發明了熱能感應布（Power Felt），這是一種奈米碳管的布料，能因室溫和體溫之間的溫度差異，而產生電力。你可以把手提電腦插進牛仔褲來啟動它，也能把手機插入你的運動衫充電。那麼不只是你的細胞因為有電而滋滋作響，連你的服裝也能夠插進嘴來。

電力西裝會不會擾亂飛行儀器、心律調節器、空安監視器，或者大腦的細胞調度？如果你在閃電的風雨中穿著電力外套，頸背的毛髮會不會豎立起來？你會不會比較容易遭到雷擊？還有多久，深夜談話節目的主持人就會反覆拿電內衣來開玩笑？機場候機室裡會不會有一堆繫在充電柱上的人出沒？穿上閃爍霓虹廣告、引文和設計會不會流行——說不定把情人的名字刺成發光的紋身？

然而電已經不再讓人覺得興奮刺激。光是要看到隱藏在顯眼事物下的東西就已經很難，何況這些東西還隱形。我們把電視為理所當然，如果燈具和用品關上開關，就不會想到它的存在。不過它的幽靈依舊糾纏我們周遭的牆面不去，在環繞我們的電路中滋滋作響。只要你家裡有電插座，手邊就隨時有脈動的閃電，只要一開開關，日光就流瀉室內，開另一個開關，黑夜就像鐵門一樣落下。古羅馬人常把他們的公共浴室建在天然溫泉附近，如今我們卻在家裡安置了迷你的電溫泉，可以煮水洗滌沐浴。在我們入睡時，電鐘照看著我們，電暖爐（即使瓦斯或葉片式充油熱暖爐也要用電作為母火）讓我們溫暖，電扇或冷氣使我們涼爽。在夏天，我們住在電力冰屋裡。

我們可以「調節」所呼吸的空氣，增添它的氣味，這是多麼人類世的作法。在人類史上，我們一直都只能呼吸我們周遭的空氣，大自然給我們什麼，我們就呼吸什麼，不論它是因為石油的蘊藏而煙氣薰天，或是因為瀕臨海岸而散發鹹水魚腥味。在工業革命之前，鄰里街坊呼吸的都是類似的空氣，但如今人人都能量身打造流入流出自己身體的氣息。鄰居可能喜歡他們家熱一點、涼一點、點上香氛蠟燭、潮濕一點、飄散阿摩尼亞或漂白水的味道、用紫外線或「臭氧」燈泡清潔空氣。我們可以按自己的喜好打造個人的空氣！

我們不覺得這些事情有什麼大不了的，也不認為這樣不自然，甚至要等到停電了才會注意到，這時就彷彿我們細胞裡的電失靈了，讓我們覺得「短路」（disconnected）了，我們用這個詞來描述停電，或者心理上的疏離（就像我們內心的電力網燒壞了上百萬的保險絲）。畢竟我們本身也帶電，在電力訊號像山羊一樣在體內由一個細胞跳到另一個細胞時，是微小到通常無法察覺的電擊所組成的蜂巢。電流，也就是大腦的電報，幾乎即時發生。掐你背上的神經，舞動的刀具就刺痛你的皮膚，捏你脖子上的神經，小小的電擊就猛然鞭打你。然而性的震顫和刺痛卻讓我們覺得出人意表地歡愉，就如作家阿娜伊斯·寧（Anaïs Nin）所描述的，它們是「電的肉體之箭」。

電是分子的拉鋸。沒有電在每一個細胞裡運動，生命體就不能生存。鉀和鈉離子流入流出細胞，產生波浪，鈉被擠出來，鉀被由另一個細胞擠出來，鈉衝進去，以此類推。離子四處飛舞，就像單臂的雜耍人拋出的球一樣，失去平衡，恢復平衡，再度失去平衡。

我們拒絕接受太「搖擺」、「游移」，或者「不穩定」的事物，也可能因為某人「不牢靠」、「錯亂」，或者「不平衡」而責備他。然而在每一個細胞深處，即使是最懶惰的人，都時時在失衡和恢復平衡。人體內的電並非穩定的波流，我們在人生中與變化搏鬥，渴望沒有生物能在不死亡的狀況下達到的永久狀態，這多麼諷刺——因為我們永遠在翻滾跌倒和站起身來，直到我們最後倒地不起，長眠不醒。

正如電的幽靈隨時隨地都會出現在現代建築物裡一樣，數位科技很快也會嵌入牆裡，流經地板，隱藏在我們周遭和身上。我們會徹底地在身上披覆著它，在它裡面泅游。就像對我們生活中自然和人造的電一樣，我們也可能會完全忽視我們時時刻刻飄浮在其上、其下，和其中的科技雲朵。大腦喜好熟悉的事物，樂意自動駕駛，因為這樣它才可以略過細節，把它閃著火花的打火石花在其他事物上。有一年夏天我去觀賞奧什科什（Oshkosh，位於威斯康辛）航空展，第一位在老式雙翼飛機上行走的特技演員吸引了成千上萬觀眾的視線，大家都屏氣凝神驚訝萬分。第二位招來的是讚嘆的注視，但到了第三位，已經有許多人顯得無動於衷，漫無目的地四處游走，聊天或購物，這真出人意外。**哦，又是那個，又是特技表演**。不需要多少工夫，新穎奇特的事物就已經看不見了，然而這難道不就是我們希望由新奇新科技所得的結果嗎？要讓它毫不起眼地融入我們的生活之中，使它們信手捻來毫不費力，而且更值得欣賞？

我們遲早會習慣生活在數位泡泡裡，除非在我們用人腦電腦介面與房屋內固定的裝置連接之前先仔細思量。但即使如此，積習依舊難改。我們很可能會回到家，漫不經心地叫出密碼，打開前門的鎖，走上台階，想像一手扭開電燈開關，滿室大放光明。我們的腦海想像太陽能電的屋瓦融化了屋頂上卡住的冰塊，同時又擔心工作上的冒犯和學校裡的冷落，一邊期待晚餐，一邊幻想俊男美女現身，同時聆聽座落在腦海中某處的一首荒謬歌曲。

不論是為了殺菌而套在銀製奈米套子下的醫院椅子，或是隱形斗篷，或是當你用完即可溶解消失的可分解電器，或者可以印或畫在物體表面上的彈性薄太陽能板，命運已經註定，寫在牆上（只是你可能需要顯微鏡才能閱讀），至於談到地球上生物巧妙的平衡，這畢竟是個小小世界。

1「有沒有一橇可以治我的病？」：我的一位康乃爾大學教授鄰居發明了有效的血液「毛絮黏把」，是植入人體的微小儀器，可以逮住並殺死血流裡的癌細胞，以免它們轉移到身體的其他部位。我們總在創造新比喻，讓大腦把它當成心靈捷徑。以類似方式擠近當今日常用語的另一個英文片語是「low-hanging fruit」（字面上意思是低垂的果實，實際是指能輕易達成的目標）。牛津兒童字典（*Oxford Junior Dictionary*）選擇收錄辭彙的標準是看兒童平常用該字的次數多寡，如今許多自然的字彙，比如翠鳥（kingfisher）、鰷魚（minnow）、鸛鳥（stork）、和豹（leopard）都已經被淘汰，與時俱進加入的新字則包括類比（analog）、剪下和貼上（cut and paste）、語音信箱（voicemail），以及部落格（blog）。

2 由英國艾克斯特大學的團隊所發明，是用來傳導電力最輕、最透明，也最有彈性的材料。

3 用晶體把機械能轉換為電能，或者反過來轉移的現象。

chapter

4-3

自然，像素化

紐約上州的冬日早晨，地面冷到吱吱作響，彷彿腳下冰粒的尖鰭相互摩擦。樹木看來就像戴了手套的手，凍僵的指頭張了開來。有個東西在一株老梧桐的樹幹上由這一端搖晃到那一端——一隻五子雀正在迂迴攀爬，尋覓冬眠的昆蟲。頭上一隻烏鴉轉向飛行，接著落地。雪花開始落下，牠躍入空中，傾斜雙翼，捕捉雪花為飲，或許只為了好玩，因為烏鴉非常調皮。

街那頭另一個生物闖進了視野：一個女孩對著她沒戴手套的指頭發笑，她的指頭還忙著在一個手持的器具上發簡訊。這樣的景象早已司空見慣，再也不會讓我驚奇，雖然有一天我在一個大公園裡漫步，仍然忍不住因為這麼多人走路並不抬頭而嚇了一跳，或者該說，他們邊走邊緊盯著他們的「手機」，這個簡稱彷彿形容我們所說的言語划著槳，由一個鹹水礁湖穿過身體，來到另一個鹹水礁湖。

在人類時代，黏糊糊、毛茸茸、濕答答、刺扎扎、臭呼呼、種子噼啪發芽，花粉四處散播的大自然已經數位化，可是我們卻視若無睹，絲毫不以為怪。我們用手指一滑送出，和其他人分享，並貯藏在我們的蜂巢裝置裡。人類史上頭一次，我們靠著中介的科技體驗大自然，矛盾的是，雖然它提供了更多的細節，卻磨平了我們的感官經驗。由於我們狂戀視覺，熱愛新奇的大腦，因此遭到電子媒體籠檻裡幻覺的魅惑，日久天長，這會不會影響大腦半球的平衡，徹底改變我們？我們能不能藉著我們所夢想和仰賴的物體，影響自己的演化？

我們擁有的或許是和史前老祖宗相同的大腦，只是我們以不同的方式運用它，讓它重新連線，以符合二十一世紀的要求。尼安德塔人沒有現代人類所擁有的心理資產，這是現代人由眾多技巧，和需要全神貫注的事物所學來的——使用雷射手術刀，開車兜風，在電腦、iPhones和 iPads的數位海洋裡航行。一代又一代，我們的大腦演化出新的網路，新的連線和發射的方式，偏愛某些行為，揚棄其他行為。我們訓練自己，迎接不斷被我們擴展、編輯、解構和重建的世界。

由於缺乏練習，因此我們的大腦逐漸喪失了一些心靈地圖，比如如何解讀獸蹄的痕跡，選擇適合作箭頭的完美燧石，升火和傳遞，運用植物和動物的時鐘來分辨時間，靠地標和群星來辨識方向。我們的祖先對於觀察和專注的才華比我們高明，他們不得不如此：他們非得這樣做才能活命。如今像命在旦夕那般專注，必須刻意努力才做得到。越來越多的人都在螢幕上閱讀，但研究卻發現他們所吸收的資訊卻比印刷版本少四六%，原因是什麼，不得而知。是不是一切教我們眼花繚亂的事物讓我們無法持續注意力？是不是螢幕上的光屏干擾了我們的記憶？這和觀察日常生活中的動物不同。在螢幕上，我們真正看到的根本不是動物，而只是三十個渺小的磷光組點正在閃爍。電視上的獅子並不存在，除非你的大腦由閃爍的光點模式中，零零碎碎地編織出一個影像。

如今的大學生經測試，發現他們的同理心比起二、三十年前的大學生低了四成。這是否因為社交媒體取代了面對面的交往？我們不再像以往那樣有最緊密的社會聯繫——像我們還處在小部落之中那時。在我們的細胞和本能之中，我們依舊渴望那種歸屬感，並且害怕遭到放逐，因為對我們的祖先來說，獨自在荒野中生活，沒有部族的群體保護，幾乎就等於是死亡。社交本能強的人存活下來，把他們的基因傳遞給下一代。我們依舊遵循那樣的本能，因此群聚在社交媒體上，讓它把我們連結到龐大的多文化人類部落——儘管它未必總是私有的部落。

人類的許多發明在身心兩方面都重新改造了我們。因為發簡訊，使兒童大腦的拇指功能區域長得更大。在發明烹飪之前，我們的牙齒比較尖而強韌；如今它們又鈍又脆弱。就連不需要花多少錢而簡單好做的發明，都可能成為有力的觸媒。光是單純的皮革馬鐙，一經發明就促進了戰爭，推翻了帝國，並且在十一世紀把浪漫的「宮廷」愛引進了英倫三島。在有馬鐙之前，騎士如果一邊騎馬，一邊拉弓射箭或舞弄槍矛，很容易就會由馬背上跌落。馬鐙使得側邊的穩定性增加，士兵也學會持長矛攻擊的技巧，隨著馬匹向前疾馳，槍矛逼近，教人不寒而慄。這種特殊的戰鬥方式創造了身披盔甲，全身武裝的貴族，封建制度於焉誕生，作為這些騎士的財源，他們的騎士手則和宮廷之愛很快就主宰了西方社會。一〇六六年，征服者威廉的軍隊在黑斯廷斯戰役（Battle of Hastings）中寡不敵眾，但他用騎兵出擊，贏得了戰爭，征服英格蘭，引進了建立在馬鐙和宮廷浪漫之愛上的封建社會。

有了犁和馬具，除了緩和挖土的艱苦工作之外，也意味著農民能夠種植第三季豆作。豆子富含蛋白質，有益人腦，有些史學家認為在黑暗時代之後的腦力進步，帶來了文藝復興。船體的改進使來自異國的商品和觀念在各大州之間散播——隨之而來的則是寄生蟲與疾病。電力使我們能夠使黑夜成為家園，彷彿它是隱形的國度。要記住，愛迪生是藉著蠟燭或煤氣燈，創造出完美的電燈泡。

我們的發明不只改變我們的大腦，也變更我們的灰質和白質，重新連結大腦，讓它準備迎接不同的生活、解決問題，和適應的方式。在這個過程中，新思維的織錦出現了，我們的世界觀改變了。想想核子彈怎麼改變了戰爭、外交，和我們關於道德的辯論。想想電視怎麼把戰爭和災難傳送到我們的客廳，汽車和飛機怎麼擴充了由我們的休閒娛樂到我們的基因庫等一切，想想在顏料可以攜帶之後，繪畫如何演進發展，平面媒體如何重塑了觀念的傳播和共享知識的可能。想想愛德華．馬布里奇（Eadweard

Muybridge，英國攝影師，常以相機拍攝動物的連續動作）的動態事物相片——奔馳的馬，跳遠的人怎麼喚醒了我們對生物身體結構和日常動作的了解。或者想想打字機的發明如何改變了女性的生活，許多婦女都可以離家，搖身一變成為祕書，雖然她們之所以獲得這樣的機會，是因為公認她們靈敏小巧的手指頭比較容易按鍵打字，但聚在一起工作，也讓她們甘冒風險，大膽提出她們選舉的權利這樣的想法。甚至連沒太多科技可言的自行車也改變了婦女的生活。女性如果穿上燈籠褲，比較方便跨坐在自行車上。這是一種有花邊的寬大長褲，除了看得出她們有腿以外，什麼也不外露，卻依舊震驚社會。女性得脫下教她們窒息的緊身馬甲才能騎車，由於這在當時傷風敗俗，因此「寬鬆」的婦女就成為道德低下的同義詞。

在古早的年代，我們大腦的語言區成長是因為我們發現它能夠救命，何況它又教人興奮、充滿誘惑力，而且有趣。語言成了我們的羽毛和利爪，是我們存活的利器。愛說話的人存活下來，把他們的基因傳給饒舌的子孫。語言誠然必要，但閱讀寫作的發明卻純是奢侈。兒童要學習如何閱讀必須不斷地努力，提醒我們這可能是我們最佳的工具之一，但這並非本能。我自己學習閱讀就一直不順利，直到上了大學才好轉。大腦要微調到學會讀書，或學會任何事物，都需要無數的時日。

大家總以為近視或遠視是遺傳，如今卻不再這樣想了。在美國，如今有三分之一的成人都視力不良，近視人數在歐洲也飛漲。亞洲人近視的數目更是教人咋舌。最近在上海對學生和在首爾對年輕男性所做的視力測試都顯示，九五%的受測者都近視。由坎培拉到俄亥俄，都可以看到近視的普遍，整個世代的人都只能見樹不見林，這種稱作「都市眼」（urban eyes）的毛病是由於太常待在室內，弓身盯著小螢幕所致。我們的眼球藉由改變形狀和增長來適應，對我們斜著眼睛看遠處的人這可是壞消息。如果要眼睛健康成長，兒童就得到戶外玩耍，比如觀察高踞老山胡桃木上的松鼠巢穴怎麼在風中巧妙地搖擺，接著再低頭看一片草葉上的脈紋走向。在庭院下方那叢棕色的物體究竟是一隻野火雞，還是風吹落地的凋零菊花？

在過去，一群群的人類打獵採集，目光銳利，一眼就可分辨附近的混戰或遠處的塵霧，才能掙扎求生。自然光線、周邊影像、寬闊的視野、大量的維生素D、時時可見的地平線，和各式各樣的視覺回饋塑造了他們的眼睛。他們削切燧石打造箭頭，剝下並縫製獸皮，還做各種近距離的工作，但並不會一做一整天。如今近距離的工作主宰了我們的生活，但那是非常近的時光，是人類世的標記之一，我們還可能會演化為更近視的物種。

研究也顯示，Google影響我們的記憶，教人心驚。我們更容易忘記我們知道可以在網路上找到的任何事物，也往往記得資訊存在網路的何處，卻不記得資訊本身。

很久以前，人類部族要聚集在一起分享食物、專業技術、想法和感覺。他們互相交換對於天氣、景物和動物敏銳的觀察心得，這些知識也讓他們每天都能救命。如今我們人數太多，不方便大家一起圍著營火而坐，不過電子營火倒也不錯。我們重新想像空間，把網際網路變成我們喜愛的酒吧，是共同的會面點，讓我們交換知識技能，甚至邂逅未來的伴侶。這種資訊的分享迅速、未經過濾，而且粗糙。我們的神經系統就活在這樣的資料流中，不只像數千年來那樣受到環境的影響，而且也受抽象、虛擬世界的影響。這怎麼改變我們對現實的觀念？沒有大腦，我們就不真實，但當我們的大腦插進了虛擬世界之中，它就變成了真實。身體依舊存在實體的空間，但大腦卻在虛擬空間中旅行，這個空間既不是任何地方，同時卻又是每一個地方。

一天上午，有些鳥友和我在啄木鳥森林鳥類保護區（Sapsucker Woods Bird Sanctuary，位於紐約州綺色佳），觀賞兩隻大蒼鷺（great blue heron）餵食五隻吵鬧的雛鳥。那是蒼鷺理想的築巢地點，一株老橡樹懸在美麗的綠池塘上，這裡有許多沼澤淺灘可以獵食，還有一整食櫃的活小魚和青蛙。小鳥才幾週大，全身只有絨毛，和旺盛的食欲。

牠們的爹娘輪流接力，每一次回來，小鳥就像木製響板一樣噼啪作聲，互相扭打，鳥喙亂啄。接著一隻小鳥打橫裡斜刺，獨佔了媽媽的喙，緊拉不放，直到一條魚鬆脫滑落，其他的小鳥也上前撲抓，像打字員快速打字那般猛啄，想搶已經半吞下肚的魚，要是來不及，牠們就抓住媽媽的喙，吵著要下一條魚。兄弟鬩牆莫此為甚。我們哈哈大笑，對牠們溫言軟語，就像一群溺愛的祖父母。

好不容易媽媽飛走再去獵食，小鳥安靜下來，有的午睡，有的試著展翅，也有的抖動喉囊。真正的羽毛才剛開始要覆蓋牠們的絨毛。一架正在下降的飛機在頭上怒吼而過，牠們歪著鳥喙朝空凝望，彷彿在貨物崇拜（cargo cult，與世隔絕的原住民看到現代科技物品，把它們當成神明一般崇拜），又好像期待這隻翼龍會拋下食物來。我們可以成天觀賞牠們的滑稽動作而不厭倦。

在這圈蒼鷺迷中我算新人，有些鳥友早在四月就天天觀賞牠們，並且互相比較筆記。「我放下許多事情，」有人說，「是刻意的，這是難得而且美好的機會。」「工作？」另一位鳥友答道，「誰有空去工作？」

誠然。鳥類保護區裡有豐富的活樹和枯木、綠頭鴨、鳴禽、紅尾鵟、碩大的紅冠啄木鳥，當然也有黃腹吸汁啄木鳥。加拿大雁在這裡使交通停頓（名副其實）——由成年人當導護。這裡是綠色的華廈，教人永遠心醉神馳。

只是我們並不真正在那裡。我們全部——到目前為止已經逾一百五十萬人，都是觀看掛在鳥巢附近的兩個直播的網路鏡頭，而且是以隨著小鳥動態影像如推特一般迅速滾動的文字「聊天」。

我們是在虛擬世界的塘邊，沒有爛泥、不會出汗，也沒有蚊子侵擾。不需要穿衣打扮、分享零食，和人談話。有的人可能正在上課上班，趁空休息或者混水摸魚。我們所能看到的就是眼前蒼鷺的巢，但如果我們親自前往，反倒會錯過這美好的景象。再過幾週，鏡頭就會跟著去學捉魚的小鳥更換地點。

如今以這樣的方式打發時間並不稀奇，而且很快地成為人們偏愛觀賞大自然的方式，只要一按滑鼠，就能由許多同樣吸引人的網站，選擇觀察狼蛛、貓鼬、盲鼴鼠，或一天二十四小時的中國熊貓鏡頭，有的網站甚至有上千萬人到訪。遨遊全世界，觀賞對攝影鏡一無所覺的郵票大小野生動物版本，可說是真實電影（cinéma vérité，寫實主義電影類型）的極致，也很奇特地把動物都縮小壓扁，牠們看起來全都比你還小。但我依舊倚賴這種虛擬的大自然來觀察我可能在野外永遠看不到的動物。在這麼做的時候，天靈靈地靈靈，電腦滑鼠成了魔杖，我看到澳洲野生動物營救人員正在餵一隻孤兒袋熊，或者由貼在Google Earth上的三百零八張牛群照片，讓我得知不管天氣如何，牠們不是向北就是朝南，可能是因為牠們能夠感知磁場之故，這個能力協助牠們辨識方向，不論距離有多短。虛擬大自然提供我們原本可能看不到的視野和洞察力，也讓我們滿足對我們的福祉十分重要的渴望，讓我們如醉如癡，不得不準時收看。

如果這種和世界互動的方式成了習慣，會有什麼樣的結果？如今不是我們去看大自然，而是大自然來到我們眼前——在散發光芒的小小螢幕上。你不能走誘人的小徑，也不能追蹤鏡頭下的聲音，你漫步時並不運動，也不疑惑自己會碰上什麼樣的歡喜或危險，更不會因比你古老或大的力量而感到渺小。這是一種截然不同的存在——和大自然在一起，但並不置身大自然，而這必然會塑造我們。

如《小宇宙》（*Microcosmos*）、《鵬程千萬里》（*Winged Migration*）、《地球脈動》（*Planet Earth*）、《企鵝寶寶》（*March of the Penguins*）、《植物私生活》（*The Private Life of Plants*）等電影和電視紀錄片啟發了成千上萬觀眾，也讓環保進入了客廳。我們主要是在這樣的節目中，看到動物在牠們自然的環境裡，只是牠們變小變平了，被廣告打斷，有人旁白敘述，經過大幅的編輯，有時也以更高潮迭起的方式呈現。欠缺的是重要的感官反應：青草、糞便和鮮血辛辣的混合氣味；蒼蠅和蟬的嗡嗡聲，風吹茂草的颯颯聲響；汗如雨下；像沙紙一樣粗礪的太陽。

我剛在YouTube上看到幾個冰山在南極漂浮——只是去掉了那壯觀的大小、聲、光、波浪，和全景。最奇怪的是冰山看起來有點顆粒。數年前我有幸造訪南極洲，非常驚訝那裡的空氣如此清新，連眩光都像另一種顏色。我可以看到更長遠的距離。有些冰山呈淡彩色，端視它捕捉到多少空氣而定。而且冰山互相摩擦，會產生如鯨唱歌一般奇異的聲音。的確，在許多地方，它是水晶沙漠，但在其他地方，卻充滿了生命。放眼望去，忙碌的海豹、鯨、企鵝和其他鳥類，再加上浮冰和崩裂的冰河，在前景和背後展現了萬鈞劇力，簡直就像走進立體故事書裡。在網路上看冰山，或甚至在Imax戲院，或者看耗資千萬的大自然影片，雖然教人振奮，具有教育意義，也能發人深省，但所體驗到的卻有天壤之別。

去年夏天，我在一家百貨公司櫥窗的小銀幕上看到人們在加州衝浪的影片，那單純的展示卻讓許多足蹬高跟鞋、身穿條紋西裝，頭髮梳得整整齊齊的行人看得目不轉睛，沒辦法把視線由遠高於衝浪者的起伏海面和捲動浪花移開。就如我們的老祖先在洞穴的牆上畫下，或者在木頭和骨頭上刻出動物的形象一樣，我們也用動物花紋和主題來裝飾家園，給子女填充動物玩具讓他們摟抱，讓他們觀賞動物卡通、讀動物故事。我們的生活裡有動物故事中的動物的吶喊、頓足，和呼嚕低鳴，比如《蝙蝠詩人》（*The Bat Poet*）、《絨毛兔》（*The Velveteen Rabbit*）、《伊索寓言》、《柳林中的風聲》（*The Wind in the Willows*）、《逃家小兔》（*The Runaway Bunny*），和《夏綠蒂的網》（*Charlotte's Web*）。我初讀這些美好的故事時已是成人，但我心裡的成人和兒童卻同時著迷不已。我們彼此常以「寵物名」（pet name，暱名）相稱，穿著動物圖案的服務。我們含情脈脈地盯著眼前形形色色螢幕上的動植物。或許我們並不崇拜或獵捕我們所見的動物，但依然視牠們為必要的身心伴侶。似乎我們越把自己放逐到離大自然越遠，就越渴望它的神奇水域。然而科技的自然卻不能完全滿足那種古老的渴望。

萬一，藉著新奇和便利，數位自然取代了生物自然，會有什麼結果？逐漸地，我們可能習慣越來越淺薄的大自然經驗，研究顯示我們終將自作自受。理查・洛夫（Richard Louv）寫到，經常在室內玩耍的兒童常會有「大自然缺乏症」——這是人類史上很新的怪病。他記錄了注意力不集中、肥胖、憂鬱，和缺乏創造力等情況的增加。聖地牙哥有個四年級小學生告訴他：「我喜歡在室內玩耍，因為電插頭都在那裡。」成年人也同樣受罪，能看到樹木的住院病人好得比只能看到都市建築和停車場的病人快，其意義就很明顯。華盛頓大學的彼德．卡恩（Peter H. Kahn）和同僚曾做過一項研究，坐在無窗戶隔間辦公室的員工如果有平面螢幕展示大自然的景觀，就比沒有虛擬窗戶的同事更健康快樂，工作效率也較高，不過他們卻不如有真正自然景觀窗戶的員工那般健康快樂或者有創造力。

人類這個物種歷經大小冰河時期、遺傳瓶頸、時疫、世界大戰和各種天災而存活下來，但有時我卻疑惑我們能不能撐過自己的聰慧才智。乍看之下，我們好像活在感官超載的世界。新科技雖然帶來種種福利，卻也讓我們飽受速度魔鬼的折磨，讓我們面對種種誘惑人的分心事物、充滿威脅的喧囂、網路霸凌、思想警察、擾亂安寧的人，和一堆亂七八糟的雜項新聞。有時我們彷彿淹沒在唧唧喳喳的資訊沼澤裡。[1]但就在同一時刻，我們卻也活在感官的貧乏之中，學習這個世界，卻並沒有在此時此刻貼近地體驗它的混亂、壯麗、喧囂的細節。就像看到冰山卻感覺不到寒冷，沒有在南極的眩光中瞇起眼睛，沒有鼓勇呼吸乾燥的空氣，沒有聽到浪濤起落和海鷗尖叫的合唱。我們失去了寒冷海洋的鹹味，冰如灼燒的觸感。如果閱讀這段文字的你能夠在心裡品嘗到那些感官的細節，是否因為你先前曾以某種形式體驗過它們，是你確實的經驗？如果年輕人從沒體驗過這樣的感受，他們能以相同的方式回應這扉頁上的文字嗎？

我們越不運用我們所有的感官，越疏遠眼前的魔力，就越難理解和保護大自然岌岌可危的平衡，更不用說我們自己人類本性的平衡。我擔憂我們那些虛擬的眼罩。束縛所有的感官，只有視覺除外，你就會創造出有障礙的奇特偷窺者。有些醫學院[2]越來越時興一種趨勢，讓未來的醫生上虛擬的解剖課，讓他們用電腦解剖大體——去除了有刺鼻、肉身，和讓人不安的**人類**元素。史丹福大學的虛擬解剖桌Anatomage（先前稱為Virtual Dissection Table）提供可以由許多角度靈活解剖的大體，還加上超音波，X光和磁振造影。紐約大學的醫學院學生可以戴上3D眼鏡，探索虛擬的立體大體，就好像在Google地圖上沿著東京高聳的霓虹峭壁街道向前猛衝一樣，其吸引力可想而知。一名二十一歲的紐約大學女生解釋說，「如果在實際的大體中，只要你摘除了一個器官，就不可能把它再加回去，恢復到原本沒摘除的情況。而且這比課本有趣得多。」探索虛擬的大體提供持續不斷的變化、戲劇、進展，更互動、更活潑，就像寫實的電動遊戲，而非光是躺在那裡的靜態屍體。

畢竟，我們的存在是建立在世界的關係上，我們的感官演化發展作為偵察員，它們合作起來跨越之間的分歧，提供大量的資訊、警告，和報償，但它們並不報告一切，甚至也不說明大部分的事物，否則我們就會筋疲力竭而不支倒地。它們過濾經驗，讓大腦不致被太多刺激而淹沒，以免它不能專注在攸關生死的要務上。我們有些專業技巧是來自遺傳，但大部分卻必須經過學習、更新、精煉，運用感官，透過專心致志的精密技巧，聚焦在現在，並且結合情感記憶和官能經驗。

如果你拿到一個球，感覺到它平滑的輪廓，讓它在你的手裡轉動，只要你的大腦看到另一個球，就會記起圓的感覺。你可能看到一個五爪蘋果，就知道它的味道是甜的，聲音是脆的，還有它在你手中沉甸甸的分量。如果由大腦的感官華廈剝除了它的反饋資料，那麼不只人生感覺更貧乏，學習更不可靠。數位的探索主要是視覺，而像素化的大自然也主要是視覺，因此它只提供五分之一的資訊。減除嗅味觸和聲音的感官知覺，你就喪失了解決問題、拯救生命的豐富細節。

我小時候，孩子們總吵著要出去玩，尤其是冬天，雪由天空落下，就像大玩具一樣聚在你的手套上，拂撣你的鼻子，滑落你的腳下，在你的手中變換形狀，是很好的拋物體，覆蓋在一切事物上，用白色的緞帶連結樹枝與樹幹、屋頂與人行道、車頂和雪堡。現在有些小孩還是這樣玩耍，但大部分的人卻留在室內，常常孑然一身，而且沉迷其中，盯著發亮的螢幕不放。

我欣賞科技的眼界、範圍、新奇，和修繕，但它也充滿了誘惑人的大腦櫥櫃，讓大腦雖然被佔據得滿滿的，但卻和身體失去聯繫，喪失了感官的親密熟悉，喪失了我們置身在巧妙平衡星球上，是諸多生物中的一種這種發自內心的存在感。我們人類世所面對的一大挑戰就是重新收回這種存在感。並不是要放棄高速的數位生活，而是要藉著走出戶外的悠閒時光來平衡它，在大自然的環繞之下，觀察接下來會發生什麼。

因為總是會發生美好的事物，當現實感悄然浮現，人就進入一種心理狀態，放下憂慮，工作事業也放慢腳步，我們和大自然之間的想像界限溶解了，接著那片刻，我們什麼也看不見，只看到雪花，沿著一株老木蘭樹的枝幹聚集，既厚又濕。或者在室內，我們眼看著滿是鬱金香的花瓶，它們的基因穿過長久的時間，走過漫長的絲路，如今以弧線綻放義大利冰糕般繽紛色彩的波紋皺褶，在火爐鼓風之際輕輕搖曳。在心的週期表上，在奇妙和難以得到的元素之間，存在著現時，就像浪漫小說一樣，只要沉醉其間。沒有它，我們也可以活下去，但卻無法繁榮茁壯。這些感官的橋梁必須保持陡峭，不只是為了我們生理上的生存，也因為唯有如此我們才能全神貫注，活在當下。

在數位風景中的數位身分出現在我們重新鑄造的自我感受之中，揮之不去。電的工作和夢想充滿了大部分人的生活、教育，和工作生涯。慈悲、慷慨、霸凌、貪婪和惡意全都在我們的工具上眨眼，就像在隱形的網上生存的極端微生物（extremophiles，生長在極端環境中的微生物）一樣生存。有時候，我們雖然還是人類，但心智上卻融入了我們的科技，因此和自然還真的是自然那種舊環境格格不入，套個古老的比喻，就是插頭和插座不再相合。我們已經成長得太大，不可能再回縮，因此為了不讓自己覺得我們由這個星球滑落，我們只好重新修改、重新定義自然。那也包括使用國際網際網路，就像我們使用其他喜愛的工具一樣，作為延伸我們自我感的方式。耙子是人手的延伸，網路則成為個人個性和腦力的延伸，可以在空間裡推動貿易和其他實質物體不受限制，是全球的日記，是我們人類這個物種慢燉的憂慮，是我們共有記憶的海馬體。它可能成為意識嗎？它已經是我們日常動腦和欲望的總和，是有力的幽靈，不但泰然自若地糾纏我們不放，而且煽惑人心、獨斷獨行、極其專注、囊括所有的課題、說各種的語言、推進冒險、和自己對話、行動果決、喃喃唸著數字，並且在電腦之間戲謔嘲笑，直到地老天荒。

有人說如今我們真有兩個自我，一個是實體的，另一個則是當我們不在時它卻一逕存在——網路上的自我，我們同樣也要梳理打扮，即使是我們不在之時，也要讓人們能夠回應。因此在這通往認同感的崎嶇且痛苦裸露的道路上，人人都經歷兩個青春期。

當然，我們可以均衡地生活在這兩個世界裡，在真實和虛擬的世界裡分配我們的時間，在理想中，我們不會為其中之一而犧牲另一個，我們會到戶外去玩耍，徒步去公園和曠野，但同時也享受科技的自然，作為心理的調劑，向它做得最好的事物而求教於它：闡明大自然所有隱藏而神祕的層面，而那是我們不能光靠自己體驗或了解的。

1　推特俳句（twitter haiku）發光體站就是一例，在推特上貼的俳句「twaikus」速度太快無暇思索，這其實已經喪失了俳句原先的目的。但一百四十個字是放鬆發洩的好方法，也大受歡迎。

2　醫學院並沒有打算以虛擬大體完全取代實際的大體。麥格羅．希爾（McGraw Hill）及其他許多公司都設計了可用在醫院、藥廠實驗室，和網路課程的軟體。

chapter

4-4

跨物種的全球網際網路

在多倫多動物園，麥特由幾個音樂apps中，挑了一個給布迪——一個鋼琴鍵盤，布迪伸手穿過欄杆，伸出四個長指頭，輕輕彈出了不成調的和弦，接著又彈了幾個。「對啦！很好！」麥特鼓勵地說，「再做幾次。」一個接一個和弦，千變萬化，隨著布迪在iPad上舞動牠的指頭流瀉。

我想起了YouTube上的一段影片，亞特蘭大語言研究中心有一隻十九歲的倭黑猩猩潘班尼莎（Panbanisha）在音樂家彼德．蓋布瑞（Peter Gabriel）的引導之下，頭一次接觸到全尺寸鍵盤。牠坐在鋼琴椅上思索了一會兒，接著玩弄了一下鍵盤，找到一個牠喜歡的鍵，又找出八度音階，然後彈出音階裡的音，在蓋布瑞即興彈奏的背景音樂之下，創造出牠自己的旋律。尤其教人嘆為觀止的是牠在音符之間留白的音樂時間感，牠不疾不徐，每個音符都在空中盤旋，就像跳水的人一躍而下的弧線，在落入寂靜迴盪的池中之前，在怡人的間隔時間之中，另一個音符升起。過了一會兒，牠興致來了，伴著他的歌聲，一起玩音樂。

「牠發揮了清楚、敏銳的音樂智力，」蓋布瑞說。牠「敏感開放，而且有表達力。」接著牠的哥哥坎吉（Kanzi）登場，雖然牠從沒全在樂器面前，但一看到牠妹妹所受的注意力，「牠扔掉牠的毯子，就像靈魂樂教父詹姆斯·布朗（James Brown）甩開斗篷一樣，」蓋布瑞說，「接著就巧妙地即席彈出類似三連音的音符。」

蓋布瑞發現，紅毛猩猩是猿界的藍調大師，「牠們總是看來有點悲傷，但卻又極有深情。」

七歲的布迪還是孩子，不是藍調大師，牠喜歡玩iPad上的記憶和認知遊戲，或者用上面的音樂和繪畫應用程式，但牠最著迷的還是YouTube上其他紅毛猩猩的影片。

麥特體貼地解釋說，他相信我們可以教紅毛猩猩方法，和包括我們的其他猿類作非語言的溝通。管理員當然可以拿東西給牠們，但若牠們「可以把牠們要的東西告訴別人，那麼牠們的生活就會充實得多。」

這種欲望最具雄心的版本，就是跨物種網際網路（The Interspecies Internet）。麥特聽說過這個計畫，覺得很有意思，只是後勤作業可能很困難。自一九八〇年代起，研究動物智力的認知心理學家黛安娜·瑞絲（Diana Reiss）就教導海豚用水下的鍵盤（很快就會用觸控螢幕取代）索取食物、玩具，或者要求做牠們喜歡的活動。她和網際網路先驅（也是Google的首席網際網路傳播者〔Chief Internet Evangelist〕文頓・瑟夫〔Vent Cerf〕）、蓋布瑞，和麻省理工學院位元與原子中心（Center for Bits and Atoms）主任尼爾・葛申菲德（Neal Gershenfeld）結合彼此的長才，推出觸控螢幕網路供鳳頭鸚鵡、海豚、章魚、大型猿類、鸚鵡、大象和其他有智慧的動物直接和人類及相互溝通。

這四人在TED演講中向社會大眾介紹這個想法，蓋布瑞說：「或許人類所創最了不起的工具就是網際網路。如果我們能用什麼方法找到新的界面——視覺、聽覺，讓我們能和共享這個星球的奇妙生物溝通，會有什麼結果？」他談到他對猿類智慧的尊重，也談到自己自小在英格蘭的農場長大，總是凝視著牛羊的眼睛，疑惑牠們在想什麼。

有些人說，「網際網路使我們喪失人生，為什麼我們還要把它用在動物身上？」蓋布瑞的回答是：「如果你觀察許多科技，就會發現它們第一波雖然會喪失人性，但第二波，如果能有好的回饋和聰明的設計師，就會超級人性化。」他願意接受任何有興趣和我們一樣探索網際網路的智慧生物。

瑟夫補充說，我們不該把限制只讓一個物種使用網際網路，其他有知覺的生物也該是這個網路的一部分，本著這個精神，這個計畫最重要的層面就是學習如何和「不是我們，但卻和我們共享同一感官環境」的物種溝通。

葛申菲德說，他看到潘班尼莎和蓋布瑞一起玩音樂的影片，不由得想到網際網路的歷史：「網際網路一開始主要是中年白人男子，」他說，「我發現我們人類錯過了一些事物——這星球上的其餘生物。」

如果跨物種的網際網路是下一步，那麼它又是什麼的序曲？葛申菲德期待的是「沒有鍵盤或滑鼠的電腦，」而是由思維掌控，由一波波的情感或記憶所驅動。能把我們的想法轉譯到實體環境是一回事，但若能光憑思想就做到這點，則是人類的一大步。原本心靈感應只是科幻小說的題材，但如今我們卻越來越接近這種可能，癱瘓的病人學會用腦部肌肉使用上臂義肢或推動下肢外骨骼。這些可能改變了我們對大腦的想法，它不再是被關在頭骨裡的俘虜。

「四十年前，」瑟夫說，「我們寫了網際網路的腳本，三十年前，我們開啟了它。我們以為我們是建造了連結電腦的系統，但我們很快就發現它其實是連結人的系統。」現在我們要「想出如何和不是人類的生物溝通，大家都知道這是朝什麼方向走，」瑟夫又說，「和其他動物合作的這些行動終將教導我們，我們如何和來自另一個世界的異種生物互動，我已經等不及了。」瑟夫領導太空總署的一個計畫，要創造跨星際的網際網路，可以讓太空船上的人員在行星之間使用。誰知道接下來還會有什麼樣的網際網路。

瑞絲指出，海豚就是異族生物，「牠們是真正的非陸地生物。」

「猿用Apps」計畫只不過是後工業時代、奈米科技、手工打造、數位縫合世界中的一部分。在這裡，發光的網路協助我們和朋友、陌生人，和其他的智慧生物體建立關係，不論牠們有沒有大腦。

chapter

4-5

西番蓮傳色情簡訊給你

生命有許多種形式，智慧亦然——植物或許沒有腦袋，但它們卻可能聰明絕頂，擅於操弄，而且凶殘惡毒。因此植物已經會傳簡訊求救，其實這是遲早的事，拜新的數位裝置之賜，一株枯乾的蔓綠絨，或者營養不良的朱槿，或者照顧不周的吊竹梅，都可以傳簡訊或者在網路上推特給它的主人。人類喜歡受到重視，因此或許只要一株秋海棠感到「快樂」——這是園丁喜歡的說法，意味著它健康而且受到良好的照顧，也可以傳個簡單的「謝謝你」簡訊。想像你留在家裡孤零零的波士頓蕨用botanicalls撥電話給你的情景。不過為什麼會求救的只限盆栽？另一家公司也找出方法，讓農作物可以一齊發簡訊，讓農夫知道他的努力是否會有大豐收。置放在土壤裡的感應器會感應濕度，然後把主人事先預錄的訊息發送出去。一叢香蕉發出劈啪聲，不知道聽起來是什麼樣？

植物傳簡訊給人類或許是新鮮事，但心懷不滿的植物早就會互相閒聊。榆樹遭昆蟲囓咬時，會分泌化學物質，相當於廣播「**我受傷了！接下來可能輪到你們！**」警告同一叢樹林中的其他植物趕快製造毒藥備用。植物是世界級的化學家，堪稱穿著綠衣的盧克雷齊亞·波吉亞（Lucrezia Borgia）[1]。如果是人毒殺別人，我們斥之為邪惡，而且下毒是預謀犯罪，不能以「自衛」為藉口。可是植物卻天天都分泌最惡毒的毒液，我們卻徹底地原諒它們。它們或許欠缺心智，甚至沒有腦袋，但它們對傷害卻有反應，也會奮鬥求生，刻意行動，奴役人類（透過如咖啡、香菸、鴉片），並且彼此之間還會不停地饒舌。

草莓、蕨類、苜蓿、蘆葦、竹子、羊角芹，以及其他許多植物都有它們自己的社交網路——一叢各自生長的植物由細緻的長毯（其實是橫向的莖）連結。要是有毛蟲咬了白苜蓿的葉子，它的訊息就傳遍整個群體，大家一起增加化武。如果壓迫一株胡桃樹，它就會醞釀它自己腐蝕性的阿斯匹靈，並且還會通知親戚全都這麼做。專欄作家莫莉·艾文斯（Molly Ivins）談起一位上了年紀的德州國會議員時，十分俏皮地說：「要是他的智商再降得更低，我們就得一天為他澆兩次水」，她顯然低估了植物的智慧。植物可不會溫文爾雅，有的可能很凶殘、愛耍手段、喜歡誘惑、工於心計、心腸惡毒、不擇手段、老於世故，而且徹頭徹尾地野蠻。

由於植物無法追求配偶，因此會大費周章，運用各種歌舞綜藝，哄騙動物為它們求偶。比如有些蘭花會偽裝為雌蜂的性器官，好像雄蜂試圖和它們交配，結果穿上了花粉的長褲。它們無法逃離危險，因此發明形形色色的毒藥，足以填滿整本藥典，另外它們還有一些簡單的武器：比如會使人喪命的番木鱉鹼和阿托平；會造成恐怖水泡的毒漆藤和毒葛；和像冬青和薊這種揮舞著如小刀般的刺人凶犯。黑莓和玫瑰會運用彎刺的皮帶，蕁麻的每一根毫毛都藏有一小管裝滿甲酸或組織胺的針管，讓我們發癢或奔逃。萬一你在教西番蓮發送簡訊給你的過程中，受到誘惑，產生擁抱它的欲望——可千萬要忍住。西番蓮在細胞壁遭昆蟲咬破，或者被人類觸摸時，會釋出氰化物。當然，因為大自然的攻防常常是武器競賽，因此專咬葉子的毛毛蟲也演化到對氰化物免疫的程度。人常因誤食西番蓮、水仙、紫杉、番红花、附子（monkshood）、杜鵑、風信子、白鶴芋、毛地黃、夾竹桃、常春藤之類植物而死。一六九二年發生在麻州賽倫（Salem）的女巫審判案，有一種還待證實的說法，那就是整個案子的起源是在於前一個冬天太潮濕，裸麥作物感染了麥角鹼，這是一種類似LSD的迷幻劑，或許在把裸麥磨成粉的過程中，人們不小心吸進體內，結果使幾個女孩出現好像著魔的症狀，引發舉報女巫的一連串不幸事件。

置身人類世的我們對散漫無紀的植物總是猶豫不決，就像我們對野生動物一樣，不知該如何面對它們才好。我們希望它們環繞在我們周遭，卻又不要它們毫無節制，四處徜徉。我們把心愛的植物放在室內或室外，要它們遵守規矩，不要肆無忌憚。野草教我們心驚，但正如巴黎植物學家派崔克．布朗（Patrick Blanc）所指出的，「正是這種植物界的自由最教我們著迷。」雖然植物也許老謀深算而十分危險，卻出現在我們生活中的每一層面，由求偶到葬儀都不可免。它們以辛辣的氣味、炫目的造型填滿我們的房室，用抗拒地心引力的空中芭蕾及彎曲身姿綻開花瓣，攀向太陽。不妨把它們想成原始的太陽馬戲團。許多非洲堇都讓害羞的人（shrinking violet，指害羞內向的人，借 violet 非洲堇作文字遊戲）得到他們迫切需要的跨界友誼。

由於它們的確要求照顧，而我們又確實喜歡我們的社交網路，因此我猜簡訊風會襲捲植物界，發給我們一堆彬彬有禮的謝詞，或者粗魯無文的抱怨。接下來會是什麼？紫藤每一次被蜂鳥探看時，就發一則色情簡訊？還是一壇百日菊在結實之際，就對網路上的跟隨者大呼小叫？

當然一些調皮的文字大師也會想出生氣蓬勃的簡訊，讓植物傳送，發出過度奉承或者諷刺嘲弄的電報。或許半帶阿諛：「你這了不起的女孩！謝謝你的溫柔呵護。」或者想想當你在和別人晚餐約會之時，突然接到滿腹牢騷的聖誕紅傳來簡訊說：「有像你這樣的複葉，誰還需要秋牡丹（海葵）?!」[2]

1 譯注：波吉亞家族中的要角，羅馬教宗亞歷山大六世的私生女，常被描繪為蛇蝎美人。
2 譯注：原文是「有像你這樣的朋友，誰還需要敵人」（With friends like you, who needs enemies），這是用 friends 和 fronds 以及 enemies 和 anemones 作文字遊戲。

chapter

4-6

誰來安慰哭泣的機器人？[24]

人類世的一種魔術是把我們的數位自我延伸到網際網路上，遠到可以接觸其他的人、動物、植物、跨星球的工作人員、外星訪客、地球的Google地圖風景，和我們的居住地及財產。要是我們能讓已經滅絕的生物復活、創造模擬世界、編織新的傳播網——新的生命網，又會如何？為什麼合成的生物不能感受、知覺、記憶，並且經歷達爾文的演化？

賀德·李普森（Hod Lipson）是我所認識的人之中，唯一一個以Hod為名的人，這個字在希伯來文中的意思是「光輝壯麗」，在英文中，則是磚斗之意，那是一種V形的木槽，可放在一邊的肩膀上，用來扛磚。這兩個互相矛盾的意思不論在實體和象徵兩方面都很適合他。一方面他高大強壯，看來可以扛得動整整一磚斗的磚，但他也會頭一個告訴你，這些磚和你印象裡的磚恐怕截然不同。它們甚至會漫步、會重新創造自己，不肯被堆疊在一起，還會設計它們自己的灰泥、會對抗、探索、生養繁殖，而且對世界充滿了好奇。如磚這樣平凡的事物一樣可以光輝壯麗，只要經過複雜美化。

他在康乃爾大學的實驗室大樓是許多研發計畫之家，包括國防高等研究計劃署（DARPA）知名的各種設計競賽（比如設計動作靈活的機器人清除毒害，為士兵設計超級英雄外骨骼等）。兩輛充滿未來風格的DARPA挑戰賽汽車 就像玩膩了的玩具一樣留在一旁，再隔幾步是古老工程傑作的陳列櫃，還有像奶油攪拌機那般又老又慢的電梯。

一隻像蜘蛛猴一樣的機器人緊貼在二樓李普森辦公室門的左上方，儘管有趣的，但卻教人不明所以，唯有圈內人才懂得這是個扭曲的象徵，也是工匠的記號，就像殖民時代的店主常掛在店門口好標記自己的生意：藥劑師的杵和臼，蠟燭商的蠟燭，傢俱師傅的胡桃木扶手椅，機器人專家的見習學徒。雖然這長腿機器人當年風光的時候吸引了多少學生的視線，但學生來來去去，就像他們所研究的智慧機器人一樣，巧的是，這些機器人的壽命大約也是三年半——正是學生寫完論文畢業所需要的時間。

李普森一頭鬈髮，栗褐色的眼睛，下巴上有個有酒渦。他招呼我進入他那氣氛愉快的辦公室：窗戶很高，一張工作台，一具配有三個相連螢幕的戴爾牌（Dell）電腦，窗台上的花台有夏天自種的蕃茄，書架盤據了一整面牆，上面則是一大疊的學生設計計畫。雖然我看不太懂，但它們卻奇特地美，扣人心弦，就像外星市集的商品。一組高得驚人的白圓桌椅引人上座，提出想法。在李普森的桌上，只要你身高不到一百八，雙腳就會自動離開這個星球。我想這倒不錯，因為即使只是暫時的飄浮，都能讓我們放下一點重力，發揮想像力，即使乘魔毯飛行、在機翼上走路，以及太空船，也全都像家常便飯，沒啥特別。「漫步在雲端」、「教人騰雲駕霧」、「提高知覺」、「跨越障礙」、「腳不點地」，我們為什麼喜歡這樣的措詞，有其道理。淘氣的創造力常靠著如深入的心靈活動、冒險、源源不絕的點子、執迷不悟的實際運用，自動自發地回溯反省，或者雖然碰上死胡同卻不灰心喪志而蓬勃發展，也會受到知覺微妙變化的影響，因此何不擺脫心理上的錨，每天來空中盤旋一下？

我們這種滿懷數位夢想，而且人才濟濟的喧鬧物種，接下來會推出什麼樣的任務？李普森著迷的是機器人演化樹上截然不同的另一枝幹，而非我們所熟悉的那種不知疲憊的僕人、專才能手的大軍、或者精準到吹毛求疵的專家。目前已經賣出上千萬台Roomba機器人吸塵器（屋主有時會發現兒童或貓騎在上面當戰車使用）。我們著迷地看著機器人探索海洋深處（或者沉船），美國海洋及大氣管理局（NOAA）的機器人在水下滑行，監看颶風的強度。Google的機器人部門旗下有各式各樣的公司，包括打造如真人大小人形機器的公司，因為在公眾場合，我們可能寧可去問面如天使的機器人，而不願去按觸控螢幕。應用程式和亞馬遜公司也都作機器人的深入研究，軍方更斥巨資投資，讓機器人擔任間諜、生化工具、無人機、牲畜，和拆除炸彈之用。機器人早已在工廠生產線和醫院手術室裡，以無與倫比的精準為我們服務。在跨文化的研究裡，老年人很樂意接受機器寵物，甚至機器嬰兒，雖然他們目前還不想要由機器人照顧。

然而這一切在李普森看來都是小兒科的玩意兒。他的重心在有自覺的物種，**智慧機器人（Robot sapiens）**。我們自己的譜系是由如猿般的祖先一而再再而三的分枝而來，機器人開花結果細分再細分的傳承亦然，說不定它們也需要自己的林奈分類法。機器人演化的第一個分枝可以由AI和AL之間展開——人工智慧（Artifical Intelligence）和人工生命（Artificial Life）。李普森就站在那條路的岔口，協助預言和探索我們時代最偉大的數位探險之路，使他名聞遐邇，這是終極的挑戰，在工程上是，在創造上也是。

「其實，」他帶著一絲幾乎難以察覺的微笑說，「我是在人工環境中重新創造**生命**——未必是像人類的生命。我要創造的，並不是可以走出這個門，擁有各種擬人化的特性，會打招呼說『哈囉！』的人，而是按照生命的原則真正活生生的特性——它們自行演化的特色和行為。我並不是要打造某個事物，打開它的開關，讓它突然活起來。我不想要為它設計程式。」

當今許多機器人學，還有許多科幻小說，都是談某人在昏暗的地下室工作台上，拿數位的破銅爛鐵縫縫補補，接著突然想出如何命令這個稻草人聽他的吩咐。或者某個聰明人打造出十全十美的機器人，沒想到它不知不覺發起癲來，開始屠殺我們，有時在地球上，但大部分都是在太空裡。這都是假設我們人類對機器擁有無限的力量（因為擁有，所以也可能會喪失）。

李普森的心血結晶是工程學的孤兒，它們會是第一代真正自立的機器。它們柔軟脆弱的創造之神會把自由意志賦予它們，這些合成的靈魂會保護自己，學習和成長，心理、社會、生理都是如此，而它們的身體並不是由我們或大自然所設計，而是由其他的電腦同伴。

這聽來很科幻，但李普森不只喜歡超越極限，而且愛搗弄它的大小、結構、慣性和性格。比如所有的科幻迷、工程師，和常被小孩糾纏逼問的父母都有同一個疑問——**大家都說會為我們工作的機器人究竟在哪裡？**——李普森也為這個問題困擾，因此他決定以新方式來研究機器人，同時也是最古老的方式，召喚「所有設計師之母，演化」，並且要一碗原始的機器人雜碎湯，由天擇驅動，經歷數百萬代不可靠的突變。當然，天擇是個馬虎而且如冰河般緩慢的母親，每一個成功故事都得歷經無數的瓶頸，但電腦可以用數位技巧設計，以飛速「演化」，並且適應它們環境中所有的艱困。

它們能品嘗味道感覺氣味嗎？我一邊疑惑，一邊卻又覺得這個問題已經過時。味蕾就像易剝落的火山一樣生在舌頭各個部位，苦味在舌後，以免我們吞下毒物。要演化出和人體毫無相像之處的一組特定「味蕾」會是多麼困難？瑞士雀巢公司的味道工程師已經創造出濃縮咖啡的電子「品味者」，可以分析不同泡的濃縮咖啡加熱後所散發的氣體，把每一束離子轉譯為人類淺顯易懂的說法，比如「烘焙」、「花香」、「木味」、「太妃糖味」，和「酸味」。

不論多麼創新，李普森創造的實體如果和大三學生或是放屁蟲比起來，依舊十分原始。但它們是文化的必要基礎。或許一百年之後，有些機器人會聽從我們的吩咐，但其他的卻成為和我們類似的物種，共享我們的世界，它們有創造力和好奇心，喜怒無常卻又幽默，機智聰敏，才華洋溢，而且百分之百是人工製品。如果它們的基礎元素不是碳，我們會把它們當成生命，當成自然的一部分——像地球上所有的動植物那樣嗎？它們會不會雖然沒有血液，卻能熱血沸騰？它們會不會擔心、暴躁、狡滑、忌妒、執拗？未來必然會有成群結隊能夠自主的矽人，最後也會出現自我管理、自給自足的機器人天使和惡棍、聖賢和傀儡。能夠思索這樣的可能，就是物質無限靈活以及無窮潛能尚未開發的明證。

每當李普森談到機器人真正地生活，每當他輕柔地強調這個詞，我聽到的不是科學怪人佛蘭肯斯坦博士（Dr. Frankenstein）在說話，清晨一點，正當雨滴滴答答拍打在窗框上時：

藉著半熄的燈發出的微光，我看到那生物暗黃色的眼張了開來；它呼吸沉重，四肢抽搐。我該怎麼形容我對這災禍的感覺？該怎麼描述我對這可憐的生物產生了無限的痛苦和關懷？

《科學怪人》一書的題詞用的是米爾頓《失樂園》（*Paradise Lost*）中的詩句：「造物主啊，難道我曾要求您，用泥土把我塑造成人嗎？」作者瑪麗．雪萊（Mary Shelley）認為，怪物的父母終究該為他所釋出的折磨和邪惡負責。雪萊在十七至二十一歲的青春時代，本身也為肉身的創造和精彩的文學創作而筋疲力竭，她一再地懷孕生子，但四個孩子有三個在出生不久之後就夭折了。她總是在懷孕、哺餵，和哀痛之中——創造，所創的作品卻又橫遭剝奪。這複雜的心理狀態使她醞釀出細膩恐怖的故事。

在當時，科學家忙著作實驗，他們用電賦予屍體活力，讓它們飛快地恢復生命，或至少表面上如此。不論佛蘭肯斯坦博士所創造的怪物對雪萊有什麼樣的意義，此後都吸引了眾人的想像，象徵的是不自然的事物，像普羅米修斯一樣，想要扮演上帝的角色，或是出於邪惡的動機，或只是因為疏忽（佛蘭肯斯坦博士的罪並不是創造了怪物，而是因為他拋棄了它）。我們所創造的東西，到頭來會消滅我們。這當然關於機器人、有生命的假人，僵屍，和殺人傀儡相關小說電影的重要主題。不過，李普森在乎的並非這些道德上的意義；那將是未來研討會和高峰會的主題，只是到時他已經不在了。只是在一些學校裡，已經可以聽到這樣的討論。我們已經進入了大學設有「機器人倫理」和「演化機器人學」等學科的時代，而後者正是李普森的專長。

我不禁疑惑，難道事情已經到了這樣的地步，我們創造新奇的生命形體，為的是要證明我們辦得到，因為焦慮的心智只要任其發展，並給它足夠的時間，就必然會創造出同樣不安的設計，為的只是要看看接下來如何？這是讓創造者創造有創作力生物的新門檻。

「創造生命當然是人越過的高峰。這是否有點像生孩子？」我問李普森。

「方式不同……生孩子在智力上並沒有這麼大的挑戰，而有其他的挑戰。」他略微挑起眉毛，來強調這段有所保留的話，而他眼中似乎掠過一抹回憶。

「是的，但你讓它們動起來，而它們不會再重新創造自己，而是……。」

「你沒有辦法控制，你不能為孩子寫程式……。」

「但你可以塑造它的大腦，改變連結。」

「或許你可以塑造孩子的某些經驗，但也有一些你無法控制，而它的個性大半是在於基因，是天生，而非教養。當然在未來幾十年，我們不會為機器寫程式，但……沒錯，就像孩子一樣……我們可以塑造一點經驗，任它們自己生長，做它們想做的事。」

「它們就會這樣調整到適應工作之需？」

「的確，適應和調整，而接下來還有其他的事項，和一大堆問題。」他露出彷彿在遊戲場上看到有人爭執的微笑，「情緒會佔一大部分。」

「你覺得有朝一日機器會有深厚的情感嗎？」

「它們會有深厚的情感，」他十分肯定地說，「但未必是人類的情感，還有，機器未必會做我們要它們做的事，這種情況已經發生了。程式設計是最終的控制，你要讓它在你想要它做的時候做你想要它做的事，這就是當今工廠裡的機器人被設計的工作情況，但我們越放下對於機器該如何學習的控制權……」

十月的涼風吹進沒有紗窗的窗戶，帶著一點枯裂的木蘭樹葉和潮濕土壤的氣味，讓我的手腕起了雞皮疙瘩。

「我來把窗戶關上。」李普森小心地由高腳椅上滑下來，好像由冷飲店的高腳凳下來一樣，他走到大開的窗口前。

方才我們談話時互相看著對方，他怎會注意到我手上的雞皮疙瘩？如果你注視某個事物，只有視野的中心聚焦，周邊的餘光是模糊的。難道他的視線範圍比一般人都寬廣？還是他只不過是體貼的主人，自己感覺到微風吹過，就會推論說因為我坐得離窗戶近，所以可能會覺得更涼？在我們談話之時，他那構造驚人的生物腦——以它有可塑性、能夠自我修復、自我組裝、分解時不會留下有毒金屬的再生成分，正在努力同步進行數個層面：思索他想要說的複雜內容、在原始並經過思考的想法中搜索翻揀，衡量我的知識程度——在他的專業領域中極低；選擇最佳的方式，把他的想法為這位才剛見面而不熟悉的聽眾轉譯為文字；閱讀我下意識留下的線索；在他的言語尚未出口之前，重新思索他的措詞，在它們正要出口之時再做一些修改，在幾乎察覺不到之際改變他要說的文字開頭，選擇在數個層面中最正確的幾個（字面上、專業上、情感上、智慧上），然而對於它們的意思，我依舊可能會流露出細微的跡象，顯示我並不真正明白——他看得出但我卻不自覺的跡象，它們由我先前思維和經驗的昏暗倉庫中浮現，來自每個字都有獨特情感配價的字彙——而同時，他也在塑造對我的印象，並且衡量我對他的印象……。

這就叫作「對話」，思想、意見，和情感的口頭交換。很難想像機器人也會解析同樣多層面的意義、相疊的情感，和彈簧加壓的回憶。

在紫紅色百葉簾的窗戶外，狹窄的日式屋頂花園圓石那頭，庭院和街道對面二十碼處，輕薄的橘色塑膠圍籬之後，巨大的挖土機和戴著安全帽的人正在操作機器，它舞動長著尖銳利牙的下顎，挖開岩石和土壤。這麼野蠻的恐龍有朝一日將會換成理性的機器，可以不用主管告訴它們要做什麼，就把自己化為特殊任務所需的一切工具——比如突然要修理一條未知的水管。到那時，電鑽的喧鬧也將走入歷史，只是我知道，只要一聽到像利爪一般的金屬鑽敲到岩石層上，我們的汗毛依舊會不由自主地抽搐。

「在機器由經驗中學習之時，我們很難保證它會學習你要它學的事物，」李普森重新登上他的椅子，一邊繼續說，「它也可能會學習你不想要它學的事物，而且它不會忘記。這才只是開始而已……。」

我一想到這可能會產生心靈受創傷的機器人，就不寒而慄。

他又說：「這是許多機器人學家不能說出口的聖杯——創造這一種自覺，創造意識。」

像李普森這樣的機器人學者談到「有意識的」機器人，是什麼意思？如何定義人類和動物的意識？神經學者和哲學家還在爭論不休。二〇一二年七月七日，一群在劍橋大學聚會的神經學者正式宣布：非人類的動物「所有的哺乳類和鳥類，及包括章魚的許多其他生物，都有意識」。為了確定他們的立場，他們簽了一份文件，稱作「非人類動物意識劍橋宣言」（The Cambridge Declaration of Consciousness in Non-Human Animals）。

不過在意識之外，人類也有典型的自覺。其他有些動物——紅毛猩猩和我們其他的表親、海豚和章魚，還有一些鳥類，全都有自覺。狡猾的藍鳥可能會把一粒種子悄悄藏起來，因為其他藍鳥就在附近，牠不想要自己的寶藏被偷；章魚可能會趁著晚上把自己棲地的蓋子打開，出去蹓躂一下，等回來後再把蓋子蓋回去，以免管理員發現。牠們擁有心智理論（theory of mind，能理解自己以及他人心理狀態的能力），可以憑直覺知道在某種情況下對手可能會怎麼做，並且依此行動。牠們會展現欺騙、同情、能夠由別人眼中看自己的能力。黑猩猩有真摯的情況、會作策略、計畫、抽象思考的程度驚人，哀悼、有若干同理心、欺騙、誘惑，並且非常清楚生活的壓力，如果不是因錯覺而得到的教訓。牠們因為密切的家庭關係和古怪的個性——由魯莽狂妄到紀律嚴明，受到祝福卻也承受負擔，就像我們一樣。牠們因快樂而歡天喜地，因悲傷而悶悶不樂。

我想牠們不會像我們那樣，為心理狀態而憂慮或思考不停，牠們只是作一個不同的夢，或許就像我們常作的夢那樣，在我們把對萬事萬物都有主意的能力編入我們的神經迴路裡之前。其他動物可能知道你知道某事，但牠們不知道你知道牠們知道。其他哺乳類可能會思考，但我們會思考我們的想法。林奈把我們歸入**智人**（**homo sapiens**），他加上額外的這個**sapiens**，因為我們不只知道，而且我們知道我們知道。我們的嬰兒會回應環境和其他人，並且在他們生命的頭一年發展出一種自我的感受。就像紅毛猩猩、大象，甚至喜鵲，牠們可以在鏡子裡辨識自己，並且也知道其他動物有其他的觀點，和牠們自己的不同。

因此當人們說到機器人有意識有自覺時，指的是某個範圍的知覺。有的機器人或許比人類更聰明、更理性、在設計物品時更有技巧、對於需要記憶和計算技能的事物表現更好，我猜它們會極其好奇（雖然和我們的好奇未必完全一樣），而且會越來越如此。它們已經可以做出相當於我們認為是沉思和著迷的行為，只是層面較少。工程師正在設計有能力把基本感情加諸於感官經驗上的機器人，和我們一樣，藉著與世界互動、整理記憶，並在日後使用它，預測某個情況，或者其他人的行動安全與否。

李普森要他的機器人能夠以過去的經驗為本，提假設，作推論，這是我們十分重視的自傳式記憶的基本技巧，是學習的要素。機器人會由經驗中學習，不會在熱爐子上燙到手，過馬路時要先看兩側來車。另外，還有些更微妙的人際線索需要解譯，比如李普森用英式的「learnt」而非美式的「learned」，但卻用美式的「while」而非英式的

「whilst」，因此我由過去的經驗，推斷他幼時是向說英式英文的老師學英文，但後來在美國住了很長的時間，洗刷了大部分的英國痕跡。

然而，不論機器人擁有多少感覺——而且它們沒有理由不該擁有比我們少的感覺，包括更銳利的視力和可以在黑暗中視物的能力，它們永遠不會完全和我們一樣，有不完美記憶的厚重沉澱，或許還有一些模糊的夢想。誰知道作曲家是因為什麼樣的無意識伴奏，才選擇這種而非那種旋律——是因為不規律跳動的心臟、耳裡的耳鳴、說外語的戀人、冬日冰裂引發的美好記憶，或者是因專屬於人類的命運？要是沒有感性的流亡渴望，就不會有納博科夫（Nabokov）的《說吧，記憶》（*Speak, Memory*）或是索忍尼辛（Solzhenitsin）的《古拉格群島》（*The Gulag Archipelago*）。我不知道機器人能不能做讓愛因斯坦得以發現，和杜斯妥也夫斯基得以寫小說的那種細膩的思想實驗。

不過機器人也可以創作藝術，誰知道是出於什麼動機，但它們可以按照自己的美學、諷刺心理（如果它們喜歡諷刺）或幽默感來欣賞它，說不定我們也能欣賞它們的藝術，尤其如果這些作品能讓我們想到人類藝術家之作，或者能取悅我們的感官。耶魯大學美術館原本要接受以美國抽象畫家羅伯．馬哲威爾（Robert Motherwell）作品為靈感的畫，但它發現這些畫是由李普森「創作機器實驗室」（Creative Machines Lab.）的機器人所繪，就改變了主意。能夠發現機器人的才華和感性，一定很有趣。未來學家庫茲威爾和李普森一樣，相信在不久的將來，地球上一定會有一群有意識的機器人，比我們聰明許多，它們會接管一切，由工業、教育、交通，到工程、醫藥，和業務。它們已經邁出了第一步。

二〇一三年在倫敦舉辦的「活機器會議」（Living Machines Conference）中，歐洲RobotCub合作計畫推出了他們的智能機器人iCub，這是自然發展出心智理論的機器人，而心智理論是大約三四歲的兒童心理發展的重要里程碑。iCub站起來大約三呎（九十公分）高，有個球形的頭和珍珠白的臉孔，會像兒童一樣走和爬，它的許多特色都讓世人著迷，比如像人一樣的四肢和關節、敏感的指尖、立體視覺、靈敏的耳朵，和自傳式的記憶，像我們的記憶一樣可以分為事件的記憶，比如兒時在冰封池塘上溜冰，和語意的記憶，比如怎麼讓冰鞋的冰刀傾斜，好在冰上停步。透過身體與世界的無數互動，它把這兩種知識都編碼，這些都不是新的發明。能夠區分自己和他人，以及憑直覺知道他人的心理狀態，這也不是新的發明。像李普森這樣的工程師先前已經在機器人身上設計了這樣的洞察力，但這回卻是機器人頭一次全憑自己發展出這樣的能力。當然iCub的意識才剛開始萌芽，但是同理心、欺騙，和其他我們視為知覺的特性基礎竟能在機器人自己推進的達爾文式演化中意外出現，卻耐人尋味。

它的作法是這樣的，iCub的設計是有雙重的自我感，如果他想要舉起杯子，他的第一個自我就告訴他的手臂該做什麼，並且預測其結果，然後基於所發生的情況，調整他的知識。他的第二個自我——我們稱之為「內在」的自我，則接收同樣的回饋，只是它並不按指令行動，而只是試著預測未來會發生什麼樣的情況。如果真正的結果和預測的不同，內在的自我就會更新它無底洞般的記憶。這讓 iCub 有兩種自己的版本，一種是行動的，另一種是內在「心理」的版本。如果研究人員讓 iCub 的心理自我接觸另一個機器人的行動，iCub 就會依據他個人的經驗，開始預測對方可能會做什麼，它會透過其他人的眼光來看世界。

至於我們十分重視的科學推理和洞察力等技能，李普森的實驗已經創造出 Eureqa 機器，這是能夠提出假說、設計實驗、思索結果，並由其中得出自然法則的電腦科學家。它在混沌的無底深淵探測，理解意義。如果給它一個牛頓物理學的問題（雙擺儀如何運作），「這機器只花了幾小時，就得出了基本運動定律，」李普森說，「牛頓在樹上落下的蘋果啟發之後，花了數年的時間才想出這個問題的答案。」

Eureqa 這個名字是取自於兩千年前科學史上的傳奇時刻，當時知名數學家和發明家的阿基米德正泡在浴缸裡，感官正因溫水和無重量而暫時麻痺，此時解答一個問題的靈感乍現，他一躍而起，光溜溜地在雅典的街道上狂奔，大喊「Eureka！」（我找到了！）。

兩千年來，傳統的科學就是如此：紮實的學習和精通熟練，以及密切的觀察和靈光一現，Eureqa 機器卻是未來如何研究科學的轉捩點。從前伽利略研究天體的運行，牛頓觀察花園內落下的蘋果，如今科學不再那麼單純，因為我們跋涉的是資訊的汪洋，產生額外的龐大資訊，並且以前所未有的規模分析它。我們的電腦是解譯數字的能手，可以不帶偏見、不煩膩、不虛榮、沒有私心、也不貪婪地選取資料，迅速地完成往昔需要一個人一輩子才能完成的工作。

一九七二年，我正在寫處女作《行星：宇宙田園詩》（*The Planets: A Cosmic Pastoral*），這是以諸行星為主題，根據科學事實而作的詩作，當時我常待在康乃爾大學太空科學大樓裡，天文學家卡爾・薩根（Carl Sagan）是我博士學位考試委員會的成員，他很親切地讓我看航太總署的照片和報告。當時可能只需要幾個月，你就學完人類對其他星球所知的一切，而航太總署所拍到太陽系最外圍幾個行星的照片，也只是箭頭指著光球罷了。接下來數十年，我曾參加在加州巴沙迪納（Pasadena）噴氣推進實驗室（Jet Propulsion Laboratory）的飛越探測，在維京號和航海家號抵達火星、木星、土星、海王星和隨行衛星之際，看到頭一批教人振奮的影像由遙遠的世界傳進來。在一九八〇年代，業餘人士依舊可能了解人類對行星所知的一切，如今卻不然。堆積如阿爾卑斯山的原始資料，恐怕一輩子也攀登不完，一路在登山小徑的營地上，還會經過無數的博士論文。

但這一切都因一幫像Eureqa的機器而有了改變。由羅斯・金恩（Ross King）教授所率威爾斯的阿伯里斯特維斯（Aberystwyth）大學團隊，已經推出第一具可以自行演繹關於大自然新知的機器，取名亞當，這個雙臂機器人會設計並執行實驗，研究烘焙用酵母的遺傳學。不必人類的干預，它就能執行這科學程序的每一步驟，一天可做一千個實驗，並且找出新發現。

金恩認為，效率較高的科學可以更快速地解決現代社會的問題，而自動化就是關鍵，他指出，「自動化是十九和二十世紀進步的幕後功臣。」金恩的第二代實驗室機器人夏娃秉持這個精神，速度更快，也比亞當更靈活。透過網路攝影機看到夏娃在測試藥物，她的自動手臂和強壯的近方形身體忙著移動托盤、藥水，和管子，不知疲憊，精準無比，實在教人著迷。她由看不出年紀也不眨動的眼睛凝視前方，讓無數研究生省掉了在實驗室裡照顧一再重複實驗的無眠之夜，保住了他們的精神和力氣。

我們能創造外圍的腦來發現我們所追求大自然的真相，這是多麼不可思議的成績。我們教它們像社會一樣默默地合作，以閃電般的速度共享資訊，而且合作得比我們高明得多，在有時我們稱為「雲端」的隱形客廳裡，讓大腦同心協力。儘管我們在身心兩方面都受到限制，但我們卻不屈不撓地設計出機器人，能繼續我們老早以前就開始追求的夢想：了解大自然的意義。有些人稱之為「科學」，但其實它比一種學門、方法，或視角還大得多。

隨著科技越進步，我們就越人性，這麼想，詩意得教人感動。當勞力、科學、製造、銷售、交通，和有力的新科技都由聰明的機器來處理時，人類真的無法在那些經濟領域上競爭。相反地，我們可能主宰的是人際或富有想像力服務的經濟，在這樣的天地中，我們人類的技巧才能發光發亮。

聰明的機器人正在全世界的實驗室裡培育，並且接受悉心的教導。到目前為止，李普森的實驗已經設計了可以獨力學習的機器，自己教導自己怎麼走路、進食、新陳代謝、修理傷口、成長，和設計它們的同類。目前沒有任何一個機器人可以什麼都做；它們各自有特定的命運，但有朝一日，所有的實驗室機器都會融合為單一一個堅強的……**生物**——不然我們還能稱它為什麼？

李普森的機器人中，有一個懂得自己和他人的區別，知道它的外形，也知道自己能不能擠進某個空間。如果它失去一肢，就會修正自己的自我形象。它能感覺，能回想，會不斷地更新它的資料，就像我們一樣，因此能夠預測未來的情境。這是自覺的單純形式，它也創造了可以想像自己在不同情況下——這是非常基礎的思想實驗，並且計畫該做什麼的機器。它已經開始思考什麼是思想。

「我可以見見它嗎？」我問道。

他的眼睛說：**要是能就好了**。

他帶我走過大廳，進了他的實驗室，然後停在桌上一具看來很單調的電腦前，實驗室裡還有很多像這樣的電腦。

「我能給你看的只有這個樣子很普通的電腦，」他說，「我知道它看起來不怎樣，因為精彩的是在這機器裡面的軟體。那裡有另一個機器人，」他邊說邊指向一台手提電腦，「它可以看著別的機器人，並且以它在先前情況下的所作所為，推斷對方在想什麼，會做什麼，在新的情況下，另一個機器人可能會怎麼做。它在學習另一個機器人的個性。這些都是非常簡單的步驟，但卻是我們在開發這種科技時的必要工具。而隨著這個而來的是情感，因為情感到頭來都和設身處地的能力相關——恐懼，不同的需要，並且期待在未來的諸多情況下，會有什麼樣的報酬和痛苦。我希望隨著機器學習，它們終能產生如人類程度的情感。雖然或許不是同一種的情感，但會如人類的情感那般複雜和豐富。只是它不一樣，是我們感到陌生的情感。」

「其他種類的情感」，我對這樣的觀念感到著迷。沒有性的激情、追求、嫉妒、渴望、情感的結合、共享的經驗，沒有那一切豐富騷動的人造物種會是什麼模樣？就如我渴望知道遙遠行星生物的內在（和外在）生活一樣，我也渴望了解機器人這未來物種可能會對抗的迷戀、反省，和情感力量。然而我不得不接受我活不到找出答案的時候，也不由得因我們存在的困境而湧出一股強烈的哀傷。

「有情感的機器人……我的直覺是，在我這輩子不可能實現。」我有點喪氣。

「唔，可能要一個世紀，但那只是人類歷史上的一個光點罷了，不是嗎？」他用鼓勵的語氣說。「一個世紀算什麼？什麼也不是。如果你看人類在地球上的曲線，」他邊說邊把手在桌邊不遠處彎起，「我們就在這裡，而那裡是一百年。」

「過去兩百年來發生了這麼多事，」我搖頭說，「真是開快車。」

「正是，而且這個領域還在加速，但有好有壞，對嗎？如果你說『情感』，那麼你有憂鬱、欺騙，也有創造力和好奇心——我們已經在這裡各種機器上看到創造力和好奇心了。

「我的實驗稱作『創造機器實驗室』，因為我想要做**有創造力**的機器，而這在工程學上是爭議很大的課題，因為大多數工程師──**關上門，小聲說**，都卡在『智慧設計』（Intelligent Design）的思想方式，工程師是聰明的人，機器是被創造的，只是做卑微的工作。這有非常清楚的區別。我的觀念是，機器可以創造事物──說不定比設計這機器的工程師更有創意，而這種想法使某些人非常困擾，它質疑許多基本原則。」

它們會不會依戀他人，玩遊戲、產生同理心、渴望心靈的休憩、培養出美感、講求公平、追求多元化、善變而焦慮？我們人類離希臘神話中伊卡洛斯（Icarus）的故事已經很遙遠，而這故事對野心過大的警示（發明家父子和蠟製的翅膀突然在太陽下融化）。如今我們成了在我們自己所設計陌生世界的陌生人，成為創造者，甚至其他物種的造物主，成了終極的智慧挑戰。我們未來的機器人是否也會設計新的物種，其外形和心理我們還無法想像的共生體？

「這是什麼？」我問道，暫時因架子上的一團塑膠分心。

他把一團奇怪的四肢和關節交給我，一個有八隻僵硬黑腿的小機器人，腿的末端是白色球形的腳。它的身體如細絲，就像兒童玩翻花繩遊戲最後纏成一團一樣，它沒有頭也沒有觸角，沒有膨脹的眼睛，也沒有像種子一樣的腦。它的設計並不是要像昆蟲，而且也並非由人類所設計。

早在我們自己的演化之初，我們是來自離開海洋的魚，由一個水坑落到另一個水坑。到頭來牠們演化出腿，這在陸地上是好得多的行動方式。而當李普森的團隊要一個電腦發明可以由A移至B處的東西，而不設計它如何走路之時，這電腦起先就創造出像魚那樣的機器人，有多鉸鏈的腿，笨拙的向前翻滾。YouTube上的一段影片記錄了它最初的步伐，李普森就像驕傲的父親一樣站在旁邊觀看，他了解這不經教導的嘗試是多麼了不起。零碎的塑膠片受到鼓勵，要找出結合在一起，一起思考，移動自己的方式，而它們做到了。

在另一段影片中，一個生物顫抖移動、搖擺前滑，但逐漸地，它學會如何協調它的腿，穩定它的軀幹，像蟲一樣慢慢向前，接著像昆蟲一樣走路——不過並沒有人教它學昆蟲，它是自己想出這樣的設計，作為向前走動更流暢的方式。雖然笨拙，卻很有效。嬰兒學步沒有關係，李普森並不指望要它優雅，他大可製作一個蜘蛛機器人，可以跑得更快、看得更遠、更可靠，但那不是重點。其他的機器人用複製的肌腱和肌肉彎曲、伸展，跑步，DARPA的「獵豹」（cheetah）最近跑出時速三十哩的速度，而且它不會疲憊，但那獵豹是用程式設計的，要不是有人告訴它做什麼，它就會是一堆四條腿的垃圾堆。李普森要他的機器人自動做一切，超越人類的設計，不受其設計師微不足道觀念的限制。

這是個感人的目標。超越人類的極限是這麼人性的追求，或許是人類所有理想中最古老的一個，由夢想是浸潤在月光裡的預兆，如神般的聲音在人腦中迴響的時代開始。當時大地上充滿了強烈的魔力，群山吸引雨雲，隱藏了神聖的草藥，惡毒的精靈吐出地震或乾旱，暴君統治某些樹木或溪流，受到冒犯的水坑可能在一夕之間就消失無蹤，大部分的動物都至少和一位以上的神或魔會談。人類的代理和那相比又算什麼？

1 二〇一三年九月十四日，一年一度的羅布納獎（Loebner Prize）頒發給可當作人類的機器人，得主是一個名叫光子的聊天機器人。不過到十二月，它卻在這段話中不小心露出馬腳：問：「為什麼我睡了長覺卻感覺很累？」答：「因為我把你當成客戶的心理模型。」

chapter

4-7 機器人的約會

我環顧李普森安靜的實驗室，感到好像少了什麼。「坐在電腦凳上的是學生，我沒有看到任何一個聊天機器人（Chatbots）。」

李普森綻開笑容。他的聊天機器人在YouTube上風靡一時。「那只不過是一個下午的駭客。沒想到二十四小時之內就瘋傳，教我們大吃一驚。」

他的「駭客」（hack）意思不是我們通常指的惡意侵入電腦，而是高明的數位技巧。《城市俚語辭典》把hack的俚俗用法定義為：「動詞。以聰明、精湛，和神童般的方式寫電腦程式。一般的電腦人員只寫程式；駭客卻是數位詩人的領域。駭客是可稱作奧祕的細膩藝術，機智和科技能力同等重要，非駭客往往不能欣賞這點。」

一天，李普森請兩名博士生把一個展示用的聊天機器人帶到他的人工智慧班上。聊天機器人有點像可攜帶的心理治療師，這是一個網路上的程式，當別人以略微不同的言語說話，並且提出開放式的問題之時，它就會作反省。一般人可能會覺得它十分像真人（這讓我們體會到日常生活中閒聊所用的一大堆陳腔濫調）。不過在一九九七年，由英國人工智慧專家羅洛·卡本特（Rollo Carpenter）所設計的「Cleverbot」上了網路，它運用自己過去所有對話所編輯的豐富詞彙，每一次的對話都教它更多與人類互動的方式，包括含沙射影的諷刺和善意辯論的伶牙利齒，而且它也學會把這些細微的差別運用在下一次的聊天上。自那時起，它已經有過兩千萬次對話，其語言的儲藏室簡直是寶庫（或者可說是蛇窩），裝滿了實用的主題、現成的片語、機智的回應、深入的問題、自衛的語言，和承諾的細膩規則，全都是多年來與人類輕鬆說笑收集而來。

李普森的研究生把手提電腦面對面放在桌上，讓它們可以在虛擬的客廳相談。在一個螢幕上可以看到電腦創造的男性，另一個螢幕則是女性。男性說話時略帶英國口音，女性則是印度口音，有些字會省略到一個字母或音。幸好研究生把雙方的對話錄了影，並且張貼上網。這兩個愛說話的機器人以它們極富人性的對話，吸引了逾四百萬人觀賞。

兩個機器人先以「嗨」為開場白，接著互相寒暄，但它們彼此回應之後，卻因意見不合，使對話變得有趣、辛辣、尖銳，教人著迷。

「你錯了，」Cleverbot先生對Cleverbot女士說，還諷刺地奉上一句，「這倒奇怪，因為記憶對你應該不是問題！」

「你認為上帝是什麼？」她在談話中問他。

「不是全部，」他說，這是合理得驚人的回答。

「不是全部依舊可能是一些，」她假作沉著地堅持說。

「沒錯，」他讓了步。

「我願意相信它是。」

「你相信上帝嗎？」他問道。

「我相信，」她加重語氣說。

「所以你是基督徒……」

「不我不是！」她不快地說。

他們鬥嘴又和好，他稱她為「刻薄鬼」，因為她不幫他的忙。她突然問他一個痛心的問題，雖然這個問題任何人類可能都會疑惑，不過聽到她提出來，依然刺耳。

「難道你不想要有個身體嗎？」

接著教人驚訝的是，就像無可奈何地接受命運安排的任何人一樣，他答道：「當然。」還有什麼可說的？它們突然再變回凍結的人形，影片結束了。有些人在這對男女之間感受到彼此的憎惡和性的張力，有些人則覺得這像婚姻中男女的吵嘴。我們已經可以接受電影和故事中虛構的機器人，但我們是否準備好接受一個人造的生命形式，會感到懊悔，能夠反省，而且會建立關係——難以了解的生物，它們的心靈我們無法完全反映？聊天機器人之所以吸引我們，是否因為它們這麼像我們，或者因為我們這麼像它們？

機器人學界也不少專家能調整機器人的動作，甚至設計出如真人的機器人，有細膩的臉部表情。比如義大利的機器人學家就已經創造出一系列逼真的頭部，能夠讓機器人聚合體皮膚下的三十二條運動神經同步運作，並且根據肌肉的動作，模仿我們臉部的所有表情，甚至可以捕捉如眉毛形成深痕到皺紋之間的情感空間。這樣的機器人已經超越了僅僅是機器人知覺的地步。當今的機器人和杜莎夫人蠟像館（Madame Tussaud's）裡的蠟像明星不同，它們逼真到教人毛骨悚然的地步，它們的表情能真正引出你同理心，讓你的鏡像神經元（mirror neuron）顫抖。而它們濕軟的身體也不遑多讓，同樣逼真。我們可以輕易想像如電影《銀翼殺手》（*Blade Runner*）和《異形》（*Alien*）所預言的未來世界，當有臉孔的電腦感受到帶著矽味的恐懼、愛、憂鬱、憤怒，和其他我們碳質心臟所擁有的諸多騷動，到那時，目前已經在熱烈討論的「機器是否有意識」這個議題就會真正如火如荼。要設計有自覺、靈活、能推理、感覺、喜怒無常的另一種生物，這必然是下一步驟。它可能像你或你的手足（不過更有規矩）。

「機器人社會學」和「機器人心理學」必然會成為重要的學科，因為只要機器人有自覺，就會有充滿趣味的事。它們就和人一樣，有時對自己也會產生錯誤的印象，扭曲到足以違法犯紀的地步，我們也可能會看到它們有和人類相似的心理問題。

我在生命線擔任義工時，要協助因深度憂鬱或嚴重人格失常而來電求助的人，並不是很容易。如果是有心理上的社會危機、神經衰弱，甚至精神病的自覺機器人？這恐怕是個挑戰。它們會不會認同其同類，寧可和它們談談？假設問題是出在和人類的關係，又該如何處理？大學中有許多頗受歡迎的學院，比如「國際勞工關係」、「人類生態學」，和「社會工作」、「跨物種勞工關係」、「機器人生態學」，和「矽社會工作」是否不久也會出現？老弱病的機器人能不能退休，比如到「機器人修女會」，或者「永動聖母堂」安養餘生？

有自知之明的機器人會有什麼樣的 Umwelt（德文，包括思想、感情和知覺的世界觀）？這樣的念頭不再只是出於一時的想像，而是為了迎接迅速來到的未來，思索如何因應我們所創造的驚人科技，而產生的想法。如果如李普森所說的，我們所創的這種有意識和智慧的機器人會像兒童一樣，藉著好奇和經驗而學習，那麼就連機器人幼兒都需要良好的教養，而又該由誰來訂定這樣的行為法則——是個人，還是整個社會？

未來我們會不會住在一棟綜合機器人管家、保鑣，和聊天良伴種種身分的房子裡，一個有它自己的個性和新陳代謝的個體？它的腦是機器人萬能管家，會同樣自豪地照顧屋前的草地和人類家庭，擅長聆聽，又有多種表情。這個以塑膠牆面為臉孔的全能管家房屋會監控我們的能源用量、為車加燃料（氫氣）、交換消息、訂購雜貨、操縱無人機上郵局、按照麋鹿林（Moosewood，康乃爾大學附近的知名餐廳，以用料新鮮為特色）餐廳的食譜準備午餐，採用廚房菜園裡的香草為作料，還有屋頂花園的芝麻菜和蕃茄。如今在有些高科技的地方，可以用iPhones上的虛擬鑰匙開智慧鎖，家庭成員佩戴電腦追蹤晶片，貯存他們的喜好。在他們走過每一個房間時，燈會預先打開，在他們離開之後才慢慢轉暗。恆溫器會自動調節，他們喜歡的歌曲、電視節目或電影會迎接他們，喜歡的飲食也會自動提供。這房子的神經系統就我們所稱的「物聯網」（Internet of Things）。

一九九九年，科技先驅凱文・艾許頓（Kevin Ashton）提出了這個名詞，指的是一個有認識力的網路，能連結許多實體和虛擬的數位裝置——暖爐、電燈、水、電腦、車庫門、爐灶等等，和實際的世界，就像人體中的細胞互相溝通協調行動一樣。在它們籌畫一切、把能源運用和活動同步之時，也可以同時和鄰近地區、城市，和網路世界共享資料。

他的想法結合了動、植、礦物和機器，如今已經在南韓松島這個前衛的新城市實現了。在這裡，物聯網幾乎無所不在，智慧屋、商店，和辦公大樓持續把資料傳送到一群核心電腦，由它們感覺、檢視、作決定、監控和引導整個同步的城市，通常都不需要人力介入。它們也可以分析微小的細節，確定所有的基礎建設都順利運轉，在交通尖峰時間按需要調整車流，為公園或果菜園澆水，或者迅速清除垃圾（吸入地下垃圾場送往處理中心，經分類、除臭、再利用）。這個電腦委員會在幕後辛勞，它們可以安排大規模的地鐵維修，或者在你要搭的巴士遲到時發送手機訊息給你。

想到電腦忙碌地開會，用難懂的行話瞎扯，實在有點奇怪，但把這稱為「物聯網」，卻讓原本會讓我們心驚的觀念家常得多。我們懂得也會運用網際網路，它已經比許多用戶都年長，就像寵物一般熟悉。在連紅毛猩猩都在iPads上Skype的時代，還有什麼比「物」這個字更包羅萬象毫無特色？物聯網一詞讓我們安心，認為這並不是革命性的新觀念——不過實際上卻是如此。它讓我們以為它只是日常科技和聽來模糊無害的事物連結在一起，而非由一個現實交叉推進到另一個現實；只不過是擴展上世紀用熟了的新科技，並且把家的概念活潑起來。

J・G・巴拉德（J. G. Ballard）在科幻短篇故事《史代拉維斯塔的一千個夢》（*The Thousand Dreams of Stellavista*）中，描述了敏感的房屋可能因屋主的神經衰弱而歇斯底里。讓我們想像有知覺的牆壁因焦慮而冒汗，因屋主死亡而哀慟不已的樓梯，因為自覺受到忽視而惱火的屋頂縫隙。有時候我覺得自己就住在這樣的房子裡。

chapter

4-8

在火星上列印木馬

幾世紀以來，這個世界的製造一直是減法的藝術，我們面對大塊原料，藉著割、鑽、鑿、切、刮、雕等種種方法來製造器物。這樣的科技不但使人振奮，也改變人生，推動了工業革命，孕育了偉大的城市，推廣了農村產品，並且以由原子筆到月球漫步者各種各樣的事物讓我們驚訝連連。雖然這方法草率，但依舊極其有用；它創造了成堆的垃圾和殘留物，這意味著要由地球提取更多的原料。此外，大眾製造的產品，不論是成衣或電子商品，都需要廉價勞工來作最後的修飾，這也是一種困境。

相較之下，另外有一種「疊層製造技術」（additive manufacturing），也稱為3D列印，是以加法的新方式製作物體，使用特別的印表機，輸入某種實物的數位藍圖，就能生產出三度空間的物體。確實、精準、可多次重複，並且只有最低的經常開支，就像《星際爭霸戰》（*Star-Trek*）中的「複製器」（Replicators），也像讓你美夢成真的精靈。

3D列印並不必切割或移除任何事物，只用一個噴嘴跟著電子藍圖，就彷彿依照樂譜奏樂一樣，在平台上來回滑動，以融化的賦格曲存入一滴又一滴材料，一層又一層，直到想要的物品就像人面獅身像一般，由懷疑的沙上湧現。鋁、尼龍、塑膠、巧克力、奈米碳管、煤煙、聚脂纖維——原料是什麼不打緊，只要它是流體、粉末，或糊狀就好。業餘愛好者會在網際網路上交換他們喜歡的數位藍圖，有些設計則由私人公司授權。就像許多科技一樣，3D列印也有它潛在的黑暗面，已經有人印出手槍、（打架用的）指節銅套，和可以打開警察手銬的萬能鑰匙。未來的法律必然會限制人們涉獵非法和專利的藍圖，以及危險的金屬、氣體、爆裂物、武器，或許也包括市售毒品的原料。

想像一下，不論何時，只要你想要大燭台、牙刷、相配的湯匙、項鍊、狗玩具、鍵盤、安全帽、訂婚戒指、汽車零件、作客時的伴手禮、隱形飛機的零件——或者其他不論什麼你需要或者一時心血來潮想要的東西，只要一按列印，就能到手。歐巴馬政府宣布投資十億美元研究3D列印，以「振興美國製造業」。科學家和金融分析師都說，十年之內，家用3D印表機就會像電視機、微波爐，和手提電腦一樣普及。不過人們還是得要去買補給材料和有版權的藍圖，才能在家列印，許多人則會向家庭工業的業者訂購現成的3D物品。

未來，即使奧莉薇在火星殖民地上撥電話回家，都能在女兒生日當天早上，製造高度合適，上有花紋的木馬。或者，她也可以印出急需的打氣筒，接著再印一套有裝飾藝術飾柄的咖啡匙，或者印出沒有現貨的顏料色彩，或者無法以其他方式製造的物品，比如球中有球，其中再有球。或者以單一一件印出共有一百種會動零件的物品，誰知道哪些藝術品和突破能由這奇特的新鐵匠鋪出現。以這種方式創造的物品可以多到不勝枚舉。

我們可以不再理會老式製造方式所有的傳統限制，憑著規模小到微米的精準，在材料中密封材料，把它們編織成擁有奇特新結構行為的物品，比如在你朝縱向拉時，卻會橫向擴展的物質。這是個物體的美麗新世界。

如果你能在自家客廳一滴又一滴地讓它成長，或者用融化的線圈一圈又一圈讓它增大，那麼物體的定義又是什麼？我們要怎麼估計它的價值？今天，對大多數人來說，由於3D列印依舊新奇，因此我們非常珍惜它的產品，目前為止驚嘆不已，但如果家用3D印表機已經廉價普及（當今的費用可由四百至一萬美元），工廠3D列印取代了生產線和倉庫，甚至身體的部位和器官也能訂貨，那麼我們的世界就更難以想像，有些物體依舊是可以觸摸的**實物**，但也有許多物品會以非物質的形式具體存在，比如在雲端或者液體或粉末的卡匣，就像電子書那樣，是一種可以迅速取用的**潛在可能**。

隨著汽車、火箭、家具、食物、藥物、樂器，和其他形形色色的事物列印的可能有越來越大（其中有些已經可以列印），世界經濟的緊張情況就必然能暫時緩解。畢竟，我們是因事物稀少才認為它珍貴。如果黃金很多，就會便宜。但若物體像軟體編碼一樣潛伏埋藏在電腦之中，只要一按鈕就立即可以取用，它們就會被列入另一種存在。那會怎麼樣改變我們對物質和周遭一切實體現實的觀念？會不會引我們走入更浪費的世界？手工製作的物品會不會更加珍貴？佛教不役於物的教義是否會更流行？我們會不會更魯莽？

這一切或許還太遙遠，但就在不久之前，影印機還是複寫紙的大躍進。我初任教授時，製作複寫本（carbon copy——也就是電子郵件中「cc」那兩個字母的由來）根本是家常便飯。如今我們可以由家裡透過空中連結電腦，以彩色列印，在我看來依舊匪夷所思。

許多公司都會和以往不一樣，因為它們不再需要雇用許多員工、購買原料、運送或貯存或生產任何產品。我們觀念裡的工業可能會結束。不論是金融顧問、商業雜誌，或者如Motley Fool等投資理財網站都認為，3D列印公司會大行其道，因為它們的經常開支低得多，而且它們只需要販售聰明的設計或者原料就已經足夠。

不過這還不會馬上實現。大部分的人目前恐怕依舊會覺得買現成的東西比較方便，但很快地，在十五年內，3D列印就會徹底改變人生，由生產製造到藝術，而如李普森這種講求實際的夢想家認定，它會開創下一代的文化和心理革命。在某些人看來，那樣的未來是數位革命必然的續集，而在另外一些人看來，它就像畫在水上的畫一樣神奇。「就像工業革命、生產線、網際網路和社交媒體現象的到來一樣，3D列印將會旋乾轉坤。」《富比世》（*Forbes*）雜誌這麼預測。

我們離那一天有多近？它的曙光已現。3D印表機已經促成了形形色色的奇異事物，比如無人機、設計師巧克力，以及要在月球上用月球土壤建築前哨站的零件。電視節目主持人傑·李諾（Jay Leno）已經用他私人的３Ｄ印表機為他的古董車收藏印出難找的零件，史密森博物館也用３Ｄ印表機印出恐龍骨頭。考古學家用３Ｄ印表機印出古代美索不達米亞的楔形文字模板，哈佛閃族博物館（Semitic Museum）的修復人員則用他們的３Ｄ印表機修補三千年前摔壞的獅子文物裂縫。在中國大陸的紫禁城，研究人員用３Ｄ印表機修復了受損的建築和藝術作品，毋需太多花費。航太總署則用３Ｄ列印建造雙人太空探測車的原型（一輛超大的休旅車，太空人可以在探測火星時居住其間）。南加大教授畢洛克·柯許涅維斯（Behrokh Khoshnevis）設計了一種稱為輪廓製作（Contour Crafting）的方法，可以在二十小時之內印出整棟房子，一層又一層——包括管道、電線，和其他基本結構。如果把３Ｄ印表機和地質圖連結，房屋就可以和地形契合得十全十美。柯許涅維斯既設計獨棟房屋，也設計都市計畫的聚落，或者也包括在颶風、龍捲風，和其他天災之後需要的房子，這些功能全包的急用房屋將會從頭開始３Ｄ列印。

波音公司正在為其七四七機隊３Ｄ列印七百個零件；而且該公司已經把兩萬個這樣的零件安裝在軍方飛機上。早在二十年前就已經提供經費研究３Ｄ印表機的軍方創意設計部門發現，在維修戰機或支援前線地面部隊之時，它們很有價值，不但可以立即打造零件，而且可以在遠處操作，按照精確的規格，不必等待緊急補給，或讓士兵冒生命危險穿越敵方陣營傳遞。如賓士、本田、奧迪和洛克希德·馬丁（Lockheed Martin）公司多年來一直都在用３Ｄ印表機設計原型，創造無數零件。奧迪還打算要在二〇一五年販售頭一批３Ｄ列印的汽車（印出組件，再由機器人裝配）。瑞士建築師麥可・漢斯麥雅（Michael Hansmeyer）已經用３Ｄ列印舉世最複雜的建築：九吋高的多利安式（Doric）圓柱，上面盡是精雕細琢的旋轉蕾絲、水晶、格架、金字塔、網、蜂巢，和裝飾品，教人嘆為觀止，在四方搖擺、相互穿越、穹窿交疊，彼此鑲嵌，一層又一層井然有序的混沌由腦中的海市蜃樓開始醞釀，並且成形。它共有一千六百萬個別的平面，重達一噸，看來就像衝下掃瞄電子顯微鏡，直入胺基酸水晶刺的雲霄飛車，我們很容易就能想像安東尼・高第（Antoni Gaudí）在巴塞隆納以這種圓柱所造的大教堂，或者阿根廷寓言家豪爾赫・路易斯・波赫士（Jorge Luis Borges）在其中可能會說出如迷宮般的短篇故事。

「當今的二十五歲青年沒有傳統方法和規則的負擔，」史考特・桑密特（Scott Summit）說，他是訂製創意（Bespoke Innovations）的負責人，這家公司用３Ｄ列印為人量身製造細膩雅致的義肢。「有些人自十一歲起就在做３Ｄ模型，他們摩拳擦掌，早已經做好準備，可以在一週之內創辦公司製造產品，而且對於製造有全新的作法。」

任何可以在電腦上設計，並且用噴嘴噴出的事物，都可以３Ｄ列印，因此在南極洲或其他偏遠前哨過冬的人，不久就能印他們自己的清潔用品、藥物，及水耕溫室。

這種含苞待放的科技擴大了研究夢想的地平線，為新醫藥用品和新的物質形式舖路。在格拉斯哥大學，李・克洛寧（Lee Cronin）及其團隊正在改良化學電腦（chemputer）以及可攜式藥櫃，讓北約組織（ＮＡＴＯ）能夠分發藥物給遙遠的村落，尤其是如布洛芬（ibuprofen，解熱鎮痛劑）等較單純的藥物。雖然藥物結構複雜，但大部分都只是氧、氫，和碳的結合。只要有這些單純的墨水和配方，3D印表機就能調製如汪洋般多種的藥物。瓶、管，或者獨特的工具也都可以現場列印。研究人員用3D印表機創造新物質，就能用籃子把分子混合在一起，好像一籃雪貂一樣，看它們如何作用。接著，就像藥廠為配方申請專利一樣，這些配方（而不是藥物）就像apps一樣，有其價值。

有了3D印表機之後，一切就再也不會複雜了。有史以來頭一次，製作細節清楚，裝飾華麗的複雜事物不會比製作湯匙或板球棒難。在設計完之後，它還需要同等分量的資源和技巧。這在製造生產是頭一遭，也是人類史上第一次。如果有人，不論他的技巧或長處，可以取代整個工廠，那麼認同和自主的感受就必然會改變。我們所有的人會不會覺得自己睥睨天下，像是工業的主力？我想會像當今大部分的人那樣不會，但我們應該要有這樣的感受。

在全球各地的研究實驗室和醫學中心，生物工程師正在列印活組織和身體部位，那也是人類史上頭一遭，同時也是我們和自己身體關係的一個激進起點——不是一袋脆弱的化學物質和無法取的器官，而是一種工具，只要零件老舊或損壞，就可以重建。

二〇〇二年，生物工程師中村真人注意到他的噴墨印表機所用的墨水粒大小和人類細胞差不多，到二〇〇八年，他已經改良這種科技，用活細胞為墨水。一般的3D印表機是擠壓出融化的塑膠、玻璃、粉末或金屬，再讓這些微粒一層一層沉積。接著還有更多微粒，小心翼翼地按著特定的模式置於先前的沉積上。生物印刷亦然，只是用病人自己的細胞可以降低排斥的風險。每一滴墨水含有成千上萬的細胞，融合起來達到共同的目的。雖然我們無法控制細節，但也沒有這樣的必要，因為活細胞基本的天性就是會集合排列，化為更複雜的組織結構。這樣做的期望是能夠修補人體任何受損的器官，不必再擔心大小不合或排斥的問題，也不用為了可用的腎臟或肝臟而等待經年。

今天，在世界各大學和企業的實驗室裡，生物工程師都忙著列印備用血管、神經、肌肉、膀胱、心瓣膜或其他心臟組織、角膜、下顎、髖關節、鼻軟骨、脊椎、可以直接印在燒傷或創口上的皮膚、氣管、微血管（藉著高脈衝能量雷射而有彈性），以及迷你器官，作藥物測試之用（跳過動物實驗）。一位義大利外科醫師最近把訂製的氣管植入病人身上。華盛頓州大的研究人員也印出量身打造的人類骨骼，作骨科之用。一名八十三歲的老太太因整個下顎慢性感染，而打造量身訂製的3D鈦下巴，連溝紋和酒渦都一模一樣，以便加速神經和肌肉的附著。她在術後就可用新裝的下巴說話，四天後就出院返家。一組歐洲科學家甚至培養出迷你大腦作藥物測試之用（不過幸好它不能思考）。聖地牙哥數一數二的生物科技公司Organovo已經3D列印有作用的血管和大腦組織，並且成功移植到老鼠身上，不久也會在人體上展開測試。日後，Organovo打算提供3D列印的組織作心臟繞道手術之用。而同時，他們在研究的第一個完整器官是腎臟——因為它的結構較為簡單。

像這樣的薄組織最容易設計，較厚的器官，比如心和肝臟，則需要較強的結構。通常會以糖製的網格——就像高級料理中有些廚師在烘焙甜點時所製的糖架，以提供穩定的框架，再以細胞層層覆蓋其上。糖沒有毒性而且可溶於水，因此在器官完成之後，就可把糖架沖散，留下中空的血管，在需要處提供血流。其目標並不是要創造和人類心、肺或腎臟一模一樣的複製品——畢竟那是花了數百萬年才演化完成，而且也沒有這種必要。腎臟的功能是清除血液中的毒素，但未必非得要長成腰豆或者腰子形的游泳池那樣，因此這可以成為身體藝術，類似體內刺青：浪漫的人可以有個心形的腎臟，球迷可以有足球形的腎臟。這會不會改變大腦對人體的心理地圖？這個我們即使在黑暗中也再熟稔不過的風景？假如你有一個手提箱，換了手把、換了鎖、換了面板，它還是同一個手提箱嗎？如果我們換了夠多的身體部位，或者不用一模一樣的複製品，我們的大腦還認得出我們是原來的自己嗎？

PART 5

我們的身體，我們的本質

chapter

5-1

他借給我的那隻（3D列印）耳朵

勞倫斯．波奈瑟（Lawrence Bonassar）在康乃爾大學威爾大樓（Weill Hall）的實驗室位於一個可愛小花園的對面，現在花園正是白雪皚皚。雖然威爾大樓的外牆如這季節的雪一般白，但卻是全美國「最綠」的建築之一，得到了罕見的LEED金級認證，由再生的建築碎片和材料（比如外牆白色的鋁板），到種滿多肉植物和花的涼爽屋頂，熱反射的人行道，龐大的天井可以接收太陽熱，動作感測器可以在人出現時，依照需要開啟燈光、調節溫度，和空氣的流動。

這棟先進的大樓五年前啟用，是生命科學系的系館，設計為知識的坩鍋，有許多相互重疊的大型實驗室。每一層樓都是陽光照耀的開敞長形房間，有共同的休息室、迴廊，和顯微鏡區，因此絕不可能不碰上相關領域的博士後研究生。就是在冬天，也鼓勵他們「異花授粉」。而正如設計者所期望的，這樣的設計促成了許多合作的機會，再生醫學這種新領域已經起飛，生物製版者已經在製作特定的身體部位。

「再生醫學」（regenerative medicine）的原理簡單得出奇：如果人的心臟或下顎受損，不是教身體再長一個出來，就是印一個身體會接納的健康替代品。波奈瑟的實驗在製造的是身體不可或缺的軟骨：脊柱中椎骨之間的軟墊（所謂的「椎間盤」）；膝蓋上很容易拉傷的半月板（meniscus）；讓氣管在我們呼吸時不至崩塌，但在我們吞嚥時卻能讓它前彎的半圓軟骨環；詩人和戀人都喜愛的耳朵，總形容它「宛如貝殼」。波奈瑟的的目標是修復不完美體形所喪失的功能，彌補臉孔的缺陷。為達到這個目的，他混合了數種學門的工具，包括生物力學、生物材料、細胞生物、醫學、生物化學、機器人和3D列印。新工具創造新的心理遊戲場，而在這個遊戲場上，有很多備用的耳朵。如果你唯一的工具是尺，你就會拿它來畫方盒子。新工具創造新的心理遊戲場，在這個遊戲場上，備用的耳朵多得是。

備用的耳朵能有什麼用？如果皮膚癌的病人切除了耳朵，傳統的方法就是用義耳來取代，不過必須每天戴上取下。一位面臨這種命運的年輕母親接受CBS電視網訪問說：「我可以想像孩子們拿著它跑來跑去，喊道：『我拿著媽媽的耳朵！』」不過約翰霍普金斯大學的外科醫生卻由她的肋骨取了軟骨，塑成耳朵的形狀，植在她的前臂皮膚下，由她自己的血管供應養分。四個月後，這個耳朵長出了自己的皮膚，由她手臂上移下來，接在她的頭上。這個新長出來的耳朵固然很美好，但整個過程卻需要做無數次手術，包括打開胸腔，由肋骨上取出軟骨，再經修削，讓耳朵合適，這是**減法製造**的技術。

新耳朵也可能拯救小耳症的孩子，每九千名兒童中，就有一人有這種毛病，即外耳未能完全發育，有時只有小如花生狀的痕跡，遭同學瞪視恥笑。波奈瑟身為三個孩子的父親——六歲的雙胞胎女兒和五歲的兒子，對這種處境感同身受，也知道及早治療對當事人有什麼樣的意義。只可惜兒童要到六至十歲，才能承受如上文年輕母親所做的手術，因為他們沒有足夠的肋軟骨。此外，手術非常痛苦，會造成極大的心理傷害，你不會希望孩子接受。如果能作磁振造影、電腦斷層掃瞄，或者3D照相，然後把所需要的軟骨按照孩子個別耳朵的形狀印出來，不但能在孩子更幼小之時就動這樣的手術，而且可以拍下左耳的照片，翻轉過來製作右耳，讓兩者相對稱。

小耳症並不影響聽覺，只是常會在孩子正在發展自我意識的時期，招來欺負和逃避這樣的社交夢魘，因此雖然新耳朵只不過是外觀上的美化，卻對孩子交友的希望有莫大的影響——而這也會塑造正在成長發育兒童的大腦。微笑的能力是孩子進入這個領域的金錢，悅人討喜的耳朵和臉孔是它的護照。我曾在中美洲國際整型醫療組織（Interplast）擔任短時期義工，我學到的是，越早修補孩子的兔唇、胎記，或者其他畸形，孩子和父母就越可能建立良好的關係，何況是陌生人。

我並不真正需要新的耳朵。除了偶爾會有像敲軍鼓一樣的耳鳴，或者聽不清舞台上的低語之外，我的耳朵聽力還過得去，而且我的外耳大小正適合我的頭型。或許有朝一日我的左膝會需要更多軟骨，或者需要新的椎間盤，但我可不欣賞當今的療法——冷冰冰的金屬植入物，或是取自四腿動物的禮物。

不過波奈瑟提供給我的是自家生長的耳朵，他張開手把它伸過來，彷彿它由他的手中萌芽成長，又彷彿握手只是另一種聆聽的形式。這隻耳朵是半透明的白色，摸來平滑，如琥珀一般溫潤。我的大拇指不由自主就開始摸索它的諸多隆起和皺褶。它的微小細節教我驚奇。撫弄一隻缺乏實體的耳朵實在奇怪，或者該說，得獎的耳朵。他的生物列印在世界科技大獎（World Technology Awards）健康醫藥領域贏得第一，這是科技界的奧斯卡，獎勵「最可能在二十一世紀有長期重要性的科技」。

他借我的耳朵雖是實體，卻像杏乾一樣可以彎折，而且在皮膚下可以輕易伸縮。不過這隻耳朵並不是要裝在任何人的頭上，他把它放回裝滿防腐劑的玻璃罐裡，擺在架上。他的實驗室就像個十字路口：雖然擺滿顯微鏡的化學實驗、工作檯、水槽、玻璃和不鏽鋼，但由於這也是醫學設備，因此也有保溫箱、無菌室，和無數裝滿零件和模型的抽屜。這裡還是科技中心，擺滿了電腦、機器人，當然還有3D印表機。全都伴隨看似無止無盡的窗戶牆。

窗外是迷人的薄雪，一輛校車就像色彩繽紛蝴蝶橘色的蛹一樣爬過。

長長的一線陽光就像伸長的手指一樣，碰觸辦公桌上白色的盒子，這盒子大約第一台手動打字機的大小，不過看起來沒那麼複雜。兩支帶著噴嘴的鋼製注射管浮在金屬保溫盤上，它們就會在這裡展開希望的書法，所用的墨水可能是任何一種活細胞，生命在聚合體上的壯麗遊行。十九世紀畫家喬治．秀拉（Georges Seurat）以純彩用類似的點畫技巧作畫，他的點似乎混合在一起，但那只是眼睛的錯覺。然而這裡的點會融合，因為細胞原本就會自行融合，並不需要人力推動。

這支筆邊寫邊動，每一條線到底之後都會折回頭來，再點畫新的層疊，直到創造出並不完全像疣或眼睫毛那般自然的外耳。不過等移植之後，它就會隨著生命抽動，更具體化，重新定義我們所謂的「自然」。接下來任何肌肉和血液的組合都可以做為它的家，排斥已經是過時的事了。在我們長久以來的演化故事中，終於有一次，身體部位不只是由演化的藍圖所造——我們可以選擇它的設計。也不用再擔心耗費的時間。只要波奈瑟拿到磁振造影、電腦斷層掃瞄，或者3D影像，他就可以在十五分鐘生出一隻耳朵來，相當於我走到我家附近咖啡店的時間。

波奈瑟已經掌握了訓練材料攜帶細胞的藝術，並且就像牽著小狗一樣，要它們在哪裡，它們就會放在哪裡，同時又能活潑快樂。這些細胞也像健康的小狗，彼此靈活地扭打但不受傷，強壯得互相拖拉，渴盼地把它們的小嘴向前伸，吃光它們所需要的養分。他偏愛的兩種聚合體是膠原蛋白——身體用來做麻線和灰泥的蛋白質纖維，和海藻酸鹽（alginate）——我在頂針群島（Thimble Islands）所見褐藻中所找到的一種膠，得來速餐廳常用它來製作奶昔，好讓它們由奶昔機壓出來時能夠呈濃稠乳脂狀。我的雙親曾經營最早期的麥當勞，我在店裡度過許多夏天，分裝奶昔，因此我很清楚那種濃稠度──在糖漿和牙膏之間。那就是生物印表機分配墨水的濃度，只是載體內有許多叢活細胞。

我問波奈瑟他是否也在這裡製造支架，他露出得意的笑容，並解釋說支架就是這種液體。這種奶昔含有它自己的結構框架，因此剛由印表機熱騰騰出爐的耳朵已經現成可用。墨水是什麼？水滴無法黏合在一起，硬的彈珠又會滑掉，因此他用黏糊糊的膠原蛋白粒子，它們會依附在它們的鄰居上。就像蛋或血一樣，膠原蛋白質加熱之後就會濃稠膠化，纖維混在一起，因此他把它冷藏，讓它只有落在加熱板上時才變硬。

這是他由李普森那裡打劫來的科技，一開始他在李普森的實驗室列印，印表機寬如磚造爐灶，重如大鐵鍋。如今印表機只有濃縮咖啡機大小，而且簡單得驚人：不論你把想要的任何事物裝進注射器，然後放好位置，讓馬達可以抓住推桿列印，接著調整墨水擠出來的速度，設好打印頭的路徑。之後，還剩兩個步驟要做。

他帶我穿過敞開的門，進入一個裝滿大機器的小房間，房裡還有一個無菌的組織培養工作檯，附有一個大窗戶，整個生物印表機都可以放進去，不會受灰塵、黴菌，和細菌的汙染。它看來很像早產兒的保溫箱。

「不，**這**才是保溫箱，」他轉身朝一個玻璃門望去，裡面是燈光黯淡的架子。「看那裡，你能看到它們嗎？」

我踮起腳尖，看到兩個培養皿盛著奇怪的小釦子或輪胎，這些怪東西是脊柱植入器

（spinal implants），準備供給會跑跳吠叫的毛球狗用的。關節炎對於愛玩鬧的臘腸狗、獵犬，尤其是米格魯是大問題——頸短身長的狗頸椎間盤常會磨損，和我們一樣也會關節疼痛。波奈瑟的實驗室和康乃爾的獸醫學院合作，創造有膠狀核心的植入物，推動較堅硬的外環，向它施壓，就像為輪胎打氣一樣。它也是一個真正的器官，兩種不同的組織天衣無縫地一起發揮作用。

在骨關節炎的情況中，軟骨墊就像舊枕頭一樣磨損，骨頭磨擦骨頭，造成發炎疼痛。幾乎每一個人家裡都會有個關節痛的病患。當今背部的手術常常是為了要移除受損的椎間盤，並且用金屬盤融合椎骨，為脊椎創造出如撥火棒那般的硬度，可是這種手術未必有效，而且可能會使鄰近的椎骨像鬆脫的牙齒那般脆弱，如果能有其他的方法，光是在美國，就能造福六七千萬人。波奈瑟由小做起，先用自己實驗室培養的種類更換老鼠的脊椎軟骨，這些老鼠過得很正常，顯然並不疼痛。接下來輪到的是體型較大的動物——狗、綿羊，或山羊，如果能奏效，那麼人類的志願者則會跟進。

我彎下腰檢視保溫箱旁一個較小的房間，看到訂製椎間盤的下一階段。由於身體裡所有的組織都能承受重量，並且在壓力下茁壯成長，因此他的實驗室也要讓這些組織健壯，一再地擠壓植入物。這也可以加速它們的新陳代謝，把食物擠進去，再把垃圾壓出來，使它更有效率。這種生物列印的植入物比天然的更經久耐用。

波奈瑟褐色的眼睛發亮說：「我們可以很實際地預測人類臨床實驗可能在五年之內

進行。」

我問到列印我們的心、肺，和肝臟時，他帶我到一個大電腦螢幕前，叫出一雙戴著手套的手，手上拿著好像是壽司的東西：白色的厚片夾著薄薄一圈粉紅暈輪。仔細一看，原來是更珍貴的寶貝：用波奈瑟女兒耳朵的3D照片所製的植入物。他對著它們微笑，散發出如星光一般的父愛。接著他指出其上薄輪的血管，以及較厚而赤裸的白色逗點形組織，這些裸露的細胞同樣也欣欣向榮。

列印器官的挑戰不在於它們的尺寸，而是其管線。比較大的器官就像威尼斯的城市一樣，由飄浮著鳳尾船的複雜水上街道餵養。全球各地的實驗室都在尋找反映這些供應管線的最佳方式，而難以追摸的「靈光乍現」時刻，也許只要一週，也許還需要十年。不過它的氣味已經飄浮在空中，大家都很肯定它很快就會掀起醫學革命，清潔、健康的器官將會供不應求，免不了會有心理上的衝擊。

人類世的特徵就是科學和科技日新月異，在波奈瑟唸高中或大學時，他所研究的這個領域根本還不存在。如今他是創造最大變化的先驅之一，這些變化也包括對人體和活組織內細胞推擠截然不同的新觀念——甚至連細胞是什麼，有什麼樣的行為，都和以往的想法不同。我們不但了解幹細胞，而且也以聰明的方式運用它們來修補身體。這樣做並不費力——可能只是讓細胞接觸正確的化學物或刺激。**表現型**（**phenotype**）的規則已經有驚人的變化——由一種細胞只能做一種工作，不能做其他，變成有**表現型可塑性**

（phenotypic elasticity），細胞有更多功能，可以重新改造其目的，就像可以用榔頭來綁住風箏一樣。

如今我們明白一片皮膚經過再訓練，幾乎什麼都可以做。它就像木材或石頭一樣，是新的原料，有強力的天賦。在非洲生長的黑檀樹可以為人類遮蔭，是豹子高踞其上大嚼獵物的好地方，不過它暗色的紋理讓人們製造出豎笛、鋼琴的琴鍵、小提琴的指板，和音樂。過去總認為皮膚是身體神聖的掩蓋物，有兩個主要的功能──把脆弱的器官封在我們體內，以及界定我們的個人特色，如今卻轉而讓我們知道身體究竟是多麼容易融合、有延展性，而且可以滲透。以細胞的層面來看，我們善變得驚人，不只是在生活型態上，這點我們早已經知道，而是在我們的零碎點滴。一名管家可以透過他的神經細胞改變心意，搖身一變成為鐵路工人，一小塊皮膚可以變成罹患帕金森式症僧侶的新神經細胞。該怎麼運用細胞，逐漸成為想像力而非原料的問題。

人類世的工程在波奈瑟和李普森等先鋒領路之下，已經滲透了醫藥和生物的世界，革新了我們對人體的看法。在這些領域中，電力、建築，和化學結合在一起，訴說先前從沒有聽過的故事。我們嬰兒潮一代成長的過程中被灌輸了一堆絕對的真理，由生物學家代代相傳，最教人畏懼的一個可能是，我們生來就有我們所需要的所有腦細胞，因為大腦並不會製造新的細胞，但如今的證據卻說它會，即使年老時亦然。過去這十年來我們一直都在打破許多類似的假說，我也疑惑還有其他哪些牢不可破的觀念會遭推翻。波奈瑟提起另一個極其神祕的說法。

「我們一再地聽說，」他興味盎然地說，「心臟是絕對不能再生的器官，可是卻有一個教人驚訝的測驗推翻了這個說法。」

他解釋說，在這個研究中，心臟移植的病人獲得異性捐贈的心臟——大部分是男性接受女性的心臟。在理論上，如果我們檢視受贈者，觀察他這顆借來心臟的細胞，就會發現來自女性捐贈者的女性細胞。可是解剖結果卻發現，如果這些男人使用借來的心臟已逾十年，幾乎半數的心臟細胞都會神奇地被男性細胞所取代。其機制並不清楚——但新的典範卻很明確：我們一直都以為心臟的節拍器組織不能再生，其實卻可以。沒人知道這種細胞交換是動物的融合，或者女性細胞被迫遭到取代，但它卻推翻了先前大家視為當然的想法，教許多專家大惑不解。如果如大腦和心臟這樣基本的器官都可能被說服再生，而其他如耳朵和角膜等器官可以用活細胞墨水來製作，那麼這會怎麼改變我們人類這個物種？列印器官會不會影響我們的演化？會不會改變我們的基因？我很好奇波奈瑟怎麼想。

他對這樣的可能也很感興趣。他說，「真正的問題在於，這些治療可能有什麼樣的演化壓力。錯誤的基因會不會因為可以修正而更加常見？我平常都戴隱形眼鏡，如果我是穴居人，由五歲起就視力不良，問題就大了，但如今卻沒什麼大不了，我們可以更換有瑕疵的部位，更長壽且更健康。」接著他又補上耐人尋味的一個想法：「只是我們在身體上可能脆弱得多，遺傳上也有更多瑕疵。」

假設我們不只是修補和加強我們自己，假設我們結果更加長壽？波奈瑟實驗室的主要重心——關節炎用的軟骨，急性創傷用的軟骨、背痛用的椎間盤等，都是在人生兒育女很久之後才會折磨疾病解藥，此時演化已經不再糾纏他們，要他們繁殖。能夠再保持十年健康的能力會不會是演化的優勢？人們會不會冒更多的險？要是我們知道自己能夠輕而易舉地更換身體上的零零碎碎，那麼我們會怎麼看待它們？又怎麼保護它們？我們更換心瓣膜或心臟組織，是為了延長生命，但若你能夠治癒關節炎，讓人們一直到七老八十都活潑健康，充滿性魅力，又該如何？

想想老年病這一科常見的電子人（cyborgs，靠機械裝置維生的人）和嵌合體（chimeras，也音譯做奇米拉），老祖父會說出遠比「我的牙齒到哪裡去了！」有趣得多的事。光是能夠多動十年，就可能會扭轉我們整個社會，遠比光是修復心臟、肝臟、腦部或腎臟的某個瑕疵，都重要得多。

我所認識高齡九十的長輩，即使身上裝了簇新的臀部和膝蓋，也並不會因此去跑馬拉松，但他們卻因為能夠活動，在日常散步時，呼吸了許多新鮮空氣。即使是生物列印的軟骨也需要運動。我向波奈瑟道別，套上大衣，期待在雪中的街道漫步。在我步出走廊進入中庭時，大樓的智慧感應器發揮了作用，一股微風在我前方奔馳，就像隱形的蛇一樣。冰雹開始輕聲敲打窗戶。一抹如紫蘿蘭氣味那般縹緲的思緒糾纏著我。一片烏雲飄過，我感受到年老就像冬天的天氣一樣，教我冷徹骨髓。在那片刻，那念頭像冰柱一樣懸掛在我心上，越來越尖細，而且冰冷嚴寒。接著我的腦海卻又傳送出希望的影像：整整一保溫箱的椎間盤、臘腸狗伸縮自如的頸項，渴望求知的學生填滿開放狹長的實驗室，生了新耳朵的兒童，和保溫盤上的膠原蛋白質粒子，即將重新塑造我們未來的生物學。我發誓我聽見春天發出嗡嗡聲，就像紅翅黑鸝一樣。

chapter

5-2 電子人和嵌合體

在我和波奈瑟的對話之中，從未討論到人們會不會在意體內有人造的部位，沒有必要。它們已經是新標準裡的家常便飯。不久以前，電子人的想法純是科幻小說，我們愛看《無敵金剛》（*Six Million Dollar Man*，他啟發了許多機器人學者）。《星際爭霸站》裡的皮卡德船長（Captain Picard，有一顆人工心臟），或者《銀翼殺手》裡情緒化的人造人（Replicants）。如今用不鏽鋼膝蓋和髖關節四處走動已經不再值得大驚小怪；用電池操控的心律調節器和胰島素幫浦；塑膠支架；經皮神經電刺激（TENS）療法，用微弱電流阻斷神經上的疼痛訊號傳遞；植入人工耳蝸以恢復聽力；腦性麻痺、帕金森氏症，或者受損視網膜的神經植入物；聚合體和金屬合金的牙齒；在雞蛋裡孵育的疫苗；以化學方法改變的個性；當然還有義肢。我們之中，許多人都是仿真生化人（bionic，我的腳上就有五公分的鈦釘），仿真的手、臂、腿、皮膚、心、肝、腎、肺臟、耳朵，和眼睛也都唾手可得。在我們眼前走動的電子人可能會招引我們的視線和好奇，但卻不會再驚嚇我們，而且越來越司空見慣。

二〇一二年十一月一個刮大風的日子，軟體工程師查克．瓦特（Zac Vawter）登上芝加哥一百零三層高的威利斯大樓（Willis Tower），這是西半球最高的建築。由高達一三五三呎（約四百一十公尺）的觀景台，可以看到四個州和像一片被敲平藍色金屬的密西根湖向四方擴散。他到最後一段路氣喘如牛，在第兩千一百步時終於來到觀景台，這個成績讓他在歷史上佔有一席之地。

共有兩千七百人和他一起參加這項為芝加哥復健中心（Rehabilitation Institute of Chicago）籌款的活動，這對大家的精力和膝蓋都是莫大的挑戰，但瓦特之所以特別，是因為他是用閃閃發光的新生化腿完成全程，而比這個事實更精彩的是他的作法——用他的思想控制這個儀器。

三十一歲的瓦特是兩個孩子的父親，他在二〇〇九年因機車車禍而失去右腿。此後他接受了劃時代的手術，把原本控制他腿部下半部的殘留神經「重新分派」——把它們重新導向，控制大腿後肌。一連好幾個月，他飛來芝加哥和工程師、治療師和醫師合作，調節生化腿，並且改進自己的身心技巧。

在他想像自己在攀爬時——舉起大腿，彎曲膝蓋，由他大腦出現的電子脈衝就會掠過他的腿筋，傳送出設計靈巧的運動、皮帶和連鎖組合，讓他同時舉起足踝和膝蓋，以正常的方式一步步爬上樓梯。光是全神貫注還不行；他得要有走路的意願。這生化腿的設計是要讀出主人的意圖，不論他是走路、站立，或者坐下，因此如果他坐著而想站起來，只要往下推，腿就會推回來，讓他站起身來。

就像任何運動員一樣，他得準備數月，而科學家則得為他量身打造原型腿，他還得練習爬樓梯的大腦感受。最後大腦及時接受機器腿作為他身體影像的延伸，並且在比如判斷他可不可以穿過敞開的門時，也把它納入考量。只是在爬完樓梯之後，飛回華盛頓的家之前，他得把腿留在芝加哥，讓研究人員繼續修補調整，使它更可靠。生化手臂已經很流行，但若它失靈，可能會讓人失手摔破一杯牛奶，或者更嚇人的，掉下手上的嬰兒或點燃的火柴。而若生化腿失靈，則可能讓人由樓梯上滾下來，因此這種科技非得安全不可。芝加哥復健中心的專家估計聯邦食品藥物管理局可能會在五年內，批准使用這種生化腿。

自人類在地球上活動開始，我們就受到一種需求驅動，要深入環境；工具和科技一向是這種追求固有的一部分。如今我們安心接受大腦可以連結到體外世界的想法，並且因此而興奮。為我們儲存電話號碼、日曆、待做事項、相片、文件和記憶的 iPads 和手機，就是筆記本大小的體外大腦，而這只是開始。「咦，我把我的回憶放到哪裡去了？」我們大部分人都把彌補用的記憶放在口袋、皮包，和公事包裡。在校園中，學生把額外的海馬體放在背包裡。我們或許會擔心隨著年歲漸長會喪失記憶，但不論我們是什麼年紀，都會擔心失去我們的補充記憶。許多人如果不隨時「檢查」——就不安心，這個動詞有一度曾用在強迫症的行為上（我關了爐子嗎？關了車庫嗎？關了大門嗎？）如今持續不斷的數位「檢查行為」，也加入了強迫性精神官能症的行列，我們也把這些恐懼加入使我們顫抖的疾病之中：**無手機恐懼症**（nomophobia/mobophobia，把手機留在家裡未隨身攜帶的恐懼）、**幽靈振動症候群**（phantom vibrations，儘管沒人來電，還是覺得你的手機在振動），還有FOMO（**害怕自己錯過社交活動**，因此不停地查看臉書）。**持續的局部注意力**（Continuous partial attention，一心多用，半心半意）症狀鋪天蓋地而來。我們隨時都受到鈴聲、簡訊聲、收件匣收信聲、日曆旗標、更新警訊、新貼文嗶聲、彈出廣告，還有更引人入勝的事物可能會出現這種教人心煩的可能而分心。

我們的祖先依照他們感官的極限來適應大自然，但經過千萬年之後，我們卻用有遠見而時髦的發明來延伸我們的感官——語言、寫作、書本、工具、望遠鏡、電話、眼鏡、汽車、飛機、火箭飛船——而在這過程中，我們不但重新定義了我們如何銜接世界，也定義了我們如何看待自己。過去我們常把身體想成工廠，如今卻有了莫大的轉變，科學家把工廠想像成原始的細胞形式。過去我們總把大腦比喻為電腦，如今DARPA有了SyNAPSE計畫，其目標就是建立「和哺乳類的大腦有類似形體和功能的新電腦。」

我們的細胞憑著它們自己的電動產品舞蹈，隨著它們浸浴在周遭的網路和訊號中——也就是**everyware**，我們已經變成隱形織網的一部分，和過去我們所想像大自然天衣無縫的網不同。這是新自然的一部分。它滑進我們搜尋古怪、實驗性、非人類事物的雷達下方。人類世的人可以和科技融合，而不被視作異類。

不只是人。內布拉斯加的一隻小狗納基歐（Naki'o）在一個寒冷的夜晚在一灘水坑裡睡著了，醒來時四爪都被凍傷，情況惡化，最後丹佛專精動物修復的Orthopets公司把納基歐變成舉世頭一隻生化狗，如今牠裝上四隻義肢，和主人正常地跑跳遊戲，只是牠感覺不到地面。牠成了Orthopets的代言狗。這家公司還為一隻沒有前腿的吉娃娃裝了兩個輪子（牠在養老院裡大受歡迎）。其他的生化狗還包括一隻受傷的禿鷹，在阿拉斯加的垃圾掩埋地差點餓死，後來裝上新的上喙；還有一隻陷在螃蟹網裡無法游泳的斷肢海豚，後來裝上了義尾；一隻因沖浪板受傷的綠蠵龜，裝上了義鰭肢；和一隻紅毛猩猩寶寶，天生畸形足，後來用支架解決。

這些附件顯然都是彌補肢體不足的工具，但我們該把人類最初的矛想成是工具，或者想像的義肢？在受到凶猛的熊、老虎，和其他有尖牙利爪的野獸攻擊之時，我們的祖先藉著自製尖牙利爪反擊，他們可以把它拆卸分離，遠距拋射。這是多麼新奇的想法！想像一隻狼把牠的利牙一顆接一顆地插進獵物體內。石斧雖是工具，卻也是義手，打造得比原始人的手更堅固、更大，也更銳利。最初的衣物也是彌補身體不足的人造身體部位：皮膚。不論男女的原始人用力拉綁起皺的動物皮革，把它穿上身保暖時，不論他們事先怎麼鞣製，都會散發出一股其他生物的氣味。他們在借來的氣味中入眠，在瀰漫著甜腥氣味的山洞中，混入每個人各自的氣味花束。如今我們已經與衣服的起源相距甚遠，因此它變得不受個人情感影響，而我們也不再感覺到穿在另一隻動物的皮膚裡，或者植物纖維之下的強烈神奇。

早期的人類或許為跛腿的人設計了拐杖，不過最早的義肢是出現在古印度聖詩梨俱吠陀（Rig Veda），這義肢屬於驍勇善戰的女王維絲布拉（Vishpla），她在戰爭中喪失一腿，卻堅持繼續戰鬥，因此為她打造了一隻鐵腿。希臘歷史學家希羅多德（Herodotus）提到一名上銬的波斯士兵，他切下了自己的腳逃走，用銅和木製的腳來取代。在開羅博物館，有一具阿蒙霍特普二世（Amenhotep II，西元前十五世紀）時期的木乃伊，它右腳的大腳趾遭截斷，用精雕細琢的木質複製趾取代，她應該是一名受糖尿病所苦的皇家婦女，這精巧的趾頭是用來協助她在塵世和來生的生活。

歷史上有許多木製假腿和鉤狀義手的紀錄，只是這種古老的義肢製作粗糙，重量又沉重，通常都是木頭、金屬和皮革所製。把它們穿戴起來，人就成了半樹半獸。我們永遠不知道這些人的親屬是把他們當作是一種混合物，或者穿戴者是否認同他們用來替代人類肌肉和骨骼之物種所有的特性。

我們已經走了多長遠的路！如今我們活在對身體的修復視為家常變化的文化，到處都是隱形眼鏡、假牙、助聽器、人造膝蓋、髖關節、指南針、相機，和許多數位和無線大腦的連結。在皮和木質的腳趾以來，我們在人體的修復上已經邁出大步，因此連協議一個公平的運動場都不容易，因為如今奧運選手可能會和電子人同場競技，但那公平嗎？

原本就是殘障奧運金牌得主的奧斯卡·佩斯托瑞斯（Oscar Pistorius）花了四年時間和運動仲裁法庭搏鬥，爭取和正常的運動員在一般奧運的賽場上一較短長的機會，最後在大規模測試了他的刀鋒之後，法院判他勝訴，宣布這些刀鋒不會讓他佔有不公平的優勢。是的，有彈性的刀刃是比較輕，但程度有限；它們不能回應比奧斯卡擊打地面更多的力量。相較之下，人類的腳和足踝所產生的彈性動力總是可以用更多的力量擊打地面，也可以更快的速度反彈。因此在目前，除非科技改變，否則身體健全的短跑選手應該比穿戴刀鋒義肢的選手有更大的優勢。

但每一個天賦異稟的運動選手豈不是都有一些獨特的生理優勢嗎？歷來獲獎最多的奧運選手——游泳健將麥可·菲爾普斯（Michael Phelps），他的生理優勢就在於就他身高而言異常長的軀幹和雙臂。在更高科技的彎刀義肢發明之後，這樣的討論會更加熱烈。一個諷刺的轉折是，當佩斯托瑞斯在殘障奧運中跑輸另一名選手之時，他提出申訴說，贏家穿戴更高精巧的義肢，因此佔了優勢。

佩斯托瑞斯是有史以來頭一位以雙腳截肢的殘障身分參加奧運，和正常賽跑健將一較短長的選手，我們的過去和未來都在他的故事裡若隱若現，因此他的遭遇縈繞我們心頭，揮之不去。他的外觀很明顯是結合了機器部位的電子人，但他自己卻十分自在。從小就穿戴義肢的他在心理上就完全接受自己的人造腿，而他的大腦也把兩條彎刀義肢視為大腿的自然延伸，他的身體靈活，健步如飛。

佩斯托瑞斯並不是唯一馳名遠近的電子人。戰爭往往會促使科技突飛猛進。因為伊拉克和阿富汗戰爭使此許多年輕戰士遭到截肢，為此義肢的製作研發也突飛猛進，採用高科技材料，打造出更自然的機械產品。DARPA就展開了「創新義肢研究計劃」（Revolutionizing Prosthetics），目標是開發由思想控制的四肢，可以像自然的四肢那樣精準且自然地運作，未來幾年內就可以送交聯邦食品藥物管理局核准。

二〇一二年十一月六日美國大選，當日晚間，所有的選票都已經計出之後，伊拉克戰爭退伍女兵譚美．達克沃斯（Tammy Duckworth）大步走上講台發表勝選演說，這位新出爐的伊利諾州聯邦眾議員二〇〇四年在戰場上失去雙腳，她上台時穿戴最先進的義腿，附有自動化電腦控制的踝關節，和電腦操縱的膝蓋。

她拄著拐杖自在地走動，神采飛揚，動作流暢，這非常難得，因為她並非自幼就學會如何在走路時平衡義肢上的骨盆和脊椎。就和其他的寶寶一樣，她在嬰兒時期憑本能學走路時毫無所懼，大約是在十三個月大之時，已經有足夠的平衡和力量，嬰兒脂肪也化為肌肉。

雖然步行到頭來變成無意識的行為，但卻是我們得時時顛倒平衡的技巧，需要無數小時的練習和鼓勵，而且還會摔倒多次，才能學會熟練地行走。嬰兒就像任性的踩高蹺小人。要走路，你先一腳向前，讓自己失去平衡，接著在倒得太多之前趕緊穩住自己，重新平衡，倒下另一邊，接著再穩住自己，重新向前倒，這樣你就能直線走到房間或街道對面。步行其實就是一連串在跌倒之前的平衡，我們及時學會熟練地做這個動作，而沒有意識到這是演化的馬戲動作。久而久之，就出現可愛的鐘擺式擺盪，臀部先失去平衡，接著又恢復平衡，一而再再而三，而走路的人卻漫不經心，其韻律自然就是抑揚格（iambic，短長格，非重讀的短音節之後跟著重讀的長音節），說不定這就是為什麼許多詩人，由莎士比亞到華茲華士都以抑揚格寫詩的緣故；他們可能邊踱步邊醞釀詩句，幸好骨盆和脊骨的結構讓這樣的技巧（指的是漫步而非作詩）相對容易。

不過成年後重學步行意味著得先忘記原有的平衡技巧，根據你目前的體型掌握新的技術，而且**非常清楚**你很可能會跌倒而受重傷。此外，身體先前的傷勢未必對稱——達克沃斯的傷勢就很複雜（右腿由臀部，左腿則由膝蓋斷裂），像佩斯托瑞斯的彎刀義肢不適合她的生活型態，因為她不論搭機、坐辦公桌、站在講台上，或者爬樓梯都得要舒適自在才行。她所用的先進踝關節和雙腿是靠著自動化的軟體——微處理器、加速儀（accelerometers）、迴轉器（gyroscopes）和扭力角度感應器（torque angle sensors），以模仿人在走路時足踝肌肉和肌腱細微的合作。

電子人的時代的確已經來臨。滑雪和雪板選手所戴的護目鏡可以提供資料儀表顯示、衛星導航系統、相機、測速器、高度計，和藍芽話機；自由車選手還加上聲控和視控。當你運動時，資料在你面前舞動，或者在臉書上張貼照片，這樣安全嗎？或許不，但總比以往看向智慧手機再抬頭看眼前的斜坡，同時暈頭轉向地馳騁在感官和科技的世界之間安全。《星際爭霸戰》承諾我們的虛擬世界已經成為家常便飯，我們可以戴上同時刺激五官的頭戴式耳機，在古羅馬或埃及的街道上步行，沉醉在這地方的外觀、氣味，和感受之中，以為它是真的。

我還沒見過別人戴著Google眼鏡，這種聲控的迷你螢幕裝在可以調節的架子上，像海盜一樣在一隻眼睛上方盤旋，把電郵和地圖投射在你的視野上。不過，不論它是否會成為科技時尚，都已經在全球各地的手術室大行其道。第一位戴上它的外科醫師為手術錄影，和同僚分享，此後外科醫師就常在手術中由眼鏡上看X光片或醫學資料而不用回頭。這樣的電子人醫師在頭的後方也有眼睛，還有四隻或更多隻手。伯明罕阿拉巴馬大學（UAB）的布蘭特・龐斯（Brent Ponce）醫師戴上Google眼鏡開始進行肩關節置換手術時，內建式的鏡頭就把現場傳送給在亞特蘭大資深外科醫師費尼・丹圖魯瑞（Phani Danturuli）的電腦螢幕，兩位醫師在手術過程中一邊討論，丹圖魯瑞還可把手伸進龐斯眼前的螢幕：幽靈般的虛擬手臂浮在病人身體上，指出結構特色，或說明如何重置器械位置，作即時的會診。這種稱作VIPAAR（Virtual Interactive Presence in Augmented Reality，擴大現實虛擬互動存在）的技術，是由UAB的神經外科醫師巴頓・古瑟瑞（Barton Guthrie）所發明，他有感於視訊會議的限制，發明這種在各種情況下都能提供安全網的科技：教導外科醫師、指導住院醫師的雙手、在舉世任何地方的地區醫院引導困難的程序，並且可以協助南極基地或太空中的緊急手術。

儘管有這所有的數位修飾，但栩栩如生的眼鏡依舊只是配件。到頭來你還是得摘下它，成為凡人。我們渴望增強並且監管我們的能力，不用任何中介，而是緊密的、自然的、毫不麻煩，就好像這樣的傑作是我們與生俱來的權利。接下來的一小步，一個較接近的世界，將是由思想控制的隱形眼鏡，就像高科技大陸一樣飄浮在眼前。它們會隱形地依附在我們眼前，抑或像洋娃娃的玻璃眼珠那般眨動？誰知道最後一步什麼時候會發生？矽絲沿著我們的神經細胞滑動，接下來，我們的電腦世界並不消失，而是虛擬可見，和我們徹底結合。我們會不會偶爾覺得困擾，或者只是擔心能不能做最後的更新？

這雖是很難想像的奇特矛盾，卻有極大的可能，說不定甚至不可避免，那就是在我們把更多的身心任務交付給機器人和電腦的同時，也可能使得數種技巧和才能變弱——數學、肌肉組織、記憶，而有一些新的技巧變得至臻完美。我們可能很快就能掌握在空間上一心多用的技巧，一邊走過大街，一邊捲動並回覆盤旋在空中的電子郵件，這是我們光憑眨眨睫毛，就能叫出來顯現在iGlasses上。大腦和身體終究都會適應。

我們一直都在創造新科技，讓我們活得更好、更長壽，但過去幾十年來，這種情況的速度大幅加快。我們提升了與機器戀愛的步調，以先前從沒有過的方式讓它們與我們的身體結合，用精巧的科技產品填滿我們的生活，由基因測驗到器官移植、衛星通訊到基因工程、腦部掃瞄到提高情緒。它們取悅我們，刺激我們的生活到了無以復加的程度，因此出現了人類學新支派，研究這個現象。

安柏．凱斯（Amber Case）研究的領域是「電子人類學」，這個學門的科學家探究的是人類和機器人如何與物體互動，這又如何改變我們所置身的文化。比如手機影響人類關係的方式，以及我們如何電子社交而非社交。以朋友聚會為主的老派社交關係如今被視為「類比」（analog）。

「比如說，」凱斯解釋道，「我們口袋裡裝了一些會吵會鬧的東西，我們得把它們拿出來，撫慰它們讓它們回頭再睡，每晚還得把它們插在牆上餵食，對嗎？在歷史上，我們從沒有像這些奇特的非人類儀器，我們把它們當成真的一樣照顧。」

電子人或許數量日益增多，但我們之間還有更多的嵌合體——兩種以上生物的DNA（有時是身體的部位）安頓在一個身體裡。在神話中，人類與動物可以輕鬆自在地繁殖和交換身體，說明了我們與大自然之間的親密，承認動物是我們大家庭的一部分。嵌合體的英文是chimera，源自荷馬史詩《伊利亞德》中所提到的希臘怪獸奇米拉，一個野蠻的空中怪物，半獅半羊半蛇，能由口中噴火，驚嚇世人，直到名叫柏勒洛豐（Bellerophon）的英雄駕著飛馬珀加索斯（Pegasus）追逐牠，飛得比牠的火燄還高，才終於殺死牠。許多文化中都有這種惡魔糾纏，全都是異類邪惡的合體——比如獅子、蛇，和老鷹，產生了龍、人面獅身像、獅鷲，和蛇髮女妖梅杜莎。我們在希臘神話中看到在林間半人半羊色瞇瞇的薩提爾（satyr）；和香氣襲人歌聲美妙的賽倫水精（sirens），這些生有鳥身的女人引誘男人走向死亡。中國有會變身的龍和人類婚配成家的傳說，西伯利亞的巫師魔力則來自於人與天鵝的婚姻。美洲原住民的傳說是地球最初的人類其實是半獸。通常奇米拉（比如美人魚）都存在已經世界的極限，英雄好漢藉著牠們來證明自己的勇氣。儘管無可計數的童書都有想法、說話和個性有趣的動物角色，但大部分人似乎還是覺得真人被困在其他動物的身體裡委實可怕，恐怖到希臘諸神最喜歡以這種方式來懲罰凡人。

雖然聽來有點匪夷所思，但我們之間已經有許多自然的嵌合體，包括所有體內悄悄含有尼安德塔和丹尼索瓦人（Denisovan）基因的人。我們時時刻刻都在吸收其他的人，在我們感冒或染上流感之時，病毒帶著我們的蛋白質，在別人體內把它釋出，對方的免疫系統就會把它貯藏起來，日後備查。愛滋和其他反轉錄病毒尤其擅長把一個人的DNA存在另一個人的染色體上。在和伴侶交換體液之際，我們交換了片段的基因，我們接納了對方部分的免疫系統，因此也成為嵌合體。我們不只是進入對方體內，還會吸納他們。免疫學家傑洛德．克拉漢（Gerald N. Callahan）解釋說，我們和其他人交換基因片段的程度，恐怕「比我們所知的多得多，感染成了溝通、記憶、嵌合。在親密關係的過程中，我們收集了許多別人的片段點滴，直到有朝一日，剩下的確確實實是一種拼貼，一種嵌合——半男半女半某人半別人。」

不論最後的發展如何，我們都會因互相認識而永遠起了改變。如果這DNA屬於你這輩子再也不想見到的人，你連讓他坐進你的車都受不了，遑論讓他在你的細胞裡，那麼這個念頭恐怕就不會太愉快。最好還是別往下想，不妨想想母親的DNA，或者情人的，依舊活生生地在你體內，是一幅小肖像。

雙胞胎這種人類的嵌合體讓你了解整個世界都是複製體會多麼混亂，但舉世太多雙胞胎，不足為奇。我母親臨終前需要經常性的骨髓移植，因此她的血流中有捐贈者的細胞。但在那之前，她早已是嵌合體，因為作母親的都會保留她們胎兒的細胞。她一定也貯存了我父親的細胞，就如我父親也貯存了她的細胞一樣。但就我所知，我父親體內並沒有豬心瓣膜、貓腸線，或者猴子的腺體——不過最後這一項很可能充滿誘惑力，在他年輕時曾大為流行。

在還沒有威而剛的一九二〇年代，想要提振雄風的男人都跑去向法國外科醫師薩吉·佛隆諾夫（Serge Voronoff）求助，他把猴子睪丸的薄片移植到他們的陰囊。後來他也把猴子的卵巢移植到女性身上，據說連美國花腔女高音莉麗·龐斯（Lily Pons）也名列在他的病患名單，她常去他位於義大利里維耶拉的猴子養殖場。佛隆諾夫做了逾五百例這樣的手術，名利雙收，最後卻被斥為和巫師或魔術師沒什麼兩樣。不過人們並不在乎讓他們的睪丸或卵巢植入猴子性腺。

如今，猴子性腺熱潮就像義大利影星魯道夫·范倫鐵諾（Rudolph Valentino）一樣過時，只是我們之間有這麼多人體內含有其他非人類生物的點點滴滴，竟然不會在尷尬時刻不知不覺發出豬叫，馬蹄聲，或者羊啼，倒教人吃驚。我們不覺得心臟裡有牛和馬的瓣膜有什麼大不了，反倒養殖經過基因改造的豬，和我們人類的組織更相合，然後由牠們的腸道擷取抗凝血的肝素（heparin），由牠們的胰臟擷取胰島素。豬膀胱細胞之間的纖維組織先前被視為只是軟墊，如今卻發現它們富含生長因子，因此用來「施肥」，讓因戰爭受損的人類肌肉重新生長。

派駐在伊拉克的十九歲海軍下士以賽亞斯．赫南德茲（Isaias Hernandez）因誤觸地雷，喪失了百分之七十的大腿肌肉，醫師認為只能截肢。在他眼裡剩下的大腿就像吃了一半的肯德基炸雞：「好像一口咬下雞腿到見骨的程度」。傷口迅速結疤之後，他的大腿卻經常疼痛，醫囑先截肢，再裝義肢，這是他唯一的希望。接著他成了嵌合體。二〇〇四年，他自願參加臨床實驗，讓外科醫師把其薄如紙的一片豬膀胱嵌入他殘破的大腿肌肉，這個植入物稱作細胞外基質（extracellular matrix），肌肉果然開始再生。如今他就像其他人一樣，用再生的大腿走路、坐下、跪下、騎車、攀爬，享受正常的生活，絲毫不覺疼痛。他永遠會有一部分是豬，他的外科醫師暱稱它為「豬妖之塵」（pixie dust）。

攝取和移植之間有很大的差別嗎？我們吞食蛇和蜘蛛的毒液，或者大毒蜥（gila）的唾液緩和不聽話的心臟，也吞食芋螺的毒液止痛。數以百萬計的婦女為了避孕，吞食母馬的尿液所提煉的藥丸。我們最先進的抗生素是來自於一系列的黴菌，接著還有取自動物皮膚、韌帶、結締組織和骨骼的塗料、膠囊和液體添加物，調製為藥物。如果我們願意接受馬心瓣膜植入我們有問題的心臟，豬的組織植入我們的大腿，如果我們超越了飼養動物屠宰牠們取用器官，用較低等動物的身體來彌補我們有缺陷的身體，那麼接下來我們會想要採取什麼行動？向牛借個多餘的胃，好讓我們可以更快消化，順便減肥？

或許把其他動物的身體部位植入我們體內並不會教我們不安，是因為就原子的層面而言，我們是由非生物的部位所組成的生物，因此墳墓上常會有「來自塵土，歸於塵土」的警句。或許我們把這當成馴養動物和收服土地的終極目標，這是我們老早就展開的行動，留在我們的共同記憶之中，一點一滴擴大它們的用處。逐漸地，睡在我們屋頂下的動物變成睡在我們肋骨下的動物，而我們習以為常，並不心驚。**哦，又是那個，那隻在我骨頭屋下的牛**。或許我們在情急之下，會樂於把親屬關係，比如說，由我弟弟的腎臟變成一頭羊的腎臟。

人造的嵌合體生物是實驗室裡的重要產物——在老鼠和其他動物身上培養或植入人類的免疫系統、腎臟、皮膚、肌肉組織，這些都是研究人類疾病常見的方式。科學家已經創造了有百分之四十人類器官的羊，部分人腦的猴子，和四分之一腦細胞是人類細胞的人腦老鼠（幸好牠們的行為依舊像老鼠，但誰知道在牠們的思想中會有什麼樣的奇特迷霧飛馳）。可是當日本科學家宣布說，只要給他們一年，他們就可以把人類幹細胞植入豬的胚胎，再把胚胎放人健康豬的子宮，長出完美的人類心臟或腎臟，大家卻卻步不前。豬心瓣膜植入人體，沒問題，但長有人類器官的豬呢？

「嵌合體胚胎」的問題並不在科技，而在倫理道德，這是我們這個時代的特色。這個技術雖可以辨得到，但卻不容於社會。各國必須要先達成協議，究竟人類應該是什麼樣，只是這不再那麼明確。有史以來頭一遭，我們自問：我們願意把世界和我們自己設計到什麼程度？即使我們裝上義肢、體內有其他動物的嵌合體，或者藉著眼睫毛眨動或思想來操控戴在身上的科技，我們依舊覺得自己是人。只是問題已經變成了程度的多寡。我們能取代更換自己多少的成分，依然能在法律上和心理上覺得自己是人？修補加強的人和怪物之間，引人反感的界線究竟在哪裡？

加拿大已經通過「人工協助生殖法」（Assisted Human Reproduction Act），禁止創造嵌合體。新斯科夕亞省哈利法克斯（Halifax）達爾豪斯（Dalhousie）大學的生物倫理學家法杭索絲．貝利斯（Françoise Baylis）協助起草加拿大對於嵌合體的準則，她指出：「我們並沒有善待所有的人，當然更沒有善待所有的動物，那麼我們會怎麼對待這些新生物？」

在美國，國家科學院（National Academy of Science）准許創造嵌合體，但卻警告應禁止嵌合體繁殖，因為如果兩個含有部分人類的嵌合體繁殖，結果可能會造成人類胚胎在另一種動物體內孕育的古怪（儘管幾乎確定會致命）可能。記得傳說中羅馬的起源，說羅慕路斯（Romulus）與瑞摩斯（Remus）是由狼撫養的孩子嗎？假設狼真的生了人類？或者是羊生的？大約十年前，內華達大學雷諾分校的艾斯梅爾．贊賈尼（Esmail Zanjani）宣布，他已經把人類幹細胞注入懷孕中期的羊胚胎，結果羊的組織裡都有人類細胞，而且並非只有一點細胞而已，有些器官近半是人類細胞。不過只有器官，並沒有生出兩隻腳和對生拇指的羊。我盯著相片中的這些羊，覺得牠們看來十分怪誕，非常像人類，長臉，額上生有捲髮，還有向下彎的眼睛。狗會不會察覺到牠們既人又羊的氣味？

科學家還不知道的是，移植之後的人類幹細胞會不會改變動物的遺傳行為、特性，或性格。正如生物倫理學家所說的，我們絕不希望創造出像人類的猴子或其他動物這種恐怖的事。老鼠的大腦容量不到人的千分之一，因此牠們不太可能會有發展出我們認知能力的危險，但如果是在演化樹上與我們較接近的動物，比如黑猩猩或倭黑猩猩，合體就可能會成功，尤其如果DNA在發展的最初階段就混合。我不禁疑惑，紅毛猩猩布迪會怎麼想有半人類大腦的猴子？

實驗室造出的嵌合體提出了道德的矛盾，它的細胞越人類，就越能測試拯救人類的治療法，可是如果太人類，它就陷入兩個世界之間，成為幽閉恐怖症的囚徒。早在一八七六年工業革命方興未艾之時，就有一位英國小說家對這樣的可能性提出警告。

H．G．威爾斯（H.G. Wells）的經典作《莫洛博士島》（*The Island of Dr. Moreau*）描寫一個人遭到船難，被經過的船救起，他敘述了一段可怕卻又教人著迷的故事。他剛逃出印尼群島的一個無名島嶼，島上全都是莫洛博士運用輸血、移植、嫁接及其他古怪的技巧所創造、有知覺有情感的人類—動物合體怪獸，包括土狼—野豬、豬人、豹人、猿人、小樹獺人，和其他「獸人」，其中有些在叢林中建立了自己的聚落，崇拜莫洛，並且發展出道德法規。這本小說讓維多利亞時期的英國社會大為震驚，當時的英國正因形形色色的新科技和人類由猴子演變而來這種達爾文的觀念而熱鬧滾滾。活體解剖的風尚一如優生學和科學實驗的道德限制一樣惹來爭議。威爾斯的小說質疑這一切問題，同時也探究英國的殖民主義、認同的本質、拷問的邪惡，最重要的可能是人與大自然互動所面臨的種種危險。威爾斯後來談起這本洛陽紙貴的小說，說它是「年輕時褻瀆神明的習作」。

基因剪接和生物工程大概要再一百年才能成氣候，但威爾斯已經預見了它們可能會在稍後的人類世所造成的道德困境。假設因意外或刻意設計，次人類的嵌合體出現，比其他動物都聰明，但還不及人類，我們期待它達成什麼樣的目的？它在我們的社會中會找到什麼樣的家？它會不會被流放到較低的等級？在什麼樣的情況下，我們該把人造的嵌合體視為人類？它該擁有哪些與生俱來的權利？

chapter

5-3

DNA的祕密門衛

布迪勇敢地在多倫多動物園消防水龍帶之間擺盪，牠既不是電子人，也不是人造的嵌合體，更沒有人重新編排牠的DNA。牠只是隻活潑的小紅毛猩猩，來自野外的特使。但我們已經開始以全新的方式來考量牠的（和我們的）身體本質，連結我們，重新為我們下定義。只有這知識和我們可以用它來做的事是新的，其餘的則一如我們共有的族譜一般古老。

一名栗色頭髮的年輕女郎坐在電影院，我的前排，她懶散地坐在椅子上，看史丹利·庫柏力克（Stanley Kubrick）的《2001太空漫遊》（*2001: a Space Odyssey*）。在這家藝術影院的銀幕上，一隻吃素的猿正百無聊賴地用手撫摸一隻死羚羊四散的骨頭。緩緩地，一個想法逐漸成形，牠把骨頭高舉過頭，往下摔在其他骨架上，一再地重複，以暴力恣意打擊它，使它粉碎，同時牠腦裡湧起美味的貘肉滋味，理查．史特勞斯的交響詩《查拉圖斯特拉如是說》重擊的和弦宣告了這個訊息：人類獵人誕生了。一天之後，這猿人用牠的武器殺死了敵對猿群的領袖，史特勞斯的配樂漸入高潮，出現了新的戲劇：一擊又一擊的戰爭和弦。由那裡開始，庫柏力克讓我們看到了人類演化、人工智慧、外星生物，和科技的壯觀。我們落入了宇宙飛行的未來，發現一名太空人正在和一個有知覺情感、心理有障礙的電腦競爭對抗（他用比羚羊骨頭細緻得多的工具壓制它）。他達到了自己命運的巔峰而變了形，那過程太先進，使相對等於是穴居人的我們（總之，是在電影院的洞窟）無法分辨它和魔術的差異。等片尾演員名單像群星一樣由銀幕上滾過時，燈光亮了，讓我們回到現實和人類傳奇故事，以及更像英雄冒險故事的未來。

那位栗色頭髮的女郎起身準備離開，卻在她椅座背後留下一縷頭髮，我們可以光由這小小的樣本，就讀出DNA來，並且知道它屬於人類女性或是愛爾蘭獵犬或是狐狸，並且找出她身分的諸多線索：人種、眼睛顏色、罹患各種疾病的可能，甚至她可能會有多長的壽命。我們可以認定她和老鼠或蛔蟲沒有多少共同點，但卻有相似的基因數目。她幾乎和所有會步行、爬行、滑行或飛翔的生物都息息相關，甚至連她討厭的生物都包括在內，尤其是這些動物。她和所有無脊椎生物的基因傳承只有差一丁點，但這一丁點卻彌足珍貴。

拜人類基因組計畫（Human Genome Project）的資料庫所賜，任何有興趣一探究竟的人，都可以透過網際網路，瀏覽我們人類約兩萬五千個蛋白質編碼基因。有心人可以分析這位紅髮女郎的DNA，攀上它的螺旋梯，發現各種各樣有趣實用的訊息。他所找到的一些肖像細節可能發生在最近，因為在佔領改造環境之際，我們也改變了動植物、單細胞生物，和我們自己。她的DNA會顯示大量的修正，暗示出我們的年紀，這是在我們監督之下造成，也或許是意外導致。我們所使用的汙染物和我們所參與的戰爭，會不會真的改變我們的DNA，重新連結人類這個物種？

她知道它們會，因為在她大學唸的人類世研究課程中，她曾讀到這樣的研究，接觸航空燃油、戴奧辛、殺蟲劑DEET和百滅寧（permethrin）、塑膠和煙混合物和癌症相關，而且有些可能的不只光是和這些物質接觸的人，而是數個世代。她學到在孟加拉恆河三角洲受到砷汙染的飲水可能會造成皮膚癌；就像在工作場所中接觸到鎘、汞、鉛，DEET和其他重金屬一樣。儘管她很想到北京去唸大三，但現在卻要重新考慮，因為同儕審查（peer-reviewed）的科學期刊《PLOS ONE》認為霧霾嚴重的都市和血管增厚及心臟病息息相關，《每日郵報》網路版的標題更是觸目驚心：「因為北京霧霾嚴重，所以只好在巨大的電視螢光幕上轉播日出。」下方則有影片播放天安門廣場上巨大LED看板上血紅的日出，完全包在厚重的灰色空氣之內，彷彿太陽陳列在博物館內一樣。幾個黑色的人影匆匆走過，有的戴著口罩。她天天都慢跑，因此一定會比別人吸入更多的汙染，而且她猜想，因為她在人類時代的拓荒者之間成長，因此她的基因應該也已經起了變化。

不過她還是想讀讀自己的基因譜，對自己的家系和遺傳偏差有更進一步的了解。如果要真正個人的檔案資料，這位紅髮小姐所需要的就是一管她的血液和一百至一千美元的費用。如Navigenics或23andMe等基因檢測公司會很樂於提供她未來的展望，這個故事雖然還在進行當中，但卻已經夠清晰，足以用來基因算命。她可能比一般正常人有略高一點的黃斑部病變風險、禿頭的傾向、有常會造成血癌的基因變異，也說不定有另一種變異，和阿茲海默症這種家族禍害有關。如果是她自己讀這份報告，大概難以接受，可能會造成不必要的憂慮，擔心永遠也不會出現的疾病，這報告也可能會警示一種即將逼近但卻可治療的疾病，或者預測另一種如亨丁頓舞蹈症這樣嚴重而致殘的疾病。這樣的測驗原本用意是讓你心安，因此常被當成「娛樂消遣」之用，探究你是否有北美原住民切羅基族（Cherokee）或非裔或塞爾特人的血流，還是尼安德塔人，或就像我這般，甚至可能和成吉斯汗有關聯。

我母親總說我一定有蒙古血統，因為我臉上膚色淡如蓮花，頭髮則漆黑如烏賊的墨汁。「你是不是有什麼祕密沒告訴我？」我忍不住問她。我知道她和我父親在我出生許久之後曾去過蒙古，我不知道的是，在地球上，每兩百個男性中就有一個和成吉思汗有關係。

一組國際遺傳學家針對在曾是蒙古帝國地域的男性作了十年的研究，發現驚人數量的受測者都有同一個Y染色體，這是由父傳子的染色體。一個人的Y染色體出現在一千六百萬男人身上，「由亞洲中國東北到日本海的遼闊地域，到中亞的烏茲別克和阿富汗。」

這個染色體最有可能屬於成吉思汗所有，這個軍閥燒殺擄掠，由一個城市到另一個城市，殺死所有的男人，讓女人懷孕，把他的種子由中國一路種到東歐。雖然傳說他有許多妻兒子孫，但他不用全部都親自動手，以確保他的基因欣欣向榮。他的兒子由他繼承了相同的Y染色體，還有他們的兒子和他們兒子的兒子，婚生和非婚生的子孫順著長長的絲路一路蜿蜒而去。和大汗同樣好戰的長子朮赤有四十個婚生兒子（天知道還有多少私生子），而他的孫子，在馬可．波羅的生命中扮演要角的忽必烈大汗，則有二十二個。

他們的基因像天文數字一樣越擴越廣，這個過程在二十世紀更加速進行，汽車、火車和飛機把基因沿著全球推進，並且拉長了「追求的距離」，原本只有十二哩（約十九公里）——即男人騎馬去探望戀人並在同一天返家的距離，如今卻能和數千哩，甚至半個世界之外的人生兒育女。

成吉思汗並沒有打算要以他的形象來創造世界；他最強烈的本能有它們自己的心思，而他野蠻的個性又鞭策它們前進。大部分人不會因放縱殺人的欲望而胡作非為，感謝上蒼，但歷史上卻盡是像可汗發動的一般戰爭和破壞，在那之後，基因庫往往會改變。我們只能揣測，消除其他人的基因，改用自己的（即我們所謂的種族滅絕）必然是與生俱來的天性，就像由螞蟻到獅子等其他的一些動物一樣。

通常四處漫遊的公獅會攻擊獅群，趕走其他雄獅，殺死牠們的幼獅，並且與母獅交配，確保只有侵略者的基因會繁衍下去。一群螞蟻會攻擊數以百萬計的鄰居，只要不是牠們的親屬（牠們不知用什麼方法，可以認出從未謀面的遠房親戚）。人類史上也經常上演類似的戲碼，可是我們不能因此就認為這種行為正當。不論過去或現在，它們都是戰爭的遺禍，是無意識的衝動，卻並非行動的藍圖。

但卻有一次例外。二次大戰時，希特勒和他忠實的追隨者設計了一個由政治和遺傳雙管齊下的計畫，就相當於把大自然納粹化。世人盡知這計畫在人類方面付出的代價：數百萬人的滅絕，另外在四散於歐洲的嬰兒農場上，強健的親衛隊則和金髮碧眼的女人創造數以千計的嬰兒，作為希特勒新優等民族的種子動物。鮮為人知的則是，他們重新設計大自然的計畫並不止於人類，最精良的士兵必須要吃最好的食物，而依納粹的生物學，這樣的食物只能由最純的種子生長培育。因此他們運用優生學這種強調特定特色的培養法，希望侵入演化的遺傳螺旋，掌控一切，用所謂「亞利安」這種純粹的品種，取代「不合適」的外來作物和牲畜。

為了達到這個目的，他們設立了一個親衛隊突擊單位，專門收集植物，他們奉命劫掠舉世的植物園和學會，搜羅並竊取最好的樣本。他們打算由波蘭開始，用奴工開墾約十萬平方哩的濕地，好栽種亞利安作物。排光沼澤地的水必然會使地下水位降低，造成不毛之地，也必然會破壞狼、雁鵝、野豬和其他許多天然物種的棲地，只是掠奪者往往不會預見後果。

另外，納粹也提議種植橡木、樺樹、山毛櫸、紫杉和松等樹林，以改良氣候，對他們自己的燕麥和小麥較有利，並且公開宣稱要重造山水，以配合納粹的理想。這樣的改造包括了人、鐵路、動物，和土地，甚至包括農田的幾何地形（不可有七十度以下的銳角），和樹木與灌木的排列（只能南北或東西向）。如今我們雖然譴責有計劃的滅種和屠殺，它卻依舊發生，而且恐怕很難擺脫，因為它觸及深植在人心底層的動機。想到納粹差一點就達成連成吉思汗也自嘆弗如的遺傳控制，實在教人毛骨悚然。

奧莉薇在未來找到的人類會顯示出因為戰爭而傳下來的血統，比如成吉思汗的血脈，還有一些因地理、宗教、政治、美的時尚理念，以及和我們時代息息相關的因素，比如大型工廠和工作場所、汽車、噴射機旅行、網際網路和社交媒體、大都會擁擠的十字路口，和普及的節育及不孕治療法。

我母親開玩笑說我有部分的蒙古血統，說不定是真的，因為成吉思汗及族人曾來到俄羅斯。不過我知道人追尋祖先傳承越遠，路就越窄，到最後只剩一些毛髮粗鬆的祖宗，他們憑著運氣、細胞裡的小特色，憑著衝動和選擇打造未來，定義他們自己。

人類基因組計畫的崇高目標，是運用這樣的知識找出了解、處理和治療疾病的新方法。就這樣的角度來看，這是我們人類這個物種的群體肖像，在克里克、華生和富蘭克林解譯出DNA雙螺旋結構後僅僅五十年之內就實現。唯一比大自然塑造人類的藍圖

——DNA本身更不可能的，就是我們解譯它的能力。到目前為止，這是我們最偉大的發現之旅，而我們還依舊還在偵察它的螺旋凹處。

在瑞典最北部的省分北博滕（Norrbotten），馴鹿的數量比人還多，北極光閃爍的綠紗由地平線迴旋而上，就像著了魔的紗巾一樣。夏季時節，作物在如瓷器般的太陽下成熟；月影則縈繞冰封如大理石般的冬夜。如今居民用汽車來往，但在過去，他們卻得靠雙腿或馬匹，才能來到古老的加默爾斯塔德（Gammelstad）聚落，在十五世紀初興建的教堂裡緩解他們的疏離感，提升希望。

來到那裡只是朝聖之旅的一半，回程又是教人望而生畏的跋涉，在上路之前，每個家庭都各自退入教堂附近自家的小木屋休息。這些漆成紅色的木屋窗門塗成白色，有些上有草製的屋頂，細緻的蕾絲窗簾妝點著懸著冰霜的窗戶，堅固的窗板隔絕呼號的暴風雨。有金字塔花紋裝飾的門是古代異教徒的傳統，因為他們崇尚金字塔的鮮明對稱，把它重新闡釋為點燃獻祭之火的基督聖壇。在這樣遙遠的邊疆，人口稀少到每平方哩只有六人，農民用手工製作他們所需要的一切，由馬具到鐵釘都包括在內。鄰居互相幫忙，也彼此婚配。但如果農作歉收——而且經常如此，援助就遠在天邊。即使在工業時代的巔峰，鐵馬噴出煙塵馳騁許多偏遠之地，鐵路卻依舊沒有來到這麼遠的北方，何況當地人說的是其他瑞典人聽不懂的方言。

加默爾斯塔德的教堂，還有群聚其後成排的紅平房，如今已經是世界文化遺產，這也包括了城中心已有六千年歷史的石器時代聚落。當今的朝聖者是觀光客，還有繼之而來的遺傳學者。雖然它不太像是醫學革命的中心地點，卻掌握著地球上每一個人健康長壽的關鍵。

在十九世紀，氣候多變的北博滕有許多豐年和饑荒，由於難以預知農作的收成，居民不是挨餓，就是死亡。比如一八〇〇、一八一二、一八二一、一八三六，和一八五六全都是困乏的年代，田稼歉收（包括可作粥的馬鈴薯和穀類等主要作物），牲畜死亡，飢民嗷嗷待哺，營養不良，嬰兒體重不足，前景黯淡；然而在一八〇一、一八二二、一八二八、一八四四，和一八六三年，天氣良好，作物大豐收，家家興旺，經濟繁榮，許多人以大吃大喝作為消遣。

如果我們跳到一九八〇年代，越過北海來到倫敦，就會發現夙有盛名的醫學期刊《刺胳針》（*The Lancet*）發表了研究結果，強調胎兒在子宮內營養的重要，表示作母親的如果懷孕時營養不良，會導致孩子日後有更高的風險罹患心臟病、糖尿病、肥胖及相關疾病。這對醫學界是啟迪，對為人父母者則是警告。

根據達爾文的天擇說，孩子出生就有經過數千年發展的遺傳藍圖，他父母這一生所經歷的艱苦時刻可以當成人生教訓，但並不會遺傳，不會改變孩子的化學組成。這種觀念在十八世紀被奉為圭臬，其他的想法都被視為謬論，遭到訕笑並且嗤之以鼻。比如自然學家讓．巴蒂斯特．拉馬克（Jean Baptiste Lamarck，「生物學」〔biology〕一字就是由他所創）曾提出一種理論，認為父母可以把後天得來的特性遺傳給子女，他所舉最有名的例證就是長頸鹿每天抬頭仰望樹頂美味的葉片，最後頸子被拉長，因此子孫也繼承了父母的長脖子，並且模仿父母的行為，把它拉得更長。這位頭腦聰明、目光犀利，而且對動植物學有許多見解都很正確（包括新物種是由演化而來的危險觀念）的學者，對長頸鹿和遺傳特性的看法卻判斷錯誤。如果根據他的邏輯，鐵匠打了一輩子沉重的鐵，長出如鐵砧一般強壯的手臂，因此他的子孫也會繼承同樣結實的肌肉。想像這樣的世界十分有趣——各個物種之中互不相配的能力，以及憑意志力可打造子孫才華這種教人艷羨的能力。人們不再需要練習——你可以繼承鋼琴家父親如蜘蛛般靈巧的手指頭，或者練自由車的母親塊狀的四頭肌。

達爾文的演化教導我們，DNA的遺傳變化是經過千萬年的時光，以極緩慢的速度進行；沒有人能在一生當中抹除或重寫它。遺傳突變會來來去去，如果對生存不利或無用，就不會延續，但若能讓有此特性的生物佔有優勢，讓牠有更大的機會存活到繁衍之齡，那麼這突變就會讓該生物的子子孫孫得到能力，草草地把這優勢特色傳給未來的世代，到頭來這種唯用機制就會讓世界上只剩下最適合各自棲息地的動物。

這是大家都已接受的理論，經過無數的實驗證明，沒有懷疑的理由，但若這不是理論的全貌又如何？拉馬克和達爾文相比黯然失色，但他至少在精神上是正確的，這使得科學界大感震驚。典範轉移（paradigm shift）之所以不可靠，就是因為你不知道它會出現，但它突然牽動了你腦中的一根繩索，讓你的心智加速下降，新的典範於焉誕生，自由落體減速變成飄浮，整個世界再度可以看清，只是由不一樣的視野，我們把這如降落傘一般的發現之光稱為「創見」（Creative insight）。

斯德哥爾摩卡羅琳醫學院（Karolinska Institute）的拉斯．歐洛夫．畢格林（Lars Olov Bygren）讀了《刺胳針》的文章後，不由得想到十九世紀北博滕時而飢餓時而暴食的孩子，該地的居民與世隔絕，很適合作遺傳研究的對象。這些孩子當然會受母親懷孕時營養的影響，不過他們父母在更早期所承受的飲宴和饑荒又怎麼說——它們會不會損壞孩子的健康？提出這種和達爾文之說相牴觸的問題已經很大膽，遑論深入探究，但它揮之不去，最後他決定針對一九〇五年在上卡利克斯（Overkalix）出生的九十九個孩子作研究，仰賴的是豐富的資料。為什麼他選擇這些斷崖絕壁和呼嘯水岸之處？

「我自己就是在北極圈北方十哩（十六公里）的一個小森林區長大，」畢格林解釋說。

畢格林身材纖瘦，一頭白髮，戴著圓眼鏡。他在教堂墓地逡巡，望著墓碑沉思，陽光下長草叢生，包圍了百年前因缺乏食而死的兒童。墓碑上有許多如拉森（Larrssen）和波森（Persson）之類的名字，相當於英文的史密斯和鍾斯。畢格林小時候說不定曾和他們的親戚一起玩耍。風鈴草和雛菊在墓碑裡搖曳，有些墳墓則裝點著商店裡賣的俗麗花束。

「我們有句俗話，」他笑著說，「由你所站的地方挖起！」

過了一會兒，畢格林又說，「我們其實有很豐富的資料，」雖然農作歉收，資料倒是豐收，「家族裡的大小事都會記錄。」

十六世紀以來，這裡的牧師一絲不苟地記下教民的生死（和原因），以及土地所有權、莊稼的價格，和豐收的時間。由於神職人員詳細縝密地記錄一切，使畢格林能估計父母和祖父母那一輩還是兒童之時，有多少食物可吃。上卡利克斯提供了一個自然實驗，讓他追蹤個別家族在時間中跌跌撞撞的歷程。

常識告訴你，如果你受到情感創傷，愛吃垃圾食物，或者整天都盯著電腦螢幕，不顧屋外春光旖旎，木蘭的粉紅花瓣在微風中翻舞如火鶴般的羽毛，那麼你可能會苦悶不健康，但卻不會影響你未出生子女的ＤＮＡ。他們可能會繼承你的捲髮、灰眼睛、像音叉那般準確的耳朵、如細瓷般的皮膚，或者可能會有如亨丁頓舞蹈症的遺傳疾病，但他們不會因你的意外或不端的行為而受害。他們的ＤＮＡ不會因為你所選擇的惡示眾生活而遭破壞，你也不可能把你的美好成就、你的五官所沉醉的感受、和你所避開的危險傳給他們。在這些方面，他們天生是一塊白板，有他們自己的戲劇牽連，也會做出他們自己或好或壞的抉擇。當然，他們也不會因為祖父在歷經饑荒之後下一個豐收年份暴飲暴食，而變得肥胖、糖尿病，或早死。演化不是這樣運作，速度也不可能這麼快，這就是結論。對嗎？

畢格林發現的卻非如此，他和倫敦大學學院（University College London）遺傳學者馬可斯．潘柏利（Marcus Pembrey）合作了教人震驚的創新研究，有些報章下了這樣的標題：「你可能會傷害你的DNA」、「祖父的食物和你息息相關」、「後天舉足輕重」、「父祖輩之罪」（在《出埃及記》中，耶和華說到「必追討他的罪，自父及子，直到三、四代」）。

嬰兒是終極移民，由沒有陸地的遙遠國度來到這個世界，盛載著古老DNA螺旋狀的雲朵，以求生為要務，卻欠缺準備，無法面對突如其來的環境變化。但我們可以警告子孫最近發現的危險：如果瀕臨餓死——或經歷其他極端的環境變化，會標記在孩子尚未成熟卵子和精子的DNA上，接著在多年之後，等他們有自己的孩子之時，新的特性浮現，並不是因為這特性適合這個物種，而是因為早在子女受孕之前，父母承受了特定的壓力。

畢格林審視一九〇五年出生在上卡利克斯兒童的資料，驚奇地發現九至十二歲的兒童曾經歷豐收的歲月而暴食，他們招來了糖尿病和心臟病，生出壽命較短的子孫。而且數量不容忽視，兒子和孫子兩者的壽命平均都短少三十二年！相較之下，遭受過飢餓冬天的男孩子，如果他們撐過去，並且長大成人，生了自己的兒子，並且讓他們健康長大——結果比起同儕，他們罹患糖尿病和心臟病的機率少了四倍，壽命平均也比同儕長三十二年。後來的研究發現女生亦然，只是年紀更輕，因為女生天生就有許多卵子，而男生是要到青春前期才發育出精子。在成長的空窗期，成熟的卵子和精子似乎特別容易受環境情資影響，留下記號。這些記號就像電腦的二進位碼一樣，會告訴開關在細胞裡該開或關，接著卵和／或精子把這訊息帶進下一世代，的確可能挽救後代的性命。但另一方面，它們也可能會讓子孫因為準備不再存在的世界，因而招致疾病。當人的身體準備面對的世界和現況截然不同時，問題就爆發了。

「結果就在那裡，」畢格林說，「一如北博滕地下折層裡的鐵一般確實。「其機制並不清楚。」

儘管這個想法教人震驚，但明擺著的證據清楚地顯示只要一個世代，就能造出不能抹除的改變。幼時貪吃的那一年啟動了細胞中的生物雪崩，讓這孩子還未想像到的孫子註定要生一連串的疾病，並且壽命比同儕大幅縮短，就彷彿他們繼承了基因傷痕一樣。

這種演化的側向發展怎麼會，又為什麼會發生，是表觀遺傳學（Epigenetics）探討的重心，這種新科學把大學裡所有關於先天或後天的老派辯論，都拋到人類世過時觀念的垃圾堆裡，對未來要為人父母的人，也添加了更沉重的負擔。顯然再怎麼早擔心你孫子的健康都不為過。

這個觀念的意義十分驚人。一直到現在為止，遺傳一直都是ＤＮＡ所敘述的故事，完全存在基因之中。但在注意你自己的腳步，著重後天的表觀遺傳學世界中，蛋白質會盤旋在ＤＮＡ旁做標記，就像蟒蛇一樣，把某些基因擠得更緊，某些則放鬆一點，並且在過程中把它們開或關，或者讓它們開著，但卻把音量放大，或者調小到像呢喃低語。

我們基因組的變化花了數百萬年才完成，但表觀基因組卻迅速改變，比如光是加個小小的甲基群（三個氫原子黏附在一個碳原子上），或者乙醯基（兩個碳、三個氫，和一個氧）。這種「甲基化」關閉了一個基因，而「乙醯化」則開啟了一個基因。環境壓力使開關彈起，這有其道理，因為在理論上，它要準備讓子孫面對他們即將碰到的環境。飲食、壓力、孕期營養，如果疏忽就會造成特別強的標記，其影響可能好也可能壞。這個標記如何擺弄你的基因，長久下來可能會致命，也可能會延長你的壽命。運動和營養會留下有益的標記，而吸菸和壓力則會留下有害的標記。

改變的不是工具，而是怎麼使用它。就像用榔頭輕敲掛畫的釘子或在牆上打個洞。大自然很節儉，會回收基本的材料。就好像DNA是一種聲調語言，用的子音與母音雖然相同，但卻以不同的聲調來說。比如舉世最常用的聲調語言「中文」來說，你用什麼聲調來說「曼」，就會決定你說的究竟是「慢」或是「瞞」。DNA也以一模一樣的這種方式來提供心臟、胰腺和腦細胞，但它們卻各司其職。隨著基因的開關開和關，決定要喊叫或低語，它們的意義和目的也就有所改變。因此我們比植物的基因少，或者與黑猩猩有幾乎一模一樣的基因，只是教我們難為情而已。生物天生就有同樣的天賜基因，只是以不同的方式吟誦它們，而我們自己的細胞變形為皮膚、骨骼、唇、肝、血液。表觀遺傳學就提供了線索，告訴我們這種音調魔法表現的方式。

遺傳學者潘柏利提出精彩的推論，認為工業時代帶來了一連串環境和社會的迅速變遷，雖然遺傳演化努力想要迎頭趕上，卻不能那麼快適應。改變的速度前所未見，而我們的基因不能在幾個世代之間就演化，但某些黏附在這些基因上的「表觀遺傳標記」可以，因此你曾祖母懷孕時所接觸到的殺蟲劑或碳氫化合物，就可能會提高你罹患卵巢疾病的風險，而你同樣也會把這種風險傳給你的孫兒。過去這數十年來，卵巢癌的發生率增加，患者達婦女人口的一〇%以上，環境的表觀遺傳學就提供了可能的原因。

我們的存在唯有和其他人和世界相關才有意義。這種對話，這種基因之間熱鬧滾滾的場面，由群眾表演的永恆生物探戈，應該要有比硬梆梆的「表觀遺傳學」更好的名字，不過如今由於醫師探討病人及其父母的環境接觸史，搜尋病因線索，使得這個名詞更加普及。

艾伯特愛因斯坦醫學中心（Albert Einstein Medical Center）神經科主任馬克·馬勒（Mark Mehler）說：「我們正置身可能是生物學最大的革命之中，它會永遠改變我們對遺傳、環境這兩者的互動，以及造成疾病的是什麼等之類的了解。這是生物學的另一層面，而這也是生物學首次能夠承擔重任，說明生命的生物複雜性。」

「人類基因組計畫原本的用意是要開創個人化醫療的新紀元，」二〇一一年馬勒在美國神經學會的年度大會上說，「沒想到它卻提醒我們有第二套更複雜的基因組需要研究。」

舉個例子，雖然雙胞胎DNA相同，但他們卻永遠不會一模一樣。假設其中一位有精神分裂症，她的雙胞手足罹患精神分裂症的機率只有五〇％，而非如我們所想像，因為他們有相同基因，所以機率是百分之百。雙胞胎已經成為表觀遺傳學研究的重要對象，納粹大屠殺的倖存兒童，羅馬尼亞沒有受到足夠擁抱安撫的孤兒，以及因照顧者壓力或疏忽而受虐的兒童也受到同樣的關注。由精神病的表觀遺傳學，我們了解到準媽媽的情緒對胎兒攸關緊要，包裹和滲入胎兒中的化學物質可能會影響牠未來的健康、情緒，和壽命長短。

二〇〇四年，在加拿大麥基爾（McGill）大學研究母親行為的神經學家麥可．米尼（Michael Meaney）在《自然神經科學》（*Nature Neuroscience*）期刊上發表了他們團隊的發現。在一窩十四至二十隻老鼠寶寶出生的一週內，經常細心舔牠們的好老鼠媽媽，就能養出平靜快樂的小老鼠；不太常舔寶寶，或者根本忽視牠們的冷淡老鼠媽媽，就會養出焦躁的小老鼠。等下一代老鼠長大，牠們也會反映母親的行為。

「我們的目標是要辨識因這種舔舐行為而改變的路徑，」米尼說，「我們辨識出基因中對母親關愛產生反應的一小塊部位，會指引大腦細胞的變化。」

如今米尼的工作是觀察人類兒童的發展。壓力沉重的孕婦會使胎兒浸潤在糖皮質激素（glucocorticoids）之中，會使胎兒過輕，海馬體（和記憶相關）縮小，阻礙我們面對壓力的能力。然而，正如米尼率先指出的，許多體重不足的嬰兒最後並無大礙，這意味著產後的照顧必然可以逆轉產前的不良效果。先天的環境和後天的教養的確都有關係，而且其影響力毋需多久就會顯現。在沙漠飛蝗（desert locust）聚集的棲地，每一隻個體都生性膽怯，並且只在夜裡活動，但若過度擁擠，密集的蝗蟲就會生出喜愛社交且白天活動的小蝗蟲。在鳥類研究中也發現，如果鳥媽媽處在「社會條件高的情況」下，比如牠的社會階層高，雄激素就會增加，使牠的卵也有較高的雄激素，因而生出較有競爭力的小鳥。

本章開頭那位去看電影的紅髮女子貧窮嗎？隨著貧窮衍生出來的健康問題已經引起了社會醫學的關注，許多人類和動物研究也以富裕或貧窮環境和子孫的健康關聯做為研究主題。針對荷蘭一九四四至四五年冬日饑荒的研究發現，產前飢餓會導致精神分裂和憂鬱。英國的一個研究則顯示，孕期營養不良和成年後期三種心臟病風險脫不了關係。

在其他研究中，孕期經歷過颶風和熱帶風暴的媽媽較容易生出自閉症的孩子。即使前文那位紅髮女郎在成年後做了種種有益健康的選擇，懷孕期間滿足快樂，並且寵愛孩子，她的子女依舊可能會因他們祖母在一九三〇年代經濟大蕭條時所承受的壓力，或者其當兵的年輕祖父在越南所受的苦難而受到折磨，即使這時候連她自己都尚未在娘胎裡。她祖父母所吃的早餐有其重要性。

我們這位紅髮女郎的父親吃威而剛嗎？拜這種藥物之賜，年紀比以往大很多的男人依舊可以生兒育女。這麼多年長的父親和老化的基因對我們和未來的世代會有什麼樣的影響？一個出乎意料的發現是，不知為了什麼原因，較年長的父親會賦予子孫較長的端粒（telomeres，套住染色體末端，就像鞋帶末端的小束口，讓鞋帶不致磨損），這是控制壽命的基因部位。因此這些孩子或許可以更長壽。但另一方面，較年老的父親卻也受到指責說，他們會傳遞可能導致自閉症或精神分裂等駭人疾病的基因突變。作父親的飲食也很重要；如果他好吃，子女可能會罹患糖尿病。幸好這位看電影的女郎繼承的端粒如夏夜般長，如絨球般厚。

這一切都並不是打開DNA密碼簿並作改變而造成的，但子女卻繼承了這些特性。表觀遺傳學是遺傳學西裝的第二條長褲，是遺傳的另一組編織，修改基因很困難，改變他們的表觀基因組卻相對容易，其標記雖深遠，但並非永久性的，因此這個領域有無窮的希望。

「基因不能獨立於環境之外運作，」米尼說，「因此我們生活的每一層面都是環境信號和基組之間對話的常數函數。重要的是，父母親的照顧對子女的人生有超乎我們想像的影響力，我們才剛開始了解其意義。」

是的，你母親兒時的創傷可能會影響你的健康和你孩子的健康——但它也是可逆的，即使你已成人亦然。在麥基爾大學的研究中，學者用表觀遺傳學的藥物開關基因，就能解除第二代母鼠冷淡的行為。

表觀遺傳學的莫大希望在於，藉著開關，喚醒某些基因或讓它們加班運作，並讓其他基因放鬆或休息，有可能治癒癌症、躁鬱症、精神分裂、阿茲海默症、糖尿病和自閉症。我們真能像那樣催眠我們的基因，消除壞的行為，並且甚至在我們打算生兒育女之前，就先赦免這些無辜的子孫？大家的共識是肯定的。科學家已經在開發如azacitidine（給有某些血液疾病的病人）之類的藥物，能夠使無價值的基因沉寂下來，並刺激治療的基因。許多疾病，比如肌萎縮性脊髓側索硬化症（ALS，俗稱漸凍人）和自閉症，似乎都和表觀遺傳學相關，使得它們有治癒的可能。目前學者正在積極研究三種不同的表觀遺傳學藥物治療法，希望能治療精神分裂、躁鬱症，和其他嚴重的精神疾病。聯邦食品藥物管理局已經批准若干表觀遺傳學藥物，而在二〇〇八年，美國衛生研究院（National Institutes of Health）也宣布，表觀遺傳學是生物學的「核心」，並出資一億九千萬美元，希望能了解「表觀遺傳學的發展過程，它如何並且在何時掌控了基因。」在二〇〇三年完成的人類基因組計畫被稱為人類聰明才智的奇蹟，可說實至名歸，這個計畫繪出了兩萬五千個基因，而表觀遺傳學更加複雜，標記達數百萬個。因此要繪出全部的表觀基因組還需要一段時間，不過國際人類表觀基因組計畫已經開始進行。

好消息是，這些問題都有可能找得到解決辦法，即使方法並不簡單：禁止引發表觀遺傳大破壞的環境毒素；更努力紓緩饑荒、貧窮，並彌補戰爭的破壞；協助社會大眾了解他們行動所造成的長期影響，以及後天教養對他們家庭、社會，和環境的關鍵角色。基因可能會記得它們在父母或祖父母細胞那時的行為，但幸而它們也可能藉使用為基礎，學習健全的行為，就像肌肉一樣。你這輩子所體驗的，將會成為你兒女傳承的重要部分，你的成人經驗可以正面的方式，重新連結你的基因，而同樣驚人的是，你對朋友、戀人和其他人子女的關懷照顧，可能會有深遠的表觀遺傳學影響。一旦你有了這樣的想法，它就會改變世代之間的關係，大家有了共同的一切，人類情況的織錦也變得一絲一縷更加清楚。在DNA的幽靈門衛這個階層，我們可以連接到任何人和每一個人。

由這裡同樣也可以得到道德、社會，和政治方面的教訓：人道援助計畫或許看來並不必要，是我們難以負擔的資源和精神浪費，但表觀遺傳學告訴我們，恰巧相反。教育不良、暴力、飢餓和貧窮在一個接一個世代上留下疤痕，最後終會影響整個社會的健全和幸福。在戰爭戰後發生在飽受摧殘士兵和平民的經驗，都會留下表觀遺傳學的痕跡，傷害未來的世代，為國家帶來問題，即使在和平時依然。自然的災害也一樣，而近年來我們已經經歷了許多這兩種災難，誰知道這會在表觀遺傳學上造成什麼樣的餘波？遺傳工程學對我們這個物種看似殘暴的威脅，而我們對這樣的生物體的確也需要嚴謹的監督和控制。但我們所做的政治和環境的選擇——會造成表觀遺傳學反響的抉擇，也同樣是改變的有力發動機，是我們可以辨識並且微調的發動機。

chapter

5-4

教人發狂的微生物

回到我們那位在電影院裡的神祕紅髮女郎——我們還能由一綹頭髮或血液樣本裡學到什麼？她的ＤＮＡ紋印就像超市條碼一樣，這雖是了不起的成就，但卻只是她故事的一部分。要對她的健康和遺傳有更完整的全貌，我們就必須要納入她身上微生物的熱鬧海濱，這是她自我的其他部分，事實上，是比她自我更多的部分，是她的另一個自我，是她自己的陰影。不論任何片刻須臾，她都不能與這數兆單細胞、一心一意、赤裸裸的夥伴分離，而這些夥伴中，有些並沒有為她的最佳利益作打算。

今天早上她量體重時，可能減了一兩磅衣服和鞋子的重量，但她有沒有想到在她身體裂縫和內臟裡大約三磅重的微生物？恐怕沒有。如果要這樣做，她得先由原子標度開始，而且微生物原本就不穩定，會跳下她那像半島一樣的腳，再一團混亂地爬上她的手肘；很難讓它們整齊劃一。

微生物是地球上最多產的生物，在形形色色熱情而不明所以的陌生人身上開疆闢壤，在動物的肚子裡創造地獄般的小小轟隆聲響，在魚和舊鞋子的氣味裡狂歡，在嘴裡留下如公車站餐廳裡三明治那般不新鮮的氣味。它們也是真正的工人，不斷地吹出空氣，直到它可供呼吸，在陸地和海洋中促進光合作用，分解死去的有機物，讓它們的養分再生。在工業上，我們培養它們好讓乳製品發酵；加工紙、藥物、燃料、疫苗、布料、茶、天然氣、貴金屬；它們也協助我們擦去漏油。我們把它們像牛一樣套上軛，要它們工作，但就如宇宙中大部分的質量（九四％）都是不可見的暗物質一樣，我們星球中最大的生物質也難以用肉眼看見，是隱形世界中看不見的里維耶拉。我們不只是重新為我們的時代命名，而且也即將開始重新定義我們自己，成為我們從未想像過，截然不同的生物。多少年來，我們以為DNA就已經說明了全部的故事，卻沒料到每一個人都是生物學上的豪華演出，各有十兆微生物和一兆的人類細胞。我們在走路時竟然沒有四處潑灑或崩潰解體，真是奇蹟。但其實事情是這樣的：就微觀的層面，我們的確會潑濺崩解，同時卻又不斷地由其他人、沙塵，和我們所遭遇的動植物，添加新的微生物。

就在過去這十年，我們對個人的印象由一個單獨的動物，變成一群數以百萬計的生物體，大家為了共同的利益而一起行動。儘管由南美洲最南端的火地群島到卡納克（Quaanaaq，格陵蘭西北城市）的人們互相並沒有關連，但卻有一種運動正在進行，把人類歸為「真社會性」（eusocial），是高度社會性的生物，必須群居，無法獨自生存。地球偏愛類似的集合群體——螞蟻、蜜蜂、白蟻、珊瑚、黏菌（slime mold）、裸鼴鼠（naked mole rats）等等——所有的個體彙集大家的知識，為「群體的利益」而行動。藉著網際網路和社群媒體，我們才發現每一個人都是多麼繁忙熱鬧的市場，也明白了所有的人其實有多麼密切的連結。每一個人都置身在世界中的世界，是獨特的流動超有機體，屬於混雜的物種，在地球這個行星巨大的超有機體中生活，而我們的行星正與其他難以數計的銀河翩翩起舞，那些銀河中也散布了如蓋亞大地般的行星，它們的生物身上，很可能也有許多無法描述的生物依附。

人類世的一個精彩事蹟是，僅僅在過去十年，我們就已經描繪出我們自己細胞的DNA和我們身上微生物的DNA。在這段追尋的過程中，我們發現身為生物，我們真正的外觀遠比想像的更加混亂，而且大部分的人都看不到的是，在半滲透的架構中，有一團糾纏在一起的細菌和人類細胞。諾貝爾獎得主生物學家約書亞·萊德柏格（Joshua Lederberg）在二〇〇〇年創造了微生物群系（microbiome）一詞，把它定義為「伴隨人體的微生物群」。當時人類基因組計畫正十分熱鬧，但他呼籲「我們必須研究我們體內和體表所帶的微生物，這是共享的實現。」

如果說人類基因組計畫是發現的里程碑，那麼人體微生物群計畫（Microbiome Project）就是基因繪圖最光輝的時刻。美國衛生研究院（NIH）院長法蘭西斯·柯林斯

（Francis Collins）把它比喻為：就像「十五世紀的探險家描述新大陸的輪廓」，是「可以用先前不可能的方式加速疾病感染研究」的成就。

五年來，由八十所大學和科學實驗室組成的合作集團採樣、分析，並且審查了上萬種分享我們人類生態系統的物種，由此繪出我們的「微生物群系」，也就是健康成人正常的微生物組成。而這個探索還在繼續進行。

研究人員發現我們每一個人都有一百兆微生物細胞——比我們人類細胞還多十倍。他們深入檢視並比較這些基因，才明白我們帶著約三百萬的細菌基因——比人類自己的還多三百六十倍。在一百多群細菌中，只有四群專攻人體，它們結為我們的密友為時已久，因之我們的命運已經和它們的融而為一。

因此，雖然聽來匪夷所思，但負責人體生存的大部分基因並非來自精子和卵子的幸運摸索，甚至根本不是來自於人類的細胞。它們屬於與我們同行的旅客：在我們身上、體內和體外進食、謀畫、聚集、生殖，和對戰的各種細菌、病毒、原生動物、菌類，及其他低等生物，其中細菌的數量又超過其他。我們這位去看電影的小姐恐怕會以非法集會的罪名而遭逮捕。她驅動的不是實質的身體，而是移動的生態系統。

研究人員還發現，我們全都帶著病原體，這是致病的微生物，只是在健康的人身上，病原體並不攻擊，只是和宿主及體內其他熱鬧滾滾的馬戲共存。接下來要解的奧祕就是：究竟是什麼促使病原體變得致命，這將會改造我們對微生物和疾病的想法。

我們知道細菌，已經約三百五十年了，自十七世紀荷蘭科學家安東・范・列文虎克（Anton van Leeuwenhoek）把自己的唾液放在他用玻璃自製的顯微鏡下，突然看到有單細胞生物或爬或臥，在我們牙床的周邊活動。他把它們命名為微動物（animalcules），並且用各種鏡片觀察它們（他對顯微鏡十分熱衷，製作了五百多個）。

十九世紀，路易・巴斯德（Louis Pasteur）主張，健康的微生物可能攸關我們的生死，如果沒有它們，就會致病。等到人們發現微小的病毒之時，才不過一百年前，人類已經在開汽車搭飛機了。但我們沒卻有工具可以用來研究五彩繽紛、氣味互異的微生物群，一直到最近十五年，我們才開始明白我們成天在多少微生物之中游泳、遊戲，並且把它們吸入體內。有些微生物乘著沙塵飄洋過海。它們是凝結的核心，和雨或雪你推我擠，直到雨雪由雲層落下。空氣並不空虛，它們就像土壤一樣，有微小的生命在其中悸動，更像空中的生態系統，而非雲朵的輸送帶。

我們必須重新想像空氣，它不是荒涼的太空，而是活潑的生態系統，只是看不見而已。在我們眺望它一望無際如玻璃般的空間，望向遠方的小徑或是抬頭看著翻滾的雲朵時，沒有任何事物阻擋我們的視線，整個空中走廊彷彿空無一物，但其實它卻是充滿生命脈動的社區。我們的眼睛只滑過它最微小的房客。天空真的是另一種海洋，雖然我們有時會說空氣之海，但我們想像的是空無一物的水流，並不明白這些波浪充滿了生命。

華盛頓大學的大衛・史密斯（David Smith）與同僚取了由亞洲飄到奧勒岡州的兩團

沙塵樣本作研究，發現其中含有上千種不同的微生物種，以及其他浮質、塵粒，和汙染物質，教他們非常驚訝。這一切都在地球周遭懸浮飄蕩，像伸縮喇叭一樣震盪浮動，和生命互相作用。

在這全景的新畫像中，人類世的人體不再像駕駛熱氣球避開障礙穿過世界那樣，不再是和環境分離的實體，而是不斷與環境對話的有機體，一種微小到我們毫不知覺的生死對話。它辨識出我們其實是極其微小的鑲嵌，是點點滴滴的分子，其起源是單純的單細胞點滴，接著形成小型的細胞艦隊，在生物的海洋二手市集中，藉著吞噬對方而成長。以這種和那種方式演化，獲取特性，擺脫特性，我們在數百萬年間以慢動作失去控制。或許我們的細胞，不論演化到什麼樣的地步，都保有早年的幽靈感受，是有共同目標的殖民身體，比較像阿米巴或黏菌，而非哺乳類。我們已經開始接受周遭是鬧哄哄吉普賽生物的觀念，在黑暗煨燉的叢林中，像貓一樣發動奇襲。物種各不相同，各自適應雨林、極地、海洋、大草原，或沙漠的環境。因為我們也有小丘和河口，沼澤和冷颼颼的偏遠地區、下水道和悸動的河流，供它們吵鬧和狂歡。

甚至在我們自己的細胞裡，存放的不安細菌也多於其他一切，因為我們的粒線體和葉綠體曾是原始的細菌細胞。長久以來，它們一直用海綿洗滌我們，已經無法獨自存在。我們的身體張開毛孔歡迎其中一些，因為它們能夠處理我們甚至無法獨自處理的代謝變化。我們能如此優雅地存活迄今，想來實在教人驚異，因為我們先天不足，欠缺攸關生死的生存技巧，比如該怎麼消化我們囫圇吞下的食物。雜食讓我們能夠忍受冰封的森林和酷熱的棕橙色景觀，但我們卻沒有可以消化這些食物所需要的所有酵素，得靠微生物幫忙。

在遙遠的過去，當地球滿是原始生物之時，成群結隊閃閃發光的單細胞細菌發現了團結合作的好處，結為盟友。其他的細菌則採取了更大膽更暴力的步驟——它們互相吞噬。這才剛是紫丁香、海鬣蜥、袋熊，和人類成形的階段。隨著多細胞生物越來越複雜，被困在內的細菌適應，並且欣欣向榮，直到它們成為每一個複雜細胞不可或缺的一部分。這點有明白的證據，一方面，粒線體和葉綠體有屬於它們自己的ＤＮＡ，和細胞核內的ＤＮＡ不同。

演化生物學者目前的共識是，我們不能把「我們的」身體和住在我們體內的微生物分開，數百萬年來，這些微生物以微妙的方式操弄我們人類的本性，以我們從未想像過的方式影響我們的健康和幸福。一個又一個研究顯示微生物對我們的情緒、壽命長短、個性和子孫有深遠的影響，它們非但影響我們的健康，甚至也影響我們是誰。奇怪的是，我們竟然會覺得自己是完整的個體，是可以漱洗穿衣和自己作內心獨白的個人，但其實我們大部分非但看不見，甚至也不是我們習慣定義的人類。人類星球為這些看不見且意想不到的生物提供了教人暈眩的棲地，原始人類和微生物的棲地。

一直到極近的現在，科學界才承認我們體內的微生物的確可能影響了我們的演化，這裡的「我們」指的是整個mespucha，這個意第緒字是指家人，或者看似家人但實際上並不是的人（生物學術語就是「全功能體」〔holobiont，指生物及所有與之相關的共生體〕）。不只是個體，而且包括其所有相關的微生物親戚及其相關的觀點。有些微生物劫持了我們的自由意志，改變了我們的行為，成了我們的媒婆。一項關於黃蜂的調查就提供了我們新見解。根據定義，同一種類的生物可以交配繁殖，但研究人員調查了數種扁頭泥蜂（jewel wasp，體內有九十六種不同的腸道細菌），發現這些微生物會決定不同黃蜂品種的結合成敗。如果兩個不同品種的黃蜂交配，後代老是死亡，但當研究人員改變這些黃蜂腸道內的微生物之後，牠們就能繁衍後代，生出雜交品種。一直到最近，我們都以為這種繁殖問題是遺傳，現在才知道它可能是因為微生物。演化可能會因為一群隱藏的說客而改道。

我們還可以由昆蟲界再舉個例子。最近的果蠅實驗顯示微生物掌舵的另一例，說明了細菌有極大可能在我們的演化中扮演了攸關緊要、也教人恐懼的角色。想想微生物會怎麼以相同的方式控制貪歡的人類和好色的果蠅。台拉維夫大學分子微生物及生物技術系的伊拉娜．齊爾博—羅森伯格（Ilana Zilber-Rosenberg）及同僚已經發現，果蠅腸道內的細菌會影響牠擇偶。

以糖漿或澱粉餵食的果蠅往往會選擇飲食一樣的伴侶，可是若餵果蠅吃抗生素，殺死牠們腸道的微生物，牠們就不再那麼挑剔，而會與任何有意交配的雄果蠅交配。就果蠅而言，性感的雄蠅非但要會所有的求偶舞步，也必須有性感的氣味，而牠們的費洛蒙古龍水就是由體內的微生物左右。對人類和果蠅都一樣的是，氣味的愛情魔術師來自於共生的微生物，它們為我們這些宿主釀造費洛蒙。氣味同樣主導人類求偶，尤其是尋找異性伴侶的女性。儘管男人對伴侶的天然氣味較少有那麼挑剔的反應，女性卻十分執著，因此才有：「我們就是氣味不相投。」這種說法，描述彼此不來電。

只要調整微生物，就會改變雄性的資本，而這又影響了後代的基因，如此這般，隨著人們寬衣解帶或者果蠅展翅世世代代進行。齊爾博－羅森伯格主張，天擇的目標並非單一的動植物，而是整個環境背景，宿主生物及其微生物社群，包括所有的寄生蟲、細菌、真菌、病毒，及其他以宿主為家的生物。

科學界喜歡以果蠅為受測對象，因為我們和牠們的交配行為有許多都十分相似，比如晚餐約會。怎麼才能以最快的方式擄獲男人的心？不必勞駕邱比特的弓箭，根據老媽媽的智慧，就是一頓美味的餐點，讓芳香的食物和廚師的倩影融合為一。如果說男人像果蠅——誰說不是呢；那麼天曉得女人也是——媽媽是對的。對雌果蠅來說，晚餐約會是終極的忙碌之舉，而且的確分秒必爭，因為牠們只能存活約二十五天，顧不得害羞。**快活快死**是牠們的座右銘，而若牠們那一大窩小果蠅要存活，就需要現成的食物。雌果蠅偏好與牠們食物相同的雄蠅，不過雄蠅得要醞釀適當的情緒，而雌蠅雖然生命極短，但卻出人意表地非常挑剔，而且手腕靈活。

在果蠅求偶的過程中，如果微生物磨製的香粉對了，雄蠅就會展開宛如曼陀鈴的翅膀，向雌蠅彈奏小夜曲，接著像人類一樣以口作前戲動作，然後攀上雌蠅的背，交配約二十分鐘。

對於使果蠅產生愛情的甜美如蜜氣味，我們也會產生反應，因此化學家把它們加在香水裡。就像昆蟲摩擦翅膀發出求偶的鳴叫一樣，中世紀的遊吟詩人也彈奏曼陀鈴吸引意中人，與她同餐共枕。還記得小說《湯姆．瓊斯》（*Tom Jones*）中，在酒館裡那挑逗的一幕，主角和豐滿的鄉下姑娘開懷大吃了一頓不太新鮮的肉類？有趣的是，如果雌果蠅發現一隻單一的變異雄蠅（或者該說鶴立雞群，比如一隻正常的淡棕色眼睛果蠅，如果其他果蠅都是紅眼，那麼牠在其中就是變異），雌蠅對這隻變異的雄蠅就會興趣大增，在專業上叫做「物以稀為貴優勢」（the rare male advantage）。

對於果蠅，同樣也是情人眼裡出西施，由情人的微生物來調整焦點。我有沒有提到有些果蠅有勾魂攝魄的眼睛？我指的不是教人想起嬉皮的太陽眼鏡那種複眼裡數十個馬賽克的平面，而是實驗室經常為了研究變種基因，而讓牠們雜交產生的迷幻眼睛色彩。身為康乃爾的研究生，我經常順路到臭呼呼的生物實驗室去欣賞牠們茄黑色的肚腹、尖硬的毛髮，和俗麗的眼睛色彩——有杏橙，有藍綠色，有磚紅，有黃色，還有荷蘭代爾夫特（Delft）陶器上所繪船隻的那種藍色。我依然難以忘懷牠們迷人的小眼睛，就像過去實驗室助理被魅惑的靈魂一樣，還有牠們拉丁學名那急轉直下的旋律：Drosophila melanogaster（黑腹果蠅），照字面翻譯就是十分詩意的：「黑腹吸露者」。由於果蠅性喜懊熱的天氣（約攝氏二十八度），因此即使在紐約上州凍得硬梆梆的冬天，實驗室依然是學生溫暖的窩，儘管室外鬍子和手套上都結了冰，女生呼出一股股的白雲，人行道就像雪橇滑道一樣。

想要探看人類本性陰暗角落的生物學家最喜歡以果蠅作研究，牠們什麼都齊全——出生後八至十二小時就已經開始求偶，好飼養，一天可以生一百顆卵。再加上牠們和人類有百分之七十相同的疾病基因，尤其是如帕金森氏症和阿茲海默症這種神經退化的疾病。

不過一個狡滑的轉折是，在雌蠅的眾多子女中，大部分的父親都是她最後一次交配的雄蠅。而她在果園或實驗室周旋於眾雄蠅之間，最後之所以選擇他，是基於他求偶的天賦和氣味。就像由松鼠到蜘蛛等大部分的動物一樣，雄性追求，雌性選擇，而即使地位低下的果蠅，也可能會很挑剔。

因此，人類的晚餐約會是不是就等於求愛給餌（courtship feeding），一種我們和果蠅、知更鳥、黑猩猩共有的風俗（也是微生物的野餐），只是在我們人類沙文主義——人類不算是動物的心態下，做了巧妙的偽裝？是的。但這有什麼不好？每年夏天把玫瑰葉啃成蕾絲桌布，甚至深入含苞待放花心的日本金龜也有同樣伙食服務。園丁常常會看到這種背上泛著彩虹光芒的金龜子，棲息在他們最愛的花朵上，邊吃邊交配。當然，創造了「orgy」（狂歡）一字，並且認為躺著用餐讓人人都平等的古希臘羅馬人，就喜歡把各種感官歡愉平等地混合在一起——音樂、食物、談話、美酒，和性行為。聖賢有云：「鳥兒也做，蜜蜂也做，就連受過教育的跳蚤也做……。」不會造成任何傷害，除非其過程教你衝動、瘋狂，或者致命，在某些情況下，性行為的確會致命，視共有的微生物而定。

另一種這樣的罪魁禍首是一種雖然常見但十分重要的人類寄生蟲，也會危及老鼠、貓，和其他哺乳動物，最近才做過詳細的研究。弓漿蟲（Toxoplasma gondii）這種特別調皮的寄生蟲分布在大自然的邊疆，人類和野生動物混居的地方。這種寄生蟲的數量和我們人類的數量一起膨脹。染上這種寄生蟲的一種途徑是吃了未煮熟的袋鼠肉，這種肉最近剛在歐洲獲准可供人類食用。在法國，這種肉經常生食，結果可想而知，弓漿蟲疾病於焉爆發。布迪大概不會是帶原者，因為紅毛猩猩多是素食，但動物園中有些靈長類因為食用受感染的羊肉而染上這種寄生蟲。或許最驚人的是，這種病原體也利用人類造成的氣候變遷而擴大了分布範圍。歐洲東北的冬天如今較溫暖潮濕，因此更多的病原體存活，其宿主的種類也增加了。其實弓漿蟲說不定是氣候變化最奇特的盟友。

怎麼才會讓老鼠覺得貓很迷人？優雅的步履？像指揮棒一樣的鬍鬚？如新月般的瞳孔？還是一瞪就讓你不能動彈的眼睛？只有魯莽的老鼠才會去奉承貓，可是染上弓漿蟲的老鼠卻會改變行為，覺得貓很有魅力。結果老鼠陷入困境，顫抖一下之後，就進了貓腹。可是這種原生動物卻繼續它生命的奇特軌道。由於弓漿蟲只能在貓的腸道裡繁殖，需要由老鼠到貓身上的聰明策略，而雖然它缺乏腦力，卻能策畫出一個辦法：劫持老鼠的性欲。遭到弓漿蟲欺哄的老鼠在聞到貓味時的確感到恐懼，但卻也因而興奮，就像致命的吸引力那樣。一如人的性衝動，或者像黑色電影中所描述的，以恐懼為配菜未必就會教人裹足不前。

貓再度捕獵，大啖受到感染的獵物，而這奇特的假設繼續演進。只有貓會繼續推進這種寄生蟲的傳染，但其他動物可能偶爾會在不知情的情況下攝入弓漿蟲卵，成為終端宿主（無法再傳染給其他個體）。因此懷孕婦女最好不要清理貓沙或整理貓窩，接觸弓漿蟲很可能會影響胎兒，造成死產，或者心理疾病。有些研究認為弓漿蟲和精神分裂症有關。受到感染的婦女自殺率高於一般婦女。牛津的學者認為這可能會造成兒童過動和低智商。而且不知道為什麼，受感染的婦女生男孩的機會是生女兒的兩倍多。

然而這些新的鼠—貓發現，只不過是歐威爾式充滿諷刺和欺騙傳奇的開端。全球的科學家都提出了既教人大開眼界卻又毛骨悚然的問題。要是弓漿蟲能支使老鼠的心智，而老鼠又經常被用來測試人類所使用的藥物，那麼這種寄生蟲能不能改變人的個性？萬一去攀岩或換工作的癮頭，不論它有多麼強烈或濃厚，其實根本不是個人的渴望，而是在你大腦中的異形幽靈作祟呢？性急的人暴怒，是否該怪弓漿蟲？又如很有可能當上總統的人發生不倫之戀，或者國家元首做出草率的決定？僅僅這一隻寄生蟲會不會改變人類的歷史？

因此一時興起什麼時候不是真的一時興起？我們自以為有自由意志，但會不會是一隻小小的木偶表演者正在拉線牽動數十億人？長久以來哲學家、神學家和大學生一直在辯論這樣的問題，接著神經學者也加入爭論，如今寄生蟲學家也投入其中。

布拉格查理大學（Charles University）的寄生蟲學者傑洛斯勒夫．佛萊格（Jaroslav Flegr）研究感染弓漿蟲的患者，發現了明顯的趨勢和教人吃驚的性別差異。女性患者在衣服和化妝上花更多金錢，而且更愛賣弄風情，對性的態度較開放，而男性患者則不理會規則，喜歡挑釁，冒險，而且嫉妒心重。兩性出車禍的比例都是一般人的兩倍——可能是因為衝動，也可能是反應較慢。

老鼠有其癖性和口味，人類除了這些之外，還有情緒和幻想。但心態不重要。所有溫血的哺乳動物對刺激、期待，和報償都有所回應，尤其當它也包含歡愉之時。科學家歸因於弓漿蟲的許多奇特行為都會啟動大腦的多巴胺（dopamine）系統，那就是弓漿蟲瞄準的目標，重新連結網路，對牠自己的子孫有利，即使那意味著宿主的死亡。古柯鹼和其他興奮劑也用同樣的多巴胺系統。史丹福大學的神經學者羅伯．沙波斯基（Robert Sapolsky）解釋說：「弓漿蟲有哺乳類製造多巴胺的基因。聽來很厲害，一種微不足道的微生蟲竟然十分熟悉高等哺乳動物的多巴胺報償系統。」

「對於焦慮和恐懼的神經生物學，這種原生動物寄生蟲所知比兩萬五千名相互啟發的神經學者所知還多，」沙波斯基又補充說，「而且這並非罕見的模式。看看狂犬病毒，狂犬病毒對侵略進攻的了解，比我們神經學者所知還多……它知道怎麼讓你想要去咬人，而你的唾液中含有狂犬病毒顆粒，藉此傳播給他人。」這是了不起的遺傳工具，卻由並無智慧的單細胞生物運用。

海洋哺乳動物和鳥類正在用水流和氣流傳播這種寄生蟲，我們之中有多少人可能已經是非自願的宿主？根據美國疾病防治中心（Centers for Disease Control and Prevention）的統計，在美國，一〇至一一%的健康成人弓漿蟲測試的結果都呈陽性，而確實的數字（大部分人都尚未測試）應為二五%的成人。科學家估計，在愛貓的英國，一半的人口已經感染，法國和德國則為八〇至九〇%，在愛吃沒煮熟肉類的國家，比例還會更高，幾乎人人都在不知情的情況下受到感染，他們當然是命運之子，但也是弓漿蟲的行屍走肉。

雪梨科技大學（Sydney University of Technology）傳染病研究員尼基．波特（Nicky Boulter）表示，已有八百萬澳洲人感染弓漿蟲，而且「受感染的男性智商較低，教育程度較低，注意力持續的時間也較短。他們也比較有可能會不按牌理出牌，並且愛冒險，較獨立，較反社會，多疑，嫉妒，較難相處，對女性較無吸引力。」

「另一方面，與未受感染的控制組相比，受感染的女性較活潑外向、友善、對性的態度較開放，對男性也較有吸引力。簡言之，這種寄生蟲使男性表得像流浪貓，而女性則像性感小貓。」

怎麼樣才會使人改變想法？廣告、團體壓力、金錢報酬、充滿魅力的領導人？可不可能是真正的低等生物，喜歡掌控你的心思，窩藏原始衝動，以圖謀自己的利益？這個破壞者技巧高明，緩慢而巧妙地改變了整個國家的個性——卑微的微生物。有些研究人員揣測，如今全球大約有三分之一至一半的人，腦內都有弓漿蟲。有沒有可能我們以為是文化差異的問題其實是因為大量人口以不同的程度感染了寄生蟲所致？

美國地質調查局（U.S. Geological Survey）的寄生蟲生態學家凱文．賴佛提（Kevin Lafferty）也提出理論說，文化認同，至少「關於自我、金錢、財物、工作，和規則等方面」，可能反應出人口血液中所含弓漿蟲的量。

要是你現在蹙眉看著愛貓，那麼先別驚慌，即使是隱形的暴君也可以推翻，抗生素對弓漿蟲就很有療效，何況它的影響難道會比家庭戲劇、藥品、電視、大學、氣候、愛、表觀遺傳學，和其他人類行為因素更大嗎？它恐怕只是諸多因素中的一種罷了。畢竟每天都有許多因素和事件影響我們，以漸漸累積而難以計量的方式改變我們，弓漿蟲可能只是其中之一，而且它並不會藏身在所有的貓飼主或韃靼牛肉（steak tartare，牛馬肉剁碎生食）的老饕身上，它也可能唯有在有其他某些微生物的情況下才會造成改變。你怎能把舞者和他的微生物之舞分開？

在花園裡，所有的動植物都有它們自己的微生物公民，有些雖然用心邪惡，有些卻是好幫手，必須要花點力氣才會習慣。這是很大的範例變化，未來的世代會由孩提之時起就了解並利用它。在醫藥衛生方面，他們會把重點放在人類生態系統，整個人類細胞、真菌、細菌、原生動物，以及古細菌一起合作，也許不太整齊，但卻一致。

在我成長的那段時間，科學家只在實驗室中的小培養皿中培養微生物，而且所有的細菌都是有害的，僅僅十年之間，我們的眼光卻已經擴大，並思考微生物可以哪些精確的方式來改進這個星球：用野生動物的益生菌改善瀕危動物的健康，用某些細菌驅趕入侵物種，淨化受汙染的地下水，用貪吃油脂的微生物清理溢油，用微生物而不用肥料，促使農作物長得更快更結實，餵食更多人。

我們的希望是，就如人類基因組計畫繪出人類的基因圖譜一樣，如果研究人員能辨識出大部分人類共有的核心微生物，就比較容易推斷哪些種微生物會造成哪些疾病。這是對抗疾病的新戰場，比基因組容易操控，也比如心或肝臟等深埋體內的器官容易掌握。

新研究顯示，單一一種病原體並不足以致病，因為不同的微生物會相互結盟。「真正的病原體媒介是集體而成」，史丹福大學傳染病專家大衛．雷爾曼（David Relman）說。這也啟發了對於疾病的新思考方式，稱作醫學生態學（medical ecology），認為集體的微生物是我們健康的關鍵。過去我們總以為所有的細菌都是壞的，是一群隱形的惡龍，該要驅逐出境。二次大戰之後，抗生素以響噹噹超現代清潔產品之姿亮相，我們就全部投入反細菌的戰爭，但艾默里（Emory）大學神經學者查爾斯．雷森（Charles Raison）及同僚最近發表在《一般精神病學檔案》（*Archives of General Psychiatry*）期刊上的文章說，鐵證如山，我們超級清潔、閃閃發亮、用「來舒液」消毒過的現代世界，正是造成當今憂鬱症大增的關鍵，尤其在年輕人之間，主要是因為我們在腸胃、皮膚、食物和土壤之中失去了與微生物的古老連結，但沒有它們，我們就無法接觸到在我們免疫系統中的好細菌，那是我們用來對抗發炎的良方。雷森說，「自古以來，有時被稱為『老朋友』的良性微生物就教導免疫系統如何忍耐其他無害的微生物，並在這樣的過程中減少和由發炎到憂鬱症等大部分現代疾病相關的發炎反應。」他刻意提出了「我們該不該鼓勵以慎重的方式，重新接觸良性環境微生物」的問題。

嬰兒出生時天真無邪，但卻並非沒有微生物。在他擠出產道時，媽媽身上的微生物就會覆蓋他，包括約氏乳酸桿菌（Lactobacillus johnsonii，又稱LJ菌，應在腸道而非陰道出現），這是消化牛奶必要的細菌。當年我喝的是嬰兒配方奶，但哺餵母乳的嬰兒卻能有較強健的免疫系統，因為母乳含有七百多種愛熱鬧增強體力的細菌。研究人員正在想辦法把它們放入嬰兒配方乳，以對抗氣喘、過敏，及其他如糖尿病、濕疹，和多發性硬化症等自體免疫的刺客。寶寶在母親含有汙垢和塵屑的家和環境裡得到其他有益的細菌，至少他們應該可以如此。

醫生接納了以病人獨特的菌叢為基礎，根據他的基因組、表觀基因組，和微生物，提供個人化藥物的想法，他們不再以大量抗生素亂槍打鳥，希望它們有用，而是釋出足夠的益菌，趕走病原體。不要再保護孩子避開我們以為有害，但實際上他們卻需要的白馬騎士細菌。

腸道菌叢被抗生體消滅殆盡的病人很可能會染上困難梭狀芽孢桿菌（Clostridium

difficile），這是一種投機的細菌，會造成嚴重腹瀉，使病人衰竭。一旦它進駐腸道，就很難驅除，並恢復益菌，有一種方法雖然不堪想像，但卻似乎有幫助，那就是「糞便移植」（fecal transplant）。以健康人的糞便為病人灌腸，讓細菌移植到病人的腸道，加入達爾文式的鬥爭，精力充沛地殺死病原體。

在家教養四個孩子的全職媽媽凱西．賴曼斯（Kathy Lammens）九歲的女兒因結腸疾病，醫生說可能要用人工肛門袋，作母親的於是開始尋覓替代療法。她作了大量研究之後，決定在家自己作糞便移植，每天一次，一連五天。在第一次灌腸之後二十四小時，她女兒的症狀有了改善。現在凱西成了虔誠的擁護者，還在YouTube上傳了指導影片。

研究顯示，有自閉症的老鼠腸道的微生物和沒有自閉症的老鼠不同，這些微生物把改變行為的分子散布到老鼠的身體和腦部。但研究人員發現，如果讓老鼠服食脆弱類桿菌（Bacteroides fragililis），就能緩解症狀，因此下一步就是人體測試。另外也有研究發現，如果心臟病人攝取的蛋白質不夠，腸道裡的益菌遲緩埃格特菌（Eggerthella lenta）就會竊走病人的毛地黃（digoxin），這是非常重要的強心劑。

全球暖化招來一些不受歡迎的客人，牠們是長著翅膀的海盜，帶著隱形的痛苦披肩：非洲和南美的蚊子如今向北蔓延，把登革熱、瘧疾、西尼羅病毒和黃熱病散播到原本不熟悉這些疫病的地區。在我們的衣服和被褥上噴殺蟲劑並非明智之舉，但每年都有數億人會感染這些疾病，因此密西根州大的微生物學者奚志勇採取新方法來解決這個問題：用微生物。他發現帶有登革熱和瘧疾的病媒蚊體內沒有喜愛蚊子的沃爾巴克氏體細菌（Wolbachia），於是以可遺傳的沃爾巴克氏體細菌施打病媒蚊，果真其後代就不再帶有這兩種病原，而且這種救命的特性也傳給牠們的後代。

一種單純的微生物竟然會在人的關係和事業生涯中扮演重要角色，想來有趣，這也提醒我們生命的一切都不簡單，也不枯燥。光是電光石火的一個念頭就需要多少的線縷編織，何況是熱切的渴望？這也提醒我們地球生物濃烈的美，不論其大小規模，生物都是複雜得教人難以想像，脆弱得教人屏息，可是卻又強健持久，充滿了我們稱之為生命的永續活力。要想出改造世界的狡滑策略，並不需要大腦袋。

我朝院子望去，深受大自然的細膩之處吸引：木蘭長了絨毛的花苞正迎著春天而逐漸膨大；草地上的融雪留下了幾百個小小的草坑；覆盆子長弧般的梗覆蓋在像白堊般的淺紫冬日面罩之下。但我同時也為一切的一切和其他的一切之間的息息相關而吃驚。我現在望著自己的手，觀察它的掌紋和各個手指長長的半島，上面各自帶有如天氣圖一般的小畫。我把它當成一個整體，是一隻手，但我知道我所看到的只有十分之一是人類細胞，其餘都是微生物。

總而言之，不論是我們的寄生蟲，或是身為它們宿主的我們，都是形形色色，多彩多姿——沒有宿主會收容散發同樣氣息，同樣蹦蹦跳跳的微生物動物園。我們的微生物可能在吞下一塊餅乾，或者在跑過更衣室的水坑，或者在深情一吻之際就有所改變，接著我們就得迅速適應。因此或許有些疾病真的是遺傳而來，但授予它們的基因卻是由細菌驅動。不妨想想，一個重要的特性要演化——語言的出現或者探險的欲望這種重大的改變，只需要一個男人Y染色體上的一個基因有所改變就夠了。這就足以在許多世代之中，創造整個文化的一種傾向或一股趨勢，這全都仰賴教人發狂的微生物所動的手腳。

或許這應該也提醒了我們，人的個性究竟是什麼樣的點彩拼圖。一個朋友帶著微笑迎上前來之時，我們招呼的是這個人，一個與眾不同而教人愉快的人，我們辨識出他，甚至有時還可以預測他會有什麼反應。然而每一個「我」其實都是「我們」，不是唯一的一個，而是無數的細胞和過程，勉勉強強正好互相平衡。其中有些可能是某種隱形的說客：原生動物、病毒、細菌，和其他流動人口。但我喜歡知道地球上的生物永遠比我們所揣想的更奇特，更精細，而且我們看得見和看不見的生命，都同樣活潑而神祕。你的生命故事由何處開始？這世界由何時開始削減你的個性，鑄造你的命運？出生之際？在子宮之時？還是在受孕之初，當你父母的DNA融合的那一刻，搓洗那古老的基因紙牌，隨意分配來自父母的特性之時？恐怕早在子宮時期之前，更古早，比你父母的追求過程還早，甚至比他們父母的追求過程還早，在選擇、日常戲碼、環境的壓力，和教養的坩鍋之中醞釀。我們的基因組只是我們英雄事蹟的一部分，表觀基因組是另一部分，而如鳥一般在身體的屋簷下歌唱的微生物也是一部分。把它們拼湊在一起，讓我們對體內未知的領域有了豐富的印象。在這個過程中，有時像大標題一樣響亮，但更常如絲拂玻璃一般悄然無聲的，是我們和自己本性之間的關係正在悄悄改變。

chapter

5-5

結論：狂野的心，人類世的腦（再訪）

航太總署由太空船拍攝的「藍色彈珠」照片讓我們頭一次對整個地球有了大開眼界的印象，四十年後，「黑色彈珠」同樣發人深省，只是方式不同：它讓我們認識了自己。我們打造了新的地質紀元，和任何一個星球上所見的任何一種動物都截然不同，能夠重新創造自己和所屬的世界，並且在任何生物得應付的種種日常生活的迂迴轉折之中設法存活。我們活在遠比任何勇敢剛毅的祖先更濃密的心理螺紋之中，置身宏偉壯觀的資訊時代，同時又要應付巧妙的永續革命，製造生產的豪華 3D 改革，對於人體有種種教人驚喜創見的思想革命，教人心驚的大批動物滅絕，氣候變化的警示，不可思議的奈米科技創新，五官感覺的工業級附加產品，仿生革命——還有其他種種「新準則」，教我們不得不天天都用這個詞。

在其他許多教人驚喜的層面上，我們也對自己有所了解：我們怎麼改變這個星球、其他生物和彼此。這不只是「人類時代」，也是我們頭一次看出這個星球錯綜複雜、息息相關生態系統的時代——在陸地上，在天空中，在海洋裡，在社會上。我們揭開了我們自己生態系統的面紗，見到了我們的許多製造者，瘋狂的微生物粒子。

藉著神經學、遺傳學，和生物學的新發現，使我們能以更清楚的焦點來看待 Homo sapiens sapiens。隨著「我」的世代讓位給「我們」的世代，我們也越來越清楚牽縛我們的連結——縱使在面對面時，我們不再那麼輕鬆自在。

我們人類有如此多難以自在提及的共同點：遺傳碼；在無限大的宇宙中龐大銀河渺小行星上的位置；置身我們食物鏈最頂端而被低估的奢侈；各種熟悉的熱情和恐懼；一種生物難以定義的神祕演化，其思想就像蒸汽一樣難以捉摸，而在那之前，則是化學和偶然的點滴，它們小到穿過心靈的篩網，而我們的心智卻捕捉不到它們。儘管我們有卓越的設計發明、精明機智，和專業技術的力量，這個能力卻能讓我們感到無聊煩悶，而這種後果太恐怖，因此我們奉獻短暫的生命去做讓我們覺得自己會比較有趣的活動。我們全都有五官耽溺的世界，由一刻到另一刻，風吹襲著我們乾裂的唇，剛剛才忘記的雜事，以及父母和戀人日常所做的平凡善行和英勇的事蹟，我們是集體形成的**那種**生物，當我們在自己身上發現他們的特質時，不免感到難為情，但卻很樂於以電影明星、運動和政治人物為典範——比如登月的尼爾．阿姆斯壯（Neil Armstrong），或是把遲暮之年花在佛羅里達，想要用菊科植物來提煉橡膠的愛迪生。我們共同擁有的是煩躁不安、蓬勃發展，教人驚異的宇宙，不論是在火地群島，或者斯瓦爾巴群島，我們全都遵從它複雜的法則。

我們每一個人都是一袋化學物質，在陽光下鍛造，不知道為什麼可以自行思索，雖然我們未必知道自己的胰臟在哪裡，而且往往會因世俗的事務而煩惱。我們見面時，不論是在聚會或街上碰到，都覺得像是陌生人。當我們獨自和眾人站在電梯裡之時，就彷彿自己在淘氣時遭活逮，我們甚至不敢接觸彼此的視線。

該是我們注意自己個性的時候了——不只是個人的個性，而是整個物種。我認識一位婦女，她一住進旅館房間，就認定她不喜歡房裡燈上的小飾品，立刻致電櫃檯要求更換。這或許看似吹毛求疵，但我們整個物種的個性就包括了相當廣泛的調整和干涉。這是我們個性中的重要特色；我們不能不管閒事。讓我們爽快地承認我們就是喜歡管閒事的生物，總是煩躁不安而不疲憊；很容易就會覺得枯燥無聊，而喜歡把一切都變成娛樂、時尚，或玩具。我們人類可能遲緩笨拙而不成熟，也很容易就分心，像狗舔人一樣草率，也厭惡為自己收拾善後。雖然並非真正有意，我們卻幾乎清空了這個世界的食品儲藏室，讓所有的自來水不斷傾瀉，撕毀了家具，到處亂扔我們的舊玩具，讓它們成了危害世界的威脅，我們汙染、潑濺，把我們星球的家搞得烏煙瘴氣。

我懷疑能光用一種辦法修補。我們需要系統化的改變政策，由政府開始，用可再生的能源取代石油，推廣綠色建築、草根社群、全國計畫，和個人都要竭盡所能，由堆肥到資源再生，到走路而非開車上班。

在工業時代，我們覺得能在每一個地方以每一種可以想到的方式來掌控大自然，實在教人興奮。在人類世，我們則構思種種方式，協助最脆弱無助的人適應，並且設計長期的辦法要紓解全球暖化的情況。人類喜歡不斷地解決問題，我們喜歡大規模的冒險，而氣候變遷已經吸引了許多聰穎的心智和非傳統的觀念，讓我們重訪適應環境的藝術——數千年來我們的祖先運作自如，他們由赤道到寒冰地帶四處散布，在地球的每一個地方落腳。

我們可以度過我們魯莽的嬰兒時代，成長為負責而關懷世界的成人——而不喪失我們的天真爛漫、遊戲嬉鬧，或是神奇感受。但首先我們得以不同的角度來看我們自己，用許多鏡子來審視我們這非常年輕的物種，因為我們非凡的能力，而既受祝福，也遭詛咒。我們不該再忽視或掠奪大自然，而必須要改進我們在其中的自然地位。

大自然依舊是我們的母親，但她已經上了年紀，不再那麼獨立，而我們卻比以往更能自立，因此我們開始重新定義我們和她的關係。我們依舊需要她，糾纏她，依舊在她飄揚的裙子裡尋求庇護，在她的桌上尋求食物。我們或許不崇拜自然之母，但我們愛她，敬她，對她的祕密著迷，擔憂孤立隔絕她，恐懼她暴烈的情緒，沒有她，我們就活不下去。而隨著我們清楚地知覺到實際上她有多麼脆弱，也開始在她的慷慨之外，看到她的限制，教我們努力嘗試扮演慈愛照顧者的角色。

我全力贊成把我們的時代稱作「人類世」——由化石紀錄來看，這是正當合理的金釘子——因為它強調了我們對世界的巨大影響力。我們是築夢人，是奇蹟的創造者，我們已經成了多麼教人驚奇的物種，有呼風喚雨的力量，教人屏息的才華。這是該承認並歌頌的成就，該讓我們滿心驕傲和驚喜。這個名字也告訴我們，我們是沿著一條漫長又漫長的地質年代表前進，我希望這樣的知覺能促使我們仔細思索我們的歷史，我們的未來，我們在地球上所花的瞬間，我們留下給子孫的是什麼（滿櫥食物、新鮮的飲水、乾淨的空氣），和我們希望後代怎麼記得我們。或許我們也該想想我們希望成為什麼樣的生物，我們想要活在什麼樣的世界，以及我們要如何設計那人造的地球？

我們個人的肖像會存在一段時間，在書上、網路照片，和影片裡，當然。但要認識我們這個物種，很久很久以後的未來人類必須去檢視這個星球本身的化石紀錄，那會訴說一個凍結在時間帶裡的故事。它會怎麼敘述我們的故事？

我們置身偉大的轉折點，這是我們道路上的重要岔口，在我們身後是千千萬萬年的地質歷史，而在前方則是迷霧漫漫依舊熾熱的未來，我們周遭則是人類時代的諸多神奇和不確定。

如今我們掌控了自己的歷史傳承，雖然這念頭教人心驚，但我們並非被動，也並不是茫然無助。我們是推動地球的人，也可能成為修復地球的人和地球的守護者。我們依舊有時間和才智，我們有許許多多的選擇。就如我在這思想的旅行隊一開始所說的，我們犯下許多錯誤，但我們有無限的想像力。

Nature〔na-tur〕名詞。大自然，創造的總和，由大霹靂到所有的一切，由遙遠得看不見的事物，到渺小得看不見的事物，人人每天都至少該停步謳歌它一次，以滿心愛戀注意平凡的奇蹟，比如春季每天朝北移動十三哩（二十公里）；下午茶和餅乾；冰雪碉堡；胡椒燉肉；後翅上生有假眼圖案的蛾；既原始又神聖的情感；像踩著彈簧高蹺一樣雀躍的麻雀；通體發紅的章魚；科學家對真理窮追不捨；像肉凍一般搖晃的記憶；秋分前後的滿月像徐緩的雷聲一般升起；夏日如流蘇般的小小煩惱；夜空在遙遠的天邊洩出一抹陽光；老父粗啞到可以拉動雪橇的語音；春日紅雀邊唱著**華雀，華雀，華雀**！邊上演求偶的好戲。大自然在地球的每一個孔縫中都填滿了生命，在基本的生物主題上作了無窮的變化，比如：樹蛙、袋蛙、毒蛙、會抽動腳趾吸引獵物的箭毒蛙、雨蛙等等。

古體：在先前的世代，人類抱持我們和他們這種對立心態時，大自然意味著敵人，動物王國並不包括人類（他們把自己不能忍受的一切全都歸到其他動物身上）。

人類世：大自然包圍、滲透我們，在我們體內沸騰，也包容我們。在我們的生命終了之際，它擾亂我們、分解我們，把我們像舊玩具一樣丟進地下室。在那裡，曾是生物的我們回歸為無生物的元素，但我們依舊而且永遠會是大自然的一部分。

謝辭

萬分感謝本書中所提到的諸位親切學者，他們大方地歡迎我進入他們的工作領域：Hod Lipson、Ann和Bryan Clarke、Lawrence Bonnassar、Bren Smith、Terry Jordan、Matt Berridge，及其他諸位。另外也感謝我的經紀人Suzanne Gluck，和我的主編Alane Salierno Mason，謝謝他們的鼓勵和指引。感謝Orion出版社和《紐約時報週日版書評》（*New York Times Sunday Review*）的主編，他們啟發我作了一些主題的改變。衷心感謝我寶貴的書友（Peggy、Anna、Jeanne、Charlotte，和Joyce），以及Dava、Whitney、Philip、Oliver、Steve、Chris、Lamar、Rebecca和David、Dan和Caroline；謝謝他們的支持和友誼；謝謝閱讀初稿的Kate；還有我的助理Liz，她讀了本書草稿的所有排列組合和增刪版本，直到兩眼昏花；還要感謝Paul，唯一會寫小說而且還舉世現存最老的袋熊。

NEXT 222

人類時代：我們所塑造的世界

The Human Age: The World Shaped By Us

作者—黛安・艾克曼（Diane Ackerman）
譯者—莊安祺
主編—湯宗勳
責任編輯—鍾岳明
美術設計—空白地區
行銷企劃—劉凱瑛
董事長
發行人—趙政岷
總編輯—余宜芳
出版者—時報文化出版企業股份有限公司
10803台北市和平西路三段二四〇號三樓
發行專線—（〇二）二三〇六六八四二
讀者服務專線—〇八〇〇二三一七〇五
（〇二）二三〇四七一〇三
讀者服務傳真—（〇二）二三〇四六八五八
郵撥—一九三四四七二四時報文化出版公司
信箱—台北郵政七九～九九信箱
時報悅讀網—http://www.readingtimes.com.tw
電子郵箱—books@readingtimes.com.tw
人文科學線臉書—http://www.facebook.com/jinbunkagaku
法律顧問—理律法律事務所　陳長文律師、李念祖律師
印刷—盈昌印刷有限公司
初版一刷—二〇一五年九月十八日
定價—新台幣四二〇元
行政院新聞局局版北市業字第八〇號
版權所有　翻印必究
（缺頁或破損的書，請寄回更換）

國家圖書館出版品預行編目資料

人類時代：我們所塑造的世界 / 黛安.艾克曼(Diane Ackerman)著；
莊安祺譯. -- 初版. -- 臺北市：時報文化, 2015.09
面；　公分. -- (NEXT叢書；222)
譯自：The human age : the world shaped by us

ISBN 978-957-13-6359-2(平裝)

1. 人類生態學　2. 文明史

391.5　　104015239

The Human Age
Copyright © 2014 by Diane Ackerman
This edition is published by arrangement with William Morris Endeavor Entertainment, LLC
Through Andrew Nurnberg Associates International Limited
Complex Chinese edition copyright © 2015 China Times Publishing Company
All rights reserved

ISBN 978-957-13-6359-2
Printed in Taiwan